茶艺

培训教材

I

周智修　江用文　阮浩耕　主编

首批全国优秀出版社　中国农业出版社

农村读物出版社

北京

图书在版编目（CIP）数据

茶艺培训教材. I / 周智修, 江用文, 阮浩耕主编. —
北京: 中国农业出版社, 2021.9（2025.10重印）
　ISBN 978-7-109-28065-6

　Ⅰ.①茶… Ⅱ.①周…　②江…　③阮… Ⅲ.①茶艺－
中国－职业培训－教材 Ⅳ.①TS971.21

　中国版本图书馆CIP数据核字（2021）第052041号

茶艺培训教材　I

CHAYI PEIXUN JIAOCAI　I

中国农业出版社出版

地址：北京市朝阳区麦子店街18号楼

邮编：100125

策划编辑：李　梅　　　　　　　责任编辑：王庆宁　李　梅

文字编辑：李　梅　赵世元

版式设计：水长流文化　　　　　责任校对：吴丽婷

印刷：北京中科印刷有限公司

版次：2021年9月第1版

印次：2025年10月北京第4次印刷

发行：新华书店北京发行所

开本：889mm×1194mm　1/16

印张：18.5

字数：463千字

定价：98.00元

"茶艺培训教材"编委会

刘伟华　湖北三峡职业技术学院旅游与教育学院教授

刘馨秋　南京农业大学人文学院副教授

关剑平　浙江农林大学茶学与茶文化学院教授

江用文　中国农业科学院茶叶研究所党委书记、副所长、研究员，中国茶叶学会理事长

江和源　中国农业科学院茶叶研究所研究员、博士生导师

许勇泉　中国农业科学院茶叶研究所研究员、博士生导师

阮浩耕　点茶非物质文化遗产传承人，《浙江通志·茶叶专志》主编，中国国际茶文化研究
　　　　会顾问

邹亚君　杭州市人民职业学校高级讲师

应小青　浙江旅游职业学院副教授

沈冬梅　中国社会科学院古代史研究所首席研究员，中国国学研究与交流中心茶文化专业委
　　　　员会主任

陈云飞　杭州西湖风景名胜区管委会人力资源和社会保障局副局长、副研究员

陈　亮　中国农业科学院茶叶研究所茶树种质资源创新团队首席科学家、研究员、博士生导师

李　方　浙江大学农业与生物技术学院研究员、花艺教授，浙江省花协插花分会副会长

周智修　中国农业科学院茶叶研究所研究员，国家级周智修技能大师工作室领办人，中华人
　　　　民共和国第一届职业技能大赛茶艺项目裁判长

段文华　中国农业科学院茶叶研究所副研究员

徐南眉　中国农业科学院茶叶研究所副研究员

郭丹英　中国茶叶博物馆研究馆员

廖宝秀　故宫博物院古陶瓷研究中心客座研究员，台北故宫博物院研究员

《茶艺培训教材　Ⅰ》编撰及审校

撰　　稿　　于良子　马建强　王岳飞　方坚铭　尹军峰　朱献军　刘　畅　刘　栩
　　　　　　阮浩耕　陈　钰　李菊萍　周智修　袁碧枫　袁　薇　钱群英　倪晓英
　　　　　　徐南眉　郭丹英　潘　蓉　薛　晨

摄　　影　　陈　钰　孟　磊　俞亚民　爱新觉罗毓叶等

绘　　图　　陈周一琪

茶艺演示　　丁素仙　齐何龙　杨　洋　陈胜男　梁超杰　薛　晨

审　　稿　　朱家骥　关剑平　江用文　阮浩耕　周智修　鲁成银

统　　校　　朱家骥　梁国彪

Preface

序一

中国是茶的故乡，是世界茶文化的发源地。茶不仅是物质的，也是精神的。在五千多年的历史文明发展进程中，中国茶和茶文化作为中国优秀传统文化的重要载体，穿越历史，跨越国界，融入生活，和谐社会，增添情趣，促进健康，传承弘扬，创新发展，演化蝶变出万紫千红的茶天地，成为人类仅次于水的健康饮品。茶，不仅丰富了中国人民的物质精神生活，更成为中国联通世界的桥梁纽带，为满足中国人民日益增长的美好生活需要和促进世界茶文化的文明进步贡献着智慧力量，更为涉茶业者致富达小康、饮茶人的身心大健康和国民幸福安康做出重大贡献。

倡导"茶为国饮，健康饮茶""国际茶日，茶和世界"，就是要致力推进茶和茶文化进机关、进学校、进企业、进社区、进家庭"五进"活动，营造起"爱茶、懂茶、会泡茶、喝好一杯健康茶"的良好氛围，使茶饮文化成为寻常百姓的日常生活方式、成为人民日益增长的美好生活需要。茶业培训和茶文化宣传推介是"茶为国饮""茶和世界"的重要支撑，意义重大。

中国茶叶学会和中国农业科学院茶叶研究所作为国家级科技社团和国家级科研院所，联合开展茶和茶文化专业人才培养20年，立足国内，面向世界，质量为本，创新进取，汇聚国内外顶级专家资源，着力培养高素质、精业务、通技能的茶业专门人才，探索集成了以茶文化传播精英人才培养为"尖"、知识更新研修和专业技能培养为"身"、茶文化爱好者普及提高为"基"的金字塔培训体系，培养了一大批茶业专门人才和茶文化爱好者，并引领带动着全国乃至世界茶业人才培养事业的高质量发展，为传承、弘扬、创新中华茶文化做出了积极贡献！

奋战新冠肺炎疫情，人们得到一个普遍启示：世界万物，生命诚可贵，健康更重要。现实告诉我们，国民经济和国民健康都是一个社会、民族、国家发展的基础，健康不仅对个人和家庭具有重要意义，也对社会、民族、国家具有同样重要的意义。预防是最基本、最智慧的健康策略。寄情于物的中华茶文化是最具世界共情效应的文化。用心普及茶知识、弘扬茶文化，倡导喝好一杯茶相适、水相合、器相宜、泡相和、境相融、人相通"六元和合"的身心健康茶，喝好一杯有亲情和爱、情趣浓郁的家庭幸福茶，喝好一杯邻里和睦、情谊相融的社会和谐茶，把中华茶文化深深融进国人身心大健康的快乐生活之中，让茶真正成为国饮，成为人人热爱的日常生活必需品和人民日益增长的美好生活需要，使命光荣，责任重大。

培训教材是高质量茶业人才培养的重要基础。由中国茶叶学会组织编撰的《茶艺师培训教材》《茶艺技师培训教材》《评茶员培训教材》，在过去的十年间，为茶业人才培训发挥了很好的作用，备受涉茶岗位从业人员和茶饮爱好者的青睐。这次，新版"茶艺培训教材"顺应时代、紧贴生活、内容丰富、图文并茂，更彰显出权威性、科学性、系统性、精准性和实用性。尤为可喜的是，新版教材在传统清饮的基础上，与"六茶共舞"新发展时势下的调饮、药饮（功能饮）、衍生品食用饮和情感体验共情饮等新内容有机融合，创新拓展，丰富了茶饮文化的形式和内涵，丰满了美好茶生活的多元需求，展现了茶为国饮、茶和世界的精彩纷呈的生动局面，使培训内容更好地满足多元需求，让更多的人添知识、长本事，是一套广大涉茶院校、茶业培训机构开展茶业人才培训的好教材，也是一部茶艺工作者和茶艺爱好者研习中国茶艺和中华茶文化不可多得的好"伴侣"。

哲人云：茶如人生，人生如茶。其含蓄内敛的独特品性、品茶品味品人生的丰富内涵和"清、敬、和、美、乐"的当代核心价值理念，赋予了中国茶和茶文化陶冶性情、愉悦精神、健康身心、和合共融的宝贵价值。当今，我们更应顺应大势、厚植优势，致力普及茶知识、弘扬茶文化，让更多的人走进茶天地，品味这杯历史文化茶、时尚科技茶、健康幸福茶，让启智增慧、立德树人的茶文化培训事业繁花似锦，为新时代人民的健康幸福生活作出更大贡献！

中国国际茶文化研究会会长 周国富

2021年2月 于杭州

Preface

序二

中国茶叶学会于1964年在杭州成立，至今已近六十载，曾两次获"全国科协系统先进集体"，多次获中国科协"优秀科技社团""科普工作优秀单位"等荣誉，并被民政部评为4A级社会组织。学会凝心聚力、开拓创新，举办海峡两岸暨港澳茶业学术研讨会、国际茶叶学术研讨会、中国茶业科技年会、国际茶日暨全民饮茶日活动等；开展茶业人才培养；打造了一系列行业"品牌活动"和"培训品牌"，为推动我国茶学学科及茶产业发展做出了积极的贡献。

中国农业科学院茶叶研究所是中国茶叶学会的支撑单位。中国农业科学院茶叶研究所于1958年成立，作为我国唯一的国家级茶叶综合性科研机构，深耕茶树育种、栽培、植保及茶叶加工、生化等各领域的科学研究，取得了丰硕的科技成果，获得了国家发明奖、国家科技进步奖和省、部级的各项奖项，并将各种科研成果在茶叶生产区进行示范推广，为促进我国茶产业的健康发展做出了重要贡献。

自2002年起，中国茶叶学会和中国农业科学院茶叶研究所开展茶业职业技能人才和专业技术人才等培训工作，以行业内"质量第一，服务第一"为目标，立足专业，服务产业，组建了涉及多领域的专业化师资团队，近20年时间为产业输送了5万多名优秀专业人才，其中既有行业领军人才，亦有高技能人才。中国茶叶学会和中国农业科学院茶叶研究所凭借丰富的经验与长久的积淀，引领茶业培训高质量发展。

"工欲善其事，必先利其器"。作为传授知识和技能的主要载体，培训教材的重要性毋庸置疑。一部科学、严谨、系统、有据的培训教材，能清晰地体现培训思路、重点、难点。本教材以中国茶叶学会发布的团体标准《中国茶艺水平评价规程》和中华人民共和国人力资源和社会保障部发布的《茶艺师国家职业技能标准》为依据，由中国茶叶学会、中国农业科学院茶叶研究所两家国字号单位牵头，众多权威专家参与，强强联合，在2008年出版的《茶艺师培训教材》《茶艺技师培训教材》的基础上重新组织编写，历时四年完成了这套"茶艺培训教材"。

　　中国茶叶学会、中国农业科学院茶叶研究所秉承科学严谨的态度和专业务实的精神，创作了许多的著作精品，此次组编的"茶艺培训教材"便是其一。愿"茶艺培训教材"的问世，能助推整个茶艺事业的有序健康发展，并为中华茶文化的传播做出贡献。

中国工程院院士、中国农业科学院茶叶研究所研究员、中国茶叶学会名誉理事长

陈宗懋

2021年6月

序三

中国现有20个省、市、自治区生产茶叶，拥有世界上最大的茶园面积、最高的茶叶产量和最大消费量，是世界上第一产茶大国和消费大国。茶，一片小小树叶，曾经影响了世界。现有资料表明，中国是世界上最早发现、种植和利用茶的国家，是茶的发源地；茶，从中国传播到世界上160多个国家和地区，现全球约有30多亿人口有饮茶习惯；茶，一头连着千万茶农，一头连着亿万消费者。发展茶产业，能为全球欠发达地区的茶农谋福利，为追求美好生活的人们造幸福。

人才是实现民族振兴、赢得国际竞争力的重要战略资源。面对当今世界百年未有之变局，茶业人才是茶产业长足发展的重要支撑力量。培养一大批茶业人才，在加速茶叶企业技术革新与提高核心竞争力、推动茶产业高质量发展与乡村人才振兴等方面有举足轻重的作用。

中国茶叶学会作为国家一级学术团体，利用自身学术优势、专家优势，长期致力于茶产业人才培养。多年来，以专业的视角制定行业团体标准，发布《中国茶艺水平评价规程》《茶叶感官审评水平评价规程》《少儿茶艺等级评价规程》等；编写教材、大纲及题库，出版《茶艺师培训教材》《茶艺技师培训教材》及《评茶员培训教材》，组编创新型专业技术人才研修班培训讲义50余本。

作为综合型国家级茶叶科研单位，中国农业科学院茶叶研究所荟萃了茶树育种、栽培、加工、生化、植保、检测、经济等各方面的专业人才，研究领域覆盖产前、产中、产后的各个环节，在科技创新、产业开发、服务"三农"等方面取得了一系列显著成绩，为促进我国茶产业的健康可持续发展做出了重要的贡献。

自2002年开始，中国茶叶学会和中国农业科学院茶叶研究所联合开展茶业人才培训，现已培养专业人才5万多人次，成为茶业创新型专业技术人才和高技能人才培养的摇篮。中国茶叶学会和中国农业科学院茶叶研究所联合，重新组织编写出版"茶艺培训教材"，耗时四年，汇聚了六十位不同领域专家的智慧，内容包括自然科学知识、人文社会科学知识和操作技能等，丰富翔实，科学严谨。教材分为五个等级共五册，理论结合实际，层次分明，深入浅出，既可作为针对性的茶艺培训教材，亦可作为普及性的大众读物，供茶文化爱好者阅读自学。

"千淘万漉虽辛苦，吹尽狂沙始到金。"我相信，新版"茶艺培训教材"将会引领我国茶艺培训事业高质量发展，促进茶艺专业人才素质和技能全面提升，同时也为弘扬中华优秀传统文化、扩大茶文化传播起到积极的作用。

中国工程院院士 湖南农业大学教授

刘仲华

2021年6月

前言

Foreword

中华茶文化历史悠久，底蕴深厚，是中华优秀传统文化的重要组成部分，蕴含了"清""敬""和""美""真"等精神与思想。随着人们对美好生活的需求日益提升，中国茶和茶文化也受到了越来越多人的关注。2019年12月，联合国大会宣布将每年5月21日确定为"国际茶日"，以赞美茶叶的经济、社会和文化价值，促进全球农业的可持续发展。这是国际社会对茶叶价值的认可与重视。学习茶艺与茶文化，可以丰富人们的精神文化生活，坚定文化自信，增强民族凝聚力。

2008年，中国茶叶学会组编出版了《茶艺师培训教材》《茶艺技师培训教材》，由江用文研究员和童启庆教授担任主编，周智修研究员、阮浩耕副编审担任副主编，俞永明研究员等21位专家参与编写。作为同类教材中用量最大、影响最广的茶艺培训参考书籍，该教材在过去的10余年间有效推动了茶文化的传播和茶艺事业的发展。

随着研究的不断深入，对茶艺与茶文化的认知逐步拓宽。同时，中华人民共和国人力资源和社会保障部2018年修订的《茶艺师国家职业技能标准》和中国茶叶学会2020年发布的团体标准《中国茶艺水平评价规程》均对茶艺的相关知识和技能水平提出了更高的要求。为此，中国茶叶学会联合中国农业科学院茶叶研究所组织专家，重新组编这套"茶艺培训教材"，在吸收旧版教材精华的基础上，将最新的研究成果融入其中。

高质量的教材是实现高质量人才培养的关键保障。新版教材以《茶艺师国家职业技能标准》《中国茶艺水平评价规程》为依据，既紧扣标准，又高于标准，具有以下几个方面特点：

一、在内容上，坚持科学性

中国茶叶学会和中国农业科学院茶叶研究所组建了一支权威的团队进行策划、撰稿、审稿和统稿。教材内容得到周国富先生、陈宗懋院士、刘仲华院士的指导，为本套教材把握方向，并为教材作序。编委会组织中国农业科学院茶叶研究所、中国社会科学院古代史研究所、北京大学、浙江大学、南京农业大学、云南农业大学、浙江农林大学、台北故宫博物院、中国茶叶博物馆、西湖博物馆总馆等全国30余家单位的60余位权威专家、学者等参与教材撰写，80%以上作者具有高级职称或一级茶艺技师，涉及的学科和领域包括历史、文学、艺术、美学、礼仪、管理等，保证了内容的科学性。同时，编委会邀请俞永明研究员、鲁成银研究员、关剑平教授、梁国彪研究员、朱永兴研究员、周星娣副编审等多位专家对教材进行审稿和统稿，严格把关质量，以保证内容的科学性。

二、在结构上，注重系统性

本套教材依难度差异分为五册，分别为茶艺Ⅰ、茶艺Ⅱ、茶艺Ⅲ、茶艺Ⅳ、茶艺Ⅴ，逐级提升，分别对应《茶艺师国家职业技能标准》要求的五级至一级，以及《中国茶艺水平评价规程》要求的一级至五级。为了帮助读者更快速地建立一个较为完善的知识框架体系，每一册又按照领域和学科特点分成科学篇、文化篇、艺术篇、技能篇、礼仪篇、服务篇、管理篇、休闲产业篇等若干板块。这些板块相对独立又相互关联，同一板块的知识要点在各个等级中层层递进，而目录中的三级提纲恰似一张逻辑严谨清晰的思维导图，将知识点巧妙地串联在一起，便于读者阅读和学习，更有利于知识的梳理与记忆。此外，与旧版教材相比，本套教材延展了茶学专业知识和茶文化知识的深度和广度，增加了茶事艺文、传统礼仪、美学等方面的内容，使内容更为丰富。

茶艺培训教材与茶艺师等级、中国茶艺水平评价等级对应表

教材名称	茶艺师等级	中国茶艺水平等级
茶艺培训教材Ⅰ	五级/初级	一级
茶艺培训教材Ⅱ	四级/中级	二级
茶艺培训教材Ⅲ	三级/高级	三级
茶艺培训教材Ⅳ	二级/技师	四级
茶艺培训教材Ⅴ	一级/高级技师	五级

三、在形式上，增强可读性

参与教材编写的作者多是各学科领域研究的带头人和骨干青年，更擅长论文的撰写，他们在文字的表达上做了很多尝试，尽可能平实地书写，令晦涩难懂的科学知识通俗易懂。教材内容虽信息量大且以文字为主，但行文间穿插了图、表，形象而又生动地展现了知识体系。根据文字内容，作者精心收集整理，并组织相关人员专题拍摄，从海量图库中精挑细选了图片3000余幅，图文并茂地展示了知识和技能要点。特别是技能篇，对器具、茶艺演示过程等均精选了大量唯美的图片，在知识体系严谨科学的基础上，增强了可读性和视觉美感，不仅让读者更快地掌握技能要领，也让阅读和学习变得轻松有趣。茶叶从业人员和茶文化爱好者们在阅读本书时，可得启发、收获和愉悦。

历时四年，经过专家反复百余次的讨论、修改，新版"茶艺培训教材"（Ⅰ～Ⅴ）最终成书。本套教材共计200余万字。全书内容丰富、科学严谨、图文并茂，是60余位作者集体智慧的结晶，具有很强的时代性、先进性、科学性和实用性。本教材不仅适用于国家五个级别茶艺师的等级认定培训，为茶艺师等级认定的培训课程和题库建设提供参考，还适用于中国茶艺水平培训，为各院校、培训机构茶艺教师高效开展茶艺教学，并为茶艺爱好者、茶艺考级者等学习中国茶和茶文化提供重要的参考。

由于本套教材的体量庞大，书中难免挂一漏万，不足之处请各界专家和广大读者批评指正！最后，在本套教材的编写过程中，承蒙许多专家和学者给予高度关心和支持。在此出版之际，编委会全体同仁向各位致以最衷心的感谢！

茶艺培训教材编委会
2021年6月

Contents
目录

科学篇

文化篇

技能篇

礼仪篇

服务篇

科学篇

第一章
茶的起源与利用

茶的发现和利用最早可追溯到上古神农时期，从最初的药食同源到悦志涵养，经历了漫长的发展过程。通常所称的"茶叶"是指由茶树（*Camellia sinensis*）的幼嫩新梢加工而成的饮品。茶树是多年生常绿木本作物，主要分布在气候湿热的热带和亚热带地区。按照植物学分类系统，广义的茶树是指山茶科（Family Theaceae）山茶属（Genus *Camellia*）的茶组（Section *Thea*）植物（陈亮等，2000）。中国是茶树的起源中心和原产地，是最早发现和利用茶的国家。

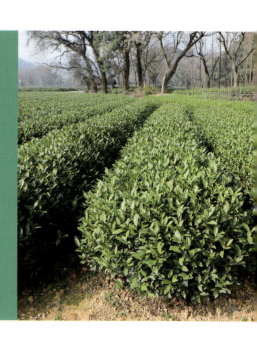

第一节　茶树的起源

茶树的起源包括地理起源和栽培起源两个概念，前者指在特定的地理区域从无到有自然形成茶树的过程，后者指野生茶树被人工驯化成栽培茶树的过程。茶树从起源中心向外扩散，因自然或人工选择，演化成野生型茶树和栽培型茶树。

一、茶树的地理起源与原产地

1. 茶树的地理起源

地理起源是指某一植物分类群通过进化从无到有的自然过程，远在人类出现之前就已经发生。地理起源涉及的基本问题，一是起源的原始祖先是什么，二是进化发生的时间、地点和进程。

20世纪80年代，何昌祥（1985）根据云南发现的化石研究推论，茶树是由第三纪宽叶木兰经中华木兰进化而来，首次提出了茶树起源的渊源植物。陈兴琰（1994）认为山茶属植物可能在4000万年前就已出现，而茶树是由山茶属植物演化而来。

2. 茶树的原产地

茶树的原产地是指在人工驯化栽培以前茶树原始分布的区域，也有部分人认为其等同于茶树的起源地。茶源于中国早为世人所知，但自从1824年在印度发现野生茶树后，茶树原产地的问题便有了争议。多数学者认为茶树原产于中国，也有少部分人认为茶树原产印度或原产东南亚。

现代茶业复兴和发展的奠基人吴觉农指出，中国有几千年的茶业历史，历代关于茶的文献记载、以及现代茶树种质资源分布状况的考察研究，提供了茶树原产中国的根据。著名植物分类学家张宏达在考证后认为，印度的茶树与云南广泛栽培的大叶茶无异，在印度也没有关于茶树的古籍记载。因此，无论从茶树的地理分布或者人类利用茶叶的历史来看，茶树原产于中国更具有说服力。

3. 茶树的起源中心

中国是茶树的原产地，但是关于茶树的起源中心，迄今没有确定性的结论。张宏达（1981）研究发现，90%以上的山茶属植物主要分布在中国西南部及南部，以云南、广西和广东横跨北回归线两侧区域为中心，集中分布在滇、桂、黔三省的接壤地区，因此认为该地区是山茶属植物的起源中心。虞富莲（1986）根据中国西南茶树种质资源的考察结果，结合滇、桂、黔茶树种质资源特征和地质历史，认为云南的东南部和南部、广西的西北部、贵州的西南部是茶组植物的起源中心。闵天禄（2000）提出，茶组植物是由古茶组演化而来，云南东南部、广西西部和贵州西南部的业热带石灰岩地区是茶组植物的起源中心。杨世雄（2007）认为，云南南部和东南部、贵州西南部、广西西部以及毗邻的中南半岛北部地区可能是茶组植物的起源中心。综上所述，现有的研究表明，中国西南地区可能是茶树的起源中心（图1-1、图1-2、图1-3）。

图1-2　野生型茶树（广西百色，陈亮提供）

图1-1　野生型茶树（云南凤庆，陈亮提供）

图1-3　野生型茶树（贵州普安，陈亮提供）

图1-4　栽培型茶树

二、茶树的栽培起源

栽培起源或栽培驯化起源是指野生植物被人工驯化的过程。人类文明发展的历史迄今不过1万多年，因此相比而言，栽培起源发生的时间远远晚于地理起源。

虞富莲（2016）推测，茶树从地理起源中心向周边地区自然扩散，其中之一是沿澜沧江、怒江水系，延伸至横断山脉中部和南部，形成了茶组植物次生中心，因此推测云南的中南部和西南部可能是茶树的栽培起源地。

张文驹等（2018）认为，南方各族语言中"茶"发音的相似，暗示了茶叶知识起源的单一性，最可能起源于古代巴蜀或云南；同时遗传分析的结果显示，栽培茶树可能存在多个起源中心，推测是在茶树传播过程中，各地野生近缘植物的基因渗入，或者各地居民直接利用当地野生茶树培育出新的栽培茶树类型（图1-4），从而导致遗传上的多样性和语言上的一致性并存。

三、茶树的演化

茶树的演化是指茶树的形态特征、生理特性、代谢物类型等在地理环境变迁和人类活动的影响下发生的连续的不可逆的变化。茶树的演化主要表现：树型由乔木变为小乔木和灌木，树干由中轴变为合轴，叶片和花冠由大变小，花瓣由丛瓣到单瓣，果实由多室到单室，果皮由厚变薄，酚氨比由大变小等。茶树按照演化程度，可以分为野生型和栽培型，但两者之间无严重的生殖隔离，可以进行杂交，其后代兼具两者特征。

野生型茶树亦称原始型茶树，具有较原始的形态特征和生化特性，包括大厂茶（*C. tachangensis*）、大理茶（*C. taliensis*）、厚轴茶（*C. crassicolumna*）、秃房茶（*C. gymnogyna*）等野生近缘种；栽培型茶树亦称进化型茶树，常见的栽培茶树都属于此类型，包括茶变种（*C. sinensis* var. *sinensis*）、阿萨姆茶变种（*C. sinensis* var. *assamica*）和白毛茶变种（*C. sinensis* var. *pubilimba*）。野生型和栽培型茶树的形态特征差异见表1-1。

表1-1　野生型茶树和栽培型茶树的形态特征

项目	野生型茶树	栽培型茶树
树体	乔木型或小乔木型、树姿多直立	小乔木型或灌木型，树姿多开张或半开张
幼嫩新梢	越冬芽鳞片3～5个或更多，芽叶无毛或少毛	越冬芽鳞片2～3个，芽叶多毛或少毛
成熟叶片	叶片大，叶面角质层较厚，叶片硬脆，枝条有腥臭味	叶片大小差异大，大、中、小叶均有，角质层较薄，叶片较软
花	子房有毛或无毛，花柱3～5裂	子房有毛，花柱3裂
生化成分	儿茶素、茶氨酸等含量普遍较低	儿茶素、茶氨酸等含量普遍较高

第二节　茶树的传播

茶树的传播包括从地理起源中心向周边自然扩散，以及从栽培起源中心向世界的人为传播。

一、从地理起源中心向周边自然扩散

茶树从地理起源中心向周边的自然扩散，因地理环境大体形成了4条传播途径。

一是沿澜沧江和怒江向横断山脉纵深扩散，包括云南中西部的临沧、普洱、保山、德宏等地，是中国野生型茶树分布类型和数量最多的地区，分布的栽培型茶树主要为阿萨姆茶。

二是沿西江和红水河向东及东南扩散，其中一支沿西江扩散至广西、广东南部、越南和缅甸北部，分布的野生型茶树有大厂茶、大理茶、秃房茶等，栽培型茶树以白毛茶和阿萨姆茶为主；另一支沿红水河扩展至南岭山脉，包括广西、广东北部、湖南南部和江西南部，分布的主要是白毛茶和茶。

三是沿金沙江和长江水系向云贵高原东北部扩散，在云、贵、川交界处形成茶树自然居群。该地区是秃房茶的集中分布区，栽培型茶树主要为茶。在人工引种后，继续扩散至秦岭、大巴山地区。

四是由云贵高原沿长江水系进入鄂西，并顺流扩散至湖南、江西、安徽、浙江等省。因气候寒冷，长江中下游茶区已无野生型茶树的自然分布，栽培型茶树都属于茶，并且多为抗寒性强的灌木型中小叶茶树。

二、直接或间接向世界各地传播

国外的栽培型茶树都直接或间接来源于中国，最早的文字记载可追溯至唐代。新罗遣唐使金大廉从中国带回茶籽，种植于智异山，随后扩散至朝鲜半岛各地。唐顺宗时期的公元805年，日本最澄禅师从浙江天台山带回茶籽，种植在京都比睿山，806年弘法大师空海将茶籽和制茶技术带回日本。南宋时期，日本僧人圆尔辨圆和南浦绍明先后到浙江径山寺学习，返日时带回茶籽和禅茶礼仪，此后，种茶和饮茶在日本兴起。

1684年，印度尼西亚从中国引进茶树。从1780年起，印度多次从中国引进茶籽，并学习栽培茶树和制茶技术。1841年，斯里兰卡从中国引进茶树。南美种茶始于1812年，巴西从中国引进茶树试种。1848年，从中国引进的茶树在外高加索地区试种成功，此后逐渐发展成为全球最北部的茶叶主产地。1888年，土耳其从日本引进茶籽试种。1903年，肯尼亚从印度引进茶树，商业性种植快速发展，成为茶叶主产国之一。1924年，阿根廷从中国引进茶树。20世纪60年代起，中国先后派出技术人员到非洲传授种茶和制茶技术。至今，茶树已传播至全球60多个国家和地区。

第二章
茶树的基本特征

茶树的基本特征主要包括植物学特征和生物学特征两方面，即根茎叶等器官的特性、个体生长周期各阶段的表现以及个体的生育规律等。

第一节　茶树的植物学分类

植物学分类依据的是植物的特征、亲缘关系以及演化顺序等，目的是对不同植物进行准确的描述、命名和分群归类，并研究各类群植物之间亲缘关系的远近和趋向。

一、茶树分类地位

在植物学分类上以"阶元"作为各级的分类单位，如界、门、纲、目、科、属、种等。茶树在植物学分类上的地位为种子植物门（Spermatophyta）、双子叶植物纲（Dicotyledoneae）、山茶目（Theales）、山茶科（Theaceae）、山茶属（*Camellia*）、茶组（Sect. *Thea*）、茶种（*Camellia sinensis*）。

茶树的学名，最早由瑞典植物学家林奈确定。他在1753年出版的《植物种志》（*Speciese Plantarum*）第一卷中将茶树命名为*Thea sinensis*，但该命名在植物界一直有争议。1881年德国生物学家O.Kuntze确定茶树的学名为*Camellia sinensis*（L.）O.Kuntze，1935年，在荷兰国际植物学大会上认为O.Kuntze1981年提出的学名为正确学名，并沿用至今。

二、茶树的植物学分类系统

中国的茶树种质资源非常丰富。在种质资源研究中，自20世纪80年代起，不断有新的茶树资源被发掘，并依据经典的形态分类法进行分类。但是由于各研究者掌握的茶树资源不同，茶树形态特征又容易受环境因素及人的主观判断等因素影响，导致分类阶元不一致。更多新资源的发现，让茶树在种及种以下的分类上有了分歧和争论。1981年，中国植物学家张宏达依据传统形态学分类系统，提出了茶树分类系统，将山茶属分为4个亚属，分别为山茶亚属、原始山茶亚属、后生山茶亚属以及茶亚属。其中，茶亚属下又分为茶组在内的8个组，茶树即属于茶亚属茶组，同时进一步将茶组植物分为秃房茶系、五柱茶系、五室茶系和茶系4个系，再进行种与变种的划分。经多次修订与补充，据统计，至1994年，该分类系统共包括4系42种4变种。

该系统对茶树性状分类细致，但茶组植物高度相似，"系""种"等分类阶元的界限模糊，对种、变种或是环境造成的性状变化不易区分。1992年，闵天禄对张宏达分类系统进行修改，将山茶属分为茶亚属和山茶亚属，取消"系"的分类阶元，并将茶组植物分为12种6变种。

2000年，陈亮等综合茶树种间的差异、分类学与生物学上种的特点，将茶组植物分为大厂茶、大理茶、厚轴茶、秃房茶以及茶5个种。其中，在茶下又有茶、阿萨姆茶和白毛茶3个变种。野生的大茶树一般属于大厂茶、大理茶、厚轴茶和秃房茶，而栽培型的茶树一般属于茶、阿萨姆茶或白毛茶。

第二节　茶树的植物学特征

茶树是一种多年生、木本、常绿植物，具有独特的形态特征。

一、典型形态学特征

茶树形态丰富多样。完整的一株茶树可以分为地上和地下两个部分。茶树的地上部分为树冠，包括茎、芽、叶、花、果实等；地下部分为根系，由众多长短不同、粗细各异的根组成。

依据茶树主干分枝部位的不同，茶树的树形可以分为乔木、小乔木和灌木3种类型（图2-1）。

灌木型茶树　　　　　　　　小乔木型茶树　　　　　　　乔木型茶树（陈林波提供）

图2-1　茶树树型

乔木型茶树植株一般高大，分枝部位高，由植株基部至顶部主干明显，枝叶稀疏，一般树高3～10米，部分野生茶树可高达10米以上。乔木型茶树多为野生古茶树，主要分布于我国西南地区。小乔木型茶树植株较高大，分枝部位离地面较近，由植株基部至中部主干明显，分枝较稀，树高多为2～3米，主要分布于热带或亚热带的茶区。灌木型茶树植株低矮，由植株基部开始分枝，无明显主干，分枝密，自然状态下可长至1.5～3米，主要分布于我国中部、东部与北部茶区。依据茶树主干分枝角度的不同，茶树的树冠可以分为直立状、半开展状（半披张状）和开展状（披张状）3种。

二、茶树的主要器官

茶树的主要器官包括根、茎、叶、花、果实和种子。依据器官的形态结构和生理功能进行划分，茶树的根、茎、叶为营养器官，花、果实、种子是生殖器官。

（一）根

茶树的根由主根、侧根、吸收根和根毛组成。依据生长部位的不同，可以将根分为定根和不定根。茶树的主根及各级侧根称为定根，而从茎等位置生长出的根，因无固定生长部位，所以称为不定根。主根和侧根寿命长，一般呈棕灰色或红棕色，主要作用为固定茶树、输送吸收的水分和养分至地上部分，以及贮藏合成的有机养分。吸收根具有吸收水分、无机盐及少量二氧化碳的作用，通常寿命较短，少数未死亡的吸收根可以发育为侧根。

茶树根系具有向肥性、向湿性及向土壤阻力小的方向生长等特性，在土壤中分布的范围和深度，因树龄、品种、种植方式、种植密度、环境条件和农艺措施等的不同而存在较大的差异。主根的生长较快，达到一定树龄后，主根生长慢于侧根，由侧根向四周水平方向延伸，具体分布与耕作方法紧密相关。茶树根系的分布和生长情况是制定茶园施肥、耕作及灌溉等管理措施的主要依据。

（二）茎

茶树的茎是连接茶树根、叶、花、果等器官的轴状结构。着生叶片的未成熟茎称为新梢。茶树嫩茎柔软，着生茸毛，表皮为青绿色，随着发育转变为浅黄色并逐渐木质化，待成熟时呈现红棕色，此时着生叶片的成熟茎即为枝条。茶树枝条依生长位置与作用不同可分为主干和侧枝，侧枝依粗细和作用不同可进一步分为骨干枝和细枝。

茎的尖端为芽。芽依据生长部位不同有顶芽、腋芽之分。顶芽位于枝条的顶部，腋芽生长于枝条和叶片间的夹角处。生长在茶树茎、根及根颈处等非叶腋部位的芽称为不定芽。依据性质，芽可分为花芽和叶芽。花芽分化为花，而叶芽则会成长为新梢。当新梢养分不足时，顶芽停止生长形成驻芽，属于休眠芽的一种。与休眠芽相对的是生长芽。芽表面被茸毛覆盖，可以减少水分散失，并能起到御寒的作用。茸毛多少与品种、季节和生态环境等有关，一般而言，茸毛多是茶树鲜叶幼嫩、品种优良的标志之一。

（三）叶

茶树的叶片依据分化程度的不同可以分为鳞片、鱼叶和真叶。鳞片为幼叶的变态，不具叶柄，质地较硬，表面有茸毛和蜡质，能够降低茶芽的蒸腾失水，并起到保护幼芽、免受病虫入侵等作用。鳞片一般会在芽生长的过程中脱落。鱼叶为发育不完全的叶片，叶形多为倒卵形，叶缘一般无锯齿或仅前端略有锯齿，侧脉不明显，叶尖圆钝。

真叶是茶树发育完全的叶片，分幼叶、成叶和老叶。茶树真叶由叶柄、叶基、主脉、叶缘、侧脉、叶片、叶尖等部分组成。茶树叶缘有锯齿，一般16～32对，是鉴别真假茶的重要依据之一（图2-2）。

叶片单叶互生，侧脉沿主脉分出，与主脉成约45°角向叶缘伸展，并在侧脉2/3处弯曲与下一条侧脉相连，形成网状结构。叶面有平滑、隆起之分，隆起表明叶片侧脉之间的叶肉生长旺盛，是品种优良的表现之一。叶片形状有近圆形、椭圆形、长椭圆形、卵圆形和披针形，其中以椭圆形和长椭圆形居多。叶尖略有凹陷，分为急尖、渐尖、钝尖与圆尖等（图2-3）。

叶尖
叶片
叶缘
主脉
侧脉
叶基
叶柄

图2-2 茶树的叶片

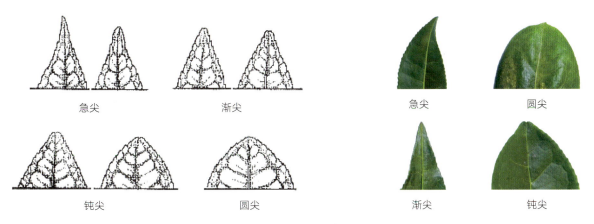

急尖　　　　渐尖

钝尖　　　　圆尖

急尖　　　　圆尖

渐尖　　　　钝尖

图2-3　茶树叶尖的形态

茶树叶色常绿，依据绿的程度不同，有淡绿、绿、深绿等，有少数变异品种的新梢叶色呈现黄或紫红等颜色，例如光照敏感型白化茶品种黄金芽，属于阿萨姆茶（*Camellia sinensis* var.*assamica*）的紫娟等。

茶树叶片大小根据定型叶的叶面积大小进行划分，叶面积的计算公式为：

叶面积（平方厘米）=叶长（厘米）×叶宽（厘米）×0.7（系数）

叶面积≥60平方厘米属特大叶，叶面积40～60平方厘米属大叶，叶面积20～40平方厘米属中叶，叶面积≤20平方厘米属小叶，相应的，茶树品种分别为特大叶种、大叶种、中叶种及小叶种。茶树叶片的形状、大小、颜色、叶尖的形状等都可作为品种区分的依据（图2-4）。

特大叶　　　　大叶　　　　中叶　　小叶

图2-4　茶树不同大小的叶片

（四）花

茶树的花由花芽分化而成，为两性花。茶花的结构由外而内依次为花柄、花萼、花冠、雄蕊和雌蕊。花冠由5～9片花瓣组成，呈白色，少数为粉红色。雄蕊数量众多，一朵花有雄蕊上百枚，每个雄蕊由花药和花丝组成，花药具有4个花粉囊，内含无数花粉粒。雌蕊由子房、花柱和柱头三部分组成，柱头3～5裂，开花时分泌黏液，便于花粉附着。茶树一般于5月中下旬形成顶芽后，分化出花芽，经180～240天生长为茶花（图2-5）。

图2-5　茶花

（五）果实

茶树的果实为蒴果，一般有3室，每室含1或2粒种子。果实形态及大小与心皮发育数量密切相关——一个心皮发育时，果实呈球形；二个心皮发育时，果实呈肾形；三个心皮发育时，果实呈三角形；四个心皮发育时，果实呈正方形；五个心皮发育时，果实呈梅花形（图2-6）。茶果一般在霜降前后成熟。果皮在成熟前为绿色，随时间推移转为黄褐色，待成熟时变为棕绿色或绿褐色，果壳开裂，种子掉落。茶树结实是生殖生长的过程，受光照、降水、施肥、修剪等因素影响。在实践中，茶树坐果率较低，一般不超10%，若需提高茶果产量，可采取减少采摘、减施氮肥、增施磷钾肥等措施。

图2-6 茶果的形状与种子粒数（陈林波提供）

（六）种子

茶籽是茶树的种子，多呈棕褐色或黑褐色，由外种皮、内种皮和种胚组成。茶籽的形状大体可分为近球形、半球形和肾形3种，主要为近球形，其次为半球形，只有少数呈肾形。近球形和半球形茶籽较肾形茶籽种皮薄、光滑，发芽率更高。茶籽的大小和重量因茶树品种的不同而有差异。大粒茶籽直径为15毫米左右，重量约为2克；中粒茶籽直径为12毫米左右，重量约为1克；小粒茶籽直径为10毫米左右，重量约为0.5克。茶籽可以榨油，榨油后的饼粕可以酿酒或提取工业原料皂素，也可经发酵脱毒后制成饲料。

第三节 茶树的生育规律

作为多年生木本植物，茶树的生长发育有其独特的规律，这一规律是由茶树有机体的生理代谢所决定的。茶树既有一年的生长发育周期，称为年周期，也有一生总的生长发育周期，称为生命周期。

一、茶树的年生育周期

茶树的年生育周期是指茶树在一年中生长发育的过程。茶树在一年中受到各种内外因素的影响，表现出在不同的季节有着不同的生育特点，包括芽的萌发、叶片的展开、根系的生长以及开花结实等。

（一）茶树枝梢的生长发育

由叶芽分化发育而成的幼嫩枝梢即为茶树新梢，待其增粗成熟后称为枝条。新梢的生育具有明显的周期性，在我国大部分茶区，新梢在一年中会经历3次生长和休止。当外界气温与水分等条件合适时，越冬芽经历萌发→鳞片展→鱼叶展→真叶展→驻芽，第一轮新梢生长休止，称为春梢；第二轮生长至休止称为夏梢；第三轮生长至休止，称为秋梢。我国南方部分地区，冬季生长第四轮冬梢，然后再进入休眠。通过对新梢的采摘，可使叶芽继续萌发生长为新梢，使新梢生长期缩短，一年中可以形成4至5轮新梢，少数栽培管理良好的茶园，可以形成6轮新梢。每一轮的新梢生长的叶片数及其成熟度各不相同。

茶树新梢上的叶原基经发育形成叶片。叶片展开的时间受气候条件等的影响。真叶与芽初步分离时，叶片表面向内翻卷，之后叶缘向叶背卷曲，最后逐渐展平，由初展至成熟定型需30天左右。茶树叶片的寿命约1年，着生于春梢的叶片寿命比夏秋梢会长1～2个月，依据叶片形成时间的不同，先后掉落，茶树保持常绿。

（二）茶树根系的发育

茶树的根系对地上部分起到固定和支撑作用，并能从土壤中吸收无机盐及有机物等养分物质，满足地上部分生长发育的需要。根系发育的好坏对茶树枝叶的繁茂与否具有直接的影响。在年生育周期内，地下部与地上部的生育活动有着密切的联系。津志田藤二郎（1982）研究表明，茶树萌芽前根系中细胞激动素含量最高。茶树萌芽时，根系中的细胞激动素经木质部输送至茶芽，对新梢的生育起到重要作用。当新梢的生育减缓时，根系的生育则变得较为活跃。茶树根系与地上部分交替进行生长与休止，是因两者对碳水化合物的需求平衡所致。在新梢生育期间，经叶片光合作用生成的碳水化合物，主要供给地上部分消耗，较少供给根系生长；生育休止后，多余的碳水化合物即可供给地下部分。一般在每年的12月至翌年2月的休眠期内，茶树根系或死亡或进行更新。

以浙江杭州为例，茶树根系的生育活动，在每年3月上旬之前非常微弱；3月上旬至4月上旬，生长活动较明显；4月中旬至5月中旬，根系活动减弱；6月上旬、8月中旬及10月上旬，根系生长活动加强，尤其是10月上旬地上部分进入休眠后，根系生长特别旺盛。

（三）茶树的开花结实

茶树的开花结实是为繁殖后代进行的生殖生长的过程，茶树进入青年期后每年都会经历一次开花结实，直到植株死亡。在我国多数茶区，花芽从6月份开始分化，逐渐形成花萼、花瓣、雄蕊及雌蕊，7月下旬可看到花蕾。自花芽分化后经100～110天，即9月至10月下旬进入始花期。茶树的盛花期为10月中旬至11月中旬，终花期为11月下旬至12月。茶树的花期因品种及环境条件差异而略有不同。一般而言，小叶种开花早，大叶种开花迟。开花也有一定的顺序，通常着生在主枝上的花先开，着生在侧枝上的花后开。

茶花具有异花授粉的特性，依靠蜜蜂等昆虫进行传粉，至第二年10月果实成熟。从花芽成熟到种子成熟需要一年的时间。在此过程中，每年的6～10月既是茶花生长发育的过程，又是往年果实成熟的过程。这种同时进行花果生育的现象，反映出了茶树性器官在年生育周期中的持续性与重叠性，是茶树的生物学特性之一。

（四）茶树种子的萌发

茶树种子在霜降前后成熟，一般在10月中旬进行采摘。茶籽寿命为1年左右。茶籽在采收后，应去除果壳进行播种或在适宜条件下进行贮藏，以保证春季播种时的发芽率。在我国多数茶区，茶籽采收后在秋冬季进行播种，在水分、温度和氧气条件合适的条件下，一般翌年春季萌发。经冬季贮藏的茶籽，一般在春季播种后1个月萌发。

二、茶树的一生

茶树的生命周期是在年生育周期基础上发展的。茶树生长发育的时间为生物学年龄，一般从茶籽萌发或扦插苗成活开始。依据茶树生育特点和生产实际，茶树通常历经幼苗期、幼年期、成年期与衰老期4个时期。茶树的一生，从受精卵（合子）起，发育为茶籽，经播种破土为茶苗，发育为根深叶茂的茶树，并开花、结实、繁育后代，至最终衰老死亡。不同时期茶树对环境和物质的需求不一，表现出不同的生育特点。

（一）幼苗期

茶树的幼苗期指从茶籽萌发、茶苗破土至第一次生长休止的时期。采用扦插等手段无性繁殖的茶树，幼苗期为营养体再生至形成完整独立的植株，时间一般为4～8个月。茶籽经播种后，主要靠其子叶贮藏的物质提供营养；扦插苗主要依靠茎中贮藏的营养物质。随后茶籽与扦插苗发根，从土壤中吸取少量养分。茶苗出土后，长出真叶并很快形成叶绿素，使茶苗具有光合作用的能力。茶苗生长发育的养分供给，转为依靠根系吸收土壤中的矿质元素、水分，以及真叶经光合作用合成有机物质。当叶片展至3～5片时，茎上的顶芽形成驻芽，开始第一次生长休止，幼苗期结束。幼苗期的茶树叶片角质层薄，水分易被蒸腾，根系也不够发达，因此易受高温和干旱影响，在茶苗管理的时候，尤其需要注意适时适量地为茶苗保持水分。

（二）幼年期

茶树的幼年期为第一次生长休止开始至第一次开花结实，一般3～4年的时间。幼年期的长短与茶树品种、环境条件及栽培管理技术等密切相关。幼年期是茶树生长发育极为旺盛的时期。茶树地上部分生长迅速，主轴明显，顶芽不断生长，侧枝较少，表现为单轴分枝。茶树地下部分为直根系，主根明显，侧根较少，后经生长，侧根逐渐发达，向四周和深处扩展。幼年期的茶树可塑性大，需做好定型修剪及土肥管理，以去除顶端优势，促进侧枝生长粗壮，形成分枝树型。此阶段茶树各器官较幼嫩，抗性较弱，仍需注意保护与管理。

（三）成年期

茶树的成年期是指由茶树第一次开花结果至第一次进行更新改造为止的时期，时长可达20～30年。成年期是茶树生长发育最旺盛的时期，其产量和品质都处于非常高的水准。随着树龄的增长，茶树的分枝增多，树冠愈来愈密。此时的茶树，同时具有单轴分枝与合轴分枝两种分枝方式。茂盛的树冠和开展的树姿，形成较大覆盖面，为高产创造有利条件。茶树地下根系的生长，与地上部分相近，向四周扩展，呈现离心生长现象，并形成有着发达侧根的分枝根系。成年期的后期，茶树冠面上存在较多细弱枯枝，根系范围缩小，开花结实增多，营养生长减弱，产量与品质下降，此时亟待通过台刈等方式进行更新改造。成年期作为茶树总生育周期中最有经济价值的阶段，应加强茶园培肥管理，保持住茶树的旺盛长势，通过合理采摘及其他栽培管理技术，尽量延长此阶段的年限。

（四）衰老期

　　茶树的衰老期是由第一次更新改造至植株死亡为止的时期。这一阶段因品种、管理及环境等条件而长短不一，一般为数十年。经过更新改造的茶树，形成新的树冠，得以复壮。经历数年的采摘与修剪后，茶树生长势再度衰退，即进行二次更新。如此循环往复的更新，茶树复壮能力逐渐减弱，复壮间隔时间逐渐减短，新生长的枝条愈趋细弱，直至最后植株完全失去更新复壮能力而死亡。茶树的地下部分随着地上部分的更新得到复壮，但当树冠再次衰老后，外围根系也逐渐死亡，呈现向心性生长。根系生长的总趋势与地上部分相同，逐渐趋于衰老，直至完全失去再生能力而死亡。在此阶段，应加强管理，尽量增长每次更新间隔的时间，延长茶树的经济生产年限。

第三章
茶业概况

茶是世界三大饮料之一，具有庞大的消费群体。目前，全球种植茶树的国家有80多个，而消费茶叶的国家和地区超过170个。

第一节　世界茶业概况

近十余年，世界茶叶的生产和进出口贸易发展迅速，茶产业的影响力及重要性与日俱增。

一、茶叶的生产及分区

茶叶的生产遍及全球五大洲。据国际茶叶委员会（ITC）统计数据显示2019年全球茶园总面积499.5公顷，茶叶总产量615万吨，较前一年增加了18.35万吨，增长了3.08%（表3-1）。

表3-1　2019年全球茶叶生产数据统计

国家	生产量（万吨）	较2018年增长幅度（%）
中国	279.9	7.2
印度	139.0	3.8
肯尼亚	45.9	−6.9
斯里兰卡	30.0	−1.3
土耳其	26.8	−4.4
越南	19.0	2.7
印度尼西亚	12.9	−1.7
孟加拉国	9.6	17.0
日本	7.7	−6.1
阿根廷	7.7	−3.8
……		
全球总产量	615.0	3.08

（数据来源：国际茶叶委员会）

作为喜温喜湿植物，茶树主要分布于热带和亚热带区域。依据茶叶生产及气候条件等因素，可将世界茶叶产地分为东亚、东南亚、南亚、西亚、欧洲以及东非和南美等6个茶区，其中亚洲为茶树种植面积最大的地区（表3-2）。

表3-2　2019年全球茶树种植面积前十位的国家（万公顷）

国家	中国	印度	肯尼亚	斯里兰卡	越南	印度尼西亚	土耳其	缅甸	孟加拉国	乌干达
茶园面积	306.6	63.7	26.9	20.3	13.0	11.4	8.3	8.1	6.1	4.7

（数据来源：国际茶叶委员会）

（一）东亚茶区

东亚茶叶生产国有中国、日本、韩国。

中国是茶树的起源地，也是最早发现和利用茶的国家。中国的茶园面积和茶叶年产量多年稳居世界第一，产茶区域辽阔，全国有20个省、自治区、直辖市产茶，2019年茶园面积306.6万公顷，生产的茶叶种类有白茶、绿茶、乌龙茶、红茶、黄茶、黑茶。

日本的茶叶主要出产于静冈、鹿儿岛和三重3个县，生产的茶叶以绿茶为主，且绿茶又以蒸青绿茶为主，也有生产少量的乌龙茶、红茶和白茶。

韩国茶叶产区主要位于南部全罗南道的宝城，茶叶产量约占韩国茶叶总产量的40%，茶区临近大海，气候温暖，适宜茶树生长。

（二）东南亚茶区

东南亚茶叶生产国包括印度尼西亚、越南、缅甸及马来西亚等。

印度尼西亚是茶叶生产大国，有多个茶区，茶园面积11.4万公顷，主要产区为爪哇和苏门答腊两岛，茶叶四季均可采制，但以每年7月至9月的品质为佳，生产的茶叶主要为红茶，其次为绿茶。

越南茶园面积13.0万公顷，茶叶生产区域主要在中北部和中部高原地区，生产的茶叶主要为红茶和绿茶，也有乌龙茶等。

缅甸主要产茶区位于果敢，属于低纬度高海拔高原湿润季风气候区，适宜茶树生长，具有丰富的古茶树资源。

马来西亚茶叶生产区域主要位于金马仑高地和沙巴州，生产的茶叶以红茶为主，年均产量3000吨左右，茶叶消费主要依靠进口。

（三）南亚茶区

南亚茶叶生产国有印度、斯里兰卡及孟加拉国。

印度是世界上主要的茶叶生产国之一，是全球最大的红茶生产国和消费国。其生产的茶叶主要用于满足国内市场需求，只有少量用于出口。在印度，茶叶贸易方式主要为拍卖，政府规定75%左右的茶叶须以拍卖的方式进入市场。其拍卖的价格已成为国际红茶拍卖的风向标。印度28个邦中有16个邦生产茶叶，茶园面积63.7万公顷，主要有阿萨姆、大吉岭和尼尔吉里3个知名产茶区。

斯里兰卡茶园面积20.3万公顷，茶树主要种植于其中央高地与南部低地，6大茶叶产区分别为乌瓦、乌达普沙拉瓦、努瓦纳艾利、卢哈纳、坎迪和迪布拉。产于斯里兰卡乌瓦的锡兰高地红茶，与中国的祁门红茶、印度的大吉岭红茶并称"世界三大高香红茶"。茶叶在斯里兰卡的国民经济中占据重要的地位。

孟加拉国是世界红茶主产国之一，孟加拉国茶园面积6.1万公顷，茶区主要为东北部的希尔赫特大区，茶叶产量占全国总产量的90%。

（四）西亚茶区

西亚茶叶生产国有土耳其、伊朗等。

土耳其是全球人均茶叶消费量最大的国家，茶园面积8.3万公顷。茶区主要位于北部属亚热带地中海式气候的里泽地区。

伊朗同样是茶叶消费大国，黑海沿岸地区为适宜种茶的亚热带地中海气候，茶区主要分布在黑海沿岸的吉兰省和马赞德兰省，其中巴列维和戈尔甘为主要产地，生产的茶叶主要为红茶。伊朗需进口茶叶以满足市场需求。

（五）欧洲茶区

欧洲茶叶生产国有俄罗斯、葡萄牙等。俄罗斯是茶叶消费大国，但因环境条件限制，仅在克拉斯诺达尔边疆区有茶树种植，且种植区域小、茶叶生产量有限，因此只能进口茶叶以满足市场需求。

（六）东非和南美茶区

非洲产茶国家集中于东非，少数位于中非、南非。东非产茶国包括肯尼亚、乌干达、马拉维、坦桑尼亚及津巴布韦等国，以上5个国家的茶叶产量占非洲茶叶产量的90%以上。

肯尼亚于1903年开始引种茶叶，是20世纪新兴的产茶国家，但其茶业发展极为迅速，至今已成为仅次于中国和印度的全球第三大产茶国。肯尼亚产茶区主要分布于赤道附近东非大裂谷两侧的高原丘陵地带，那里海拔高，气候温暖湿润，年降水量多，非常适合茶树生长。

乌干达2019年茶园面积4.7万公顷，产茶区主要位于西部和西南部的托罗、安科利、布里奥罗、基盖齐、穆本迪及乌萨卡等地区。

马拉维茶区主要位于尼亚萨湖东南部和山坡地带，以生产红茶为主。

坦桑尼亚是红茶生产国，70%的茶叶产自南部高原地区。

南美茶叶生产国有阿根廷、巴西、秘鲁及哥伦比亚等，其中阿根廷产量最大。阿根廷茶叶产区主要位于米西奥内斯和科连特斯两省，生产的茶叶以出口为主。

二、茶叶的出口

2019年，国际茶叶总出口量为189.5万吨，较2018年增加3.7万吨，同比上升1.99%，各主要产茶国茶叶出口数据如表3-3所示。

表3-3　2019年全球茶叶出口数据统计

国家	出口量（万吨）	较2018年增长幅度（%）
肯尼亚	49.7	4.6
中国	36.7	0.5
斯里兰卡	29.0	6.6
印度	24.4	−2.9
越南	13.6	4.6
阿根廷	7.5	3.7

续表

国家	出口量（万吨）	较2018年增长幅度（%）
乌干达	5.5	−9.3
印度尼西亚	4.3	−12.1
马拉维	3.3	−5.7
卢旺达	2.9	6.7
……		
全球总出口量	189.5	2.0

（数据来源：国际茶叶委员会）

肯尼亚生产的茶叶几乎全部出口，是世界上最大的茶叶出口国，2019年出口茶叶49.7万吨，出口的茶叶为红碎茶，品质优异。

中国是产茶大国，也是茶叶出口大国。2019年全国茶叶出口总量为36.7万吨，出口金额达20.20亿美元，出口的茶叶以绿茶为主（表3-4）。

斯里兰卡出口茶叶29.0万吨，较2018年出口增长6.6%。斯里兰卡茶叶出口地主要为俄罗斯和伊拉克、土耳其等国。2019年印度茶叶出口量为24.4万吨，较2018年出口下降2.9%。印度茶叶出口地主要为亚洲国家和独联体国家。

表3-4 2019年中国出口茶叶数据统计

种类	出口量（万吨）	较2018年增长幅度（%）	出口额（亿美元）	较2018年增长幅度（%）
绿茶	30.39	0.3	13.18	7.8
红茶	3.52	6.7	3.49	24.2
乌龙茶	1.81	−4.7	2.36	31.1
花茶	0.65	−5.8	0.65	−1.5
普洱茶	0.28	−5.9	0.52	85.7

（数据来源：中国海关数据）

三、茶叶的进口

2019年，国际茶叶进口总量为180.4万吨（表3-5），2018年为177.5万吨。全球的茶叶消费仍由茶叶的生产国主宰。

巴基斯坦是世界最大的茶叶进口国，2019年茶叶进口20.6万吨，较2018年增长7.2%，进口的主要品种为红茶，占比高达98.5%。肯尼亚是巴基斯坦主要的茶叶供应国。

俄罗斯是全球第二的茶叶进口大国，2019年茶叶进口量14.4万吨，进口的茶叶主要为红茶，印度、斯里兰卡、肯尼亚等国为茶叶供应国。

2019年美国茶叶进口量11.7万吨，进口量为世界第三。英国是非产茶国，消费的茶叶全部依靠进口，2019年进口茶叶10.4万吨，世界排名第四，最大的茶叶供应国为肯尼亚。

表3-5　2019年全球茶叶进口数据统计

国家	进口量（万吨）	较2018年增长幅度（%）
巴基斯坦	20.6	7.2
俄罗斯	14.4	−9.3
美国	11.7	−1.8
埃及	10.9	16.2
英国	10.4	−3.4
独联体（除俄罗斯）	9.2	2.2
摩洛哥	8.4	10.2
伊朗	8.1	26.9
阿联酋	4.8	−25.5
中国	4.4	22.6
……		
全球总进口量	180.4	1.6

（数据来源：国际茶叶委员会）

第二节　中国茶区概述

中国茶叶产区辽阔，西起东经91°的西藏自治区错那，东至东经122°的台湾地区东海岸，南自北纬18°的海南省三亚，北抵北纬38°的山东省蓬莱山。产茶区域东西跨越31个经度，南北跨越20个纬度，遍及西藏、四川、甘肃、陕西、河南、山东、云南、贵州、重庆、湖南、湖北、江西、安徽、浙江、江苏、广东、广西、福建、海南、台湾等20余个省、自治区、直辖市。

我国茶区有平原、高原、丘陵、盆地和山地等地形，海拔高低相差悬殊。受纬度、海拔等条件的影响，不同茶区自然环境差异较大，横跨暖温带、中热带、南亚热带、中亚热带、北亚热带、边缘热带等6个气候带，茶树生长集中于南亚热带和中亚热带。不同地区的土壤、降水、温度等条件存在差异，对茶树的生长发育和茶叶的生产有着重要的影响。因此，在不同的区域生长着不同类型、不同品种的茶树，决定了茶叶的品质及适制性，从而形成丰富的茶类结构。

为便于管理及研究，我国对茶区设置了3个级别，即：一级茶区，为全国性划分，用以进行宏观的指导；二级茶区，由省（自治区）自行划分，用以指导省（自治区）内的茶叶生产；三级茶区，由各地县进行划分，用以具体指导茶叶生产。1982年，全国茶叶区划研究协作组依据地域、气候、茶树类型、品种分布及产茶种类等因素，对国家一级茶区进行了划分，即西南、华南、江南、江北四大茶区。

一、西南茶区

西南茶区又称高原茶区，是我国最古老的茶区，位于我国西南部，包括贵州、四川、重庆，云南的中北部和西藏的东南部。西南茶区是茶树生态适宜区，属亚热带季风气候。由于地形复杂，地势高，区域内气候差别很大，具有立体气候特征。四川盆地年平均气温为16～18℃，云贵高原年平均气温为

14～15℃，≥10℃年活动积温为5500℃以上。年降水量为1000～1700毫米。茶区土壤类型多样，云南中北部区域主要为棕壤、赤红壤及山地红壤，而四川、贵州和西藏东南部区域主要为黄壤，pH为5.5～6.5，该区土壤有机质含量较其他茶区丰富，土壤状况适于茶树生长。茶区茶树品种资源丰富，兼具灌木型、小乔木型和乔木型茶树。生产茶叶主要为绿茶（如都匀毛尖、竹叶青等）、红茶（如滇红工夫、川红工夫等）、黑茶（如普洱熟茶、下关沱茶等）及花茶（如玫瑰花茶等）（图3-1）。

图3-1　西南茶区茶园（云南景谷县秧塔村，陈林波提供）

二、华南茶区

华南茶区又称岭南茶区，是我国最南部的茶区，位于中国南部，包括海南、台湾二省，福建和广东的中南部，广西和云南的南部。该区为茶树生态最适宜区，气候温暖湿润，南部为热带季风气候，北区为南亚热带季风气候。年平均气温为20℃，为中国气温最高的茶区，≥10℃年活动积温6500℃以上。年降水量1200～2000毫米，同样为各茶区之最。整个茶区土壤以赤红壤为主，部分为黄壤，pH为5.0～5.5。茶区有灌木型、小乔木型和乔木型茶树，茶树以大叶种为主。华南茶区茶类结构丰富，生产的茶叶有红茶（如英德红茶等）、乌龙茶（如铁观音、冻顶乌龙等）、黑茶（如六堡茶等）、花茶（如茉莉花茶等）等（图3-2）。

图3-2　华南茶区茶园（广东英德，唐劲驰提供）

图3-3　江南茶区茶园（浙江新昌东茗乡）

三、江南茶区

江南茶区又称华中南区茶区，位于长江中下游南部，包括浙江、江西、湖南三省，广东和广西的北部，福建的中北部，湖北、安徽、江苏的南部。该区为茶树生态适宜区，气候温和湿润，北部为中亚热带季风气候，南部为南亚热带季风气候。茶区四季分明，雨量充沛并集中于春夏季，年降水量1100～1600毫米。年平均气温为15～18℃，≥10℃年活动积温为4800～6000℃。茶区土壤以红壤为主，黄壤次之，pH为5.0～5.5。茶树主要为灌木型中小叶种，也有小乔木型茶树。该区为我国茶叶主产区，约占全国茶叶年产量的2/3，并且是我国绿茶（如西湖龙井、六安瓜片、恩施玉露、洞庭碧螺春等）产量最高的区域，同时也生产红茶（如祁红工夫等）、黑茶（如安化黑茶、千两茶等）、乌龙茶（如大红袍、肉桂等）、白茶（如白毫银针、白牡丹等）、黄茶（如君山银针等）、花茶（如珠兰花茶等）（图3-3）。

四、江北茶区

江北茶区又称华中北区茶区，是我国最靠北的茶区，位于长江中下游北部，包括湖北、安徽、江苏的北部，甘肃、陕西、河南的南部，山东的东南部。该区为茶树生态次适宜区，属北亚热带和暖温带季风气候。年平均气温13～16℃，最低气温一般为－10℃，极端最低温可达－15℃以下，≥10℃年活动积温为4500～5200℃。年降水量一般不超1000毫米，且分布不均匀。江北茶区气候寒冷，较其他茶区气温低，积温少，茶树的新梢生长期短，且冬季的低温和干旱使茶树常受冻害。该区土壤多为黄棕壤，部分地区为棕壤，pH为6～6.5。茶树主要为灌木型中小叶种，生产的茶叶基本都是绿茶（如信阳毛尖等）（图3-4）。

图3-4　江北茶区茶园（山东崂山，刘蕾提供）

第三节　中国茶业概况

茶叶是我国重要的经济作物之一。自21世纪以来，我国茶产业发展迅速。茶叶产业由第一产业（茶叶生产）向第二产业（茶饮料、茶叶深加工）和第三产业（茶文化、茶旅游等）延伸，综合产值也在不断提高。

一、21世纪茶业发展之路

在步入21世纪前，我国农产品的供求关系由短缺转为基本平衡、丰年有余的状态，但却出现了农民增产不增收的问题。对此，国家作出了加快农业结构战略性调整的重大决策。这项决策为我国茶产业的发展带来千载难逢的机遇。21世纪以来的近20年以来，无论是茶园面积，还是茶叶产量、效益，均呈现快速发展的态势。2000年，我国茶园面积1633.5万亩（亩为非法定计量单位，1亩约为667平方米），占世界茶园总面积的41.1%。至2019年我国茶园面积已达到4657.5万亩，较2000年增长了185%，约占全球茶园总面积的65.4%。茶园面积的扩增带来的是产量的提升。2000年我国茶叶总产量68.3万吨，至2019年已增长至273.91万吨，是之前产量的4.07倍，占全球茶叶生产总量的45.2%。我国茶园面积与茶叶产量稳居世界首位（图3-5、图3-6）。

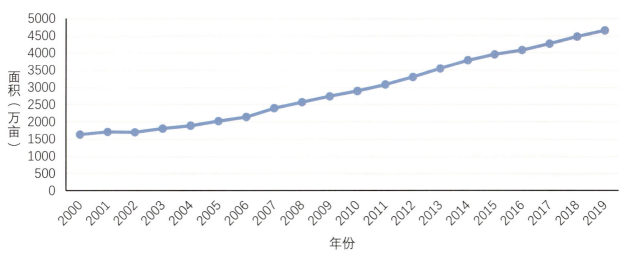

图3-5　21世纪以来中国茶园面积

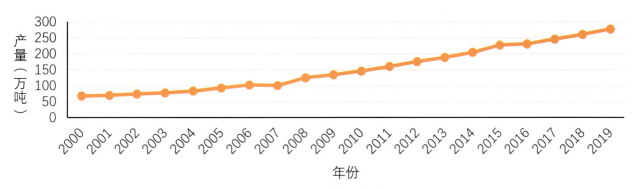

图3-6　21世纪以来中国茶叶产量

21世纪中国茶产业的发展呈现以下特点：① 茶叶生产的区域化及专业化不断推进；② 茶叶龙头企业迅速壮大，产业化水平提升；③ 茶叶产品结构优化，产业链不断延伸；④ 茶叶科技对产业发展的推动作用明显；⑤ 茶叶消费呈现多元化；⑥ 茶叶品牌的影响逐渐扩大。

据统计，2019年我国生产的茶叶以绿茶为主，其次为黑茶、乌龙茶及红茶（表3-6）。

表3-6　2019年中国六大茶类产量数据统计

种类	产量（万吨）	占比（%）	增长幅度（%）	前一年产量（万吨）
绿茶	186.1	67.9	7.3	173.5
黑茶	29.3	10.7	10.2	26.6
红茶	25.3	9.2	8.6	23.3
乌龙茶	27.5	10.0	− 1.1	27.8
白茶	5.1	1.9	40.2	3.7
黄茶	0.6	0.2	114.8	0.3
总产量	273.91	—	7.4	255.1

（数据来源：农业农村部）

目前全国生产的茶叶，绝大部分以国内消费为主。随着人们健康意识的提升，茶叶正受到越来越多消费者的欢迎。据统计，2019年全国茶叶消费总量达到202.56万吨，较2018年增长11.51万吨，同比增长6.02%；市场内销总额达到2739.50亿元。

从各大茶类内销情况对比来看，绿茶121.42万吨，占比最高，达到59.9%；黑茶31.86万吨，为第二大消费市场，占比15.7%；红茶22.60万吨，占比11.2%；乌龙茶21.63万吨，占比10.7%；白茶4.22万吨，占比2.1%；黄茶0.83万吨，占比0.4%（图3-7）。

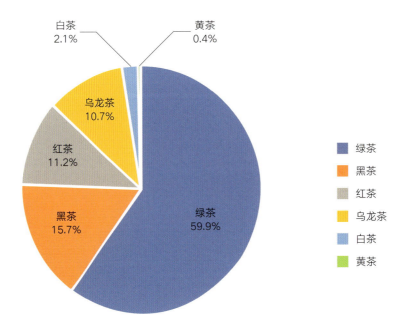

图3-7　2019年中国茶叶市场茶类份额组成

二、主要产茶省茶业概况

2019年，我国茶叶生产总量及茶园面积稳步提升（表3-7）。

表3-7 2019年中国主要产茶省茶叶产量及茶园面积统计

省份	茶园面积（万亩）	产量（万吨）
云南	721.35	43.7
贵州	696.6	19.8
四川	580.5	32.5
湖北	521.6	35.3
福建	329.7	44.0
浙江	302.1	17.7
安徽	280.7	12.2
湖南	262.4	23.3
陕西	217.8	7.9
河南	171.9	6.5
江西	163.7	6.7
广西	115.9	8.3
广东	108.3	11.1
重庆	71.25	4.5
江苏	50.7	1.4
山东	37.7	2.5
甘肃	18.5	0.1
海南	2.7	0.1

（数据来源：国家统计局）

福建是自古以来的产茶大省，产茶地区包括安溪、武夷山、福鼎、政和等地，生产茶叶种类繁多，品质优良。2019年，福建茶园面积329.7万亩，茶叶产量44.0万吨，居全国第一。

云南拥有优越的自然条件，茶树品种资源丰富，是我国茶园面积最大的产茶省，生产的茶叶主要为黑茶、红茶及绿茶。2019年，云南茶园面积721.35万亩，茶产量仅次于福建，为43.7万吨。

湖北产茶历史悠久，生产的茶叶以绿茶及红茶为主。2019年，湖北茶园面积521.55万亩，茶叶产量35.3万吨，是全国茶叶产量第三的省份。

四川被誉为"天府之国"，产茶区域集中于气温适宜、降水丰富且多云雾的盆周山区和丘陵地区。截至2019年底，四川茶园面积580.5万亩，茶叶产量32.5万吨，居全国第四。

湖南生产的茶叶品种较多，包括黑茶、绿茶、红茶等。湖南茶园面积262.35万亩，生产茶叶23.3万吨。

贵州是我国茶园面积第二大的产茶省，茶园面积达到696.6万亩，茶叶生产量19.8万吨，产量位居全国第六。生产的茶叶以绿茶为主。

浙江产茶历史悠久，生产的茶叶种类丰富，绿茶、红茶、黄茶等都有生产。产茶地包括杭州、余姚、湖州、金华等地。浙江茶园面积302.1万亩，茶叶产量17.7万吨。

安徽是我国产茶大省之一，生产红茶、绿茶、黄茶及黑茶等茶类，且名优茶众多。2019年，全省茶园面积280.65万亩，茶叶生产总量12.2万吨。

广东是我国产茶和茶叶消费大省，生产的茶叶以乌龙茶、红茶为主。2019年，广东茶园面积108.3万亩，茶叶生产总量11.1万吨。

广西也拥有悠久的产茶历史，茶区集中于昭平、三江等地。2019年，广西茶园面积115.95万亩，茶叶产量8.3万吨，产量居全国第十。

第四章
茶叶的分类
与品质特征

我国悠久的茶叶生产史，匠心独具的劳动人民创造出丰富多彩的茶叶。本章着重介绍茶叶的分类与品质特征的基本知识。

第一节　茶叶的分类与初制工艺

历史上茶叶的分类随着茶叶制法的创新而变化。唐代陆羽《茶经·六之饮》中记载"饮有粗茶、散茶、末茶、饼茶者"，其中粗茶是用粗老茶鲜叶加工的散叶茶或饼茶；散茶是茶鲜叶蒸制后不捣碎直接烘干的散叶茶；末茶是指经蒸、捣碎后未成饼就烘干的碎末茶；饼茶是蒸压成饼形烘干的茶。

宋代饮茶在民间也流行开来，茶叶主要分为蜡面茶、散茶和片茶三类。蜡面茶即龙凤团饼茶，散茶与唐代变化不大，片茶即为饼茶。

元代茶叶制法上在宋代基础上有所改进，将茶叶分为蜡面茶、末茶和茗茶，前两种在宋代片茶制法基础上改进，茗茶即为蒸青散茶，其产量较宋代有所增加，并根据茶鲜叶的嫩度分为芽茶和叶茶两类。

明代制茶方法有了较大进步，炒制工艺从唐朝已有文字记载，但直至明代，茶叶由"蒸"变"炒"才开始规模化应用，炒制工艺提升了茶叶的香气。"杀青"方式让绿茶的制法不断创新，之后，黄茶、黑茶和白茶相继出现。红茶诞生自福建崇安创制的小种红茶，其制法陆续传播到安徽、江西等地。

到了清代，茶类有了进一步的发展，青茶出现，福建崇安、建瓯和安溪等地开始大规模制作。至此，六大茶类均已出现，但未曾分类，古人对茶的认识比较感性，仅从直观上，如外形、颜色对茶叶分类，大多根据产地与制法命名。

茶的分类与初制工艺密不可分，其主要分类依据来自不同的初制工艺，随着工艺的发展与创新，衍生出多个茶类。

一、茶叶的分类

茶叶的分类方法多种多样。陈椽教授依据茶叶加工工艺、茶多酚的氧化程度及品质特征不同，从初制的角度，将茶叶分为"绿茶、黄茶、黑茶、白茶、青茶和红茶"六大基本茶类（图4-1）。由于历史原因，一直以来很多人把"青茶"称为"乌龙茶"。

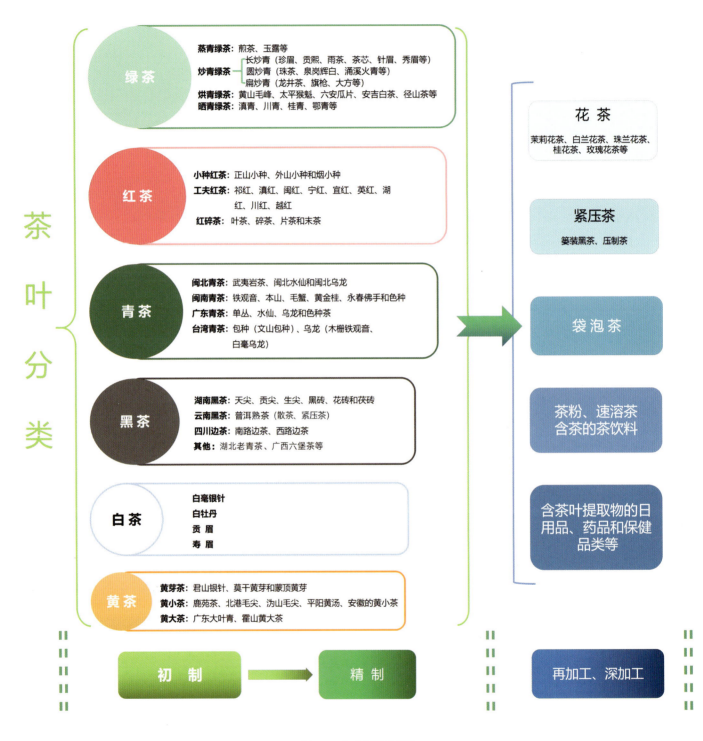

图4-1 茶叶分类示意图

二、六大茶类的初制工艺与主要品类

六大茶类初制工艺不同（图4-2），品质特征也不相同。

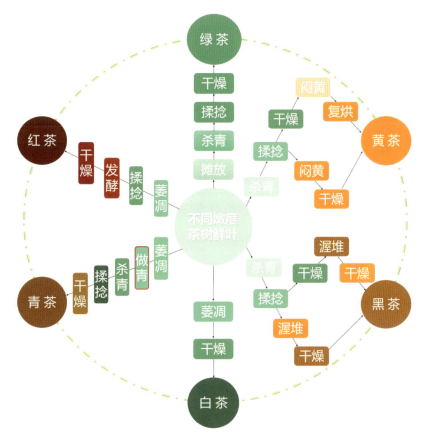

图4-2　六大茶类初制加工工艺流程图

（一）绿茶的初制工艺与主要品类

1. 绿茶的初制工艺

绿茶的基本初制工艺流程为：摊放→杀青→揉捻（或不揉捻）→干燥。

摊放是绿茶初制加工的第一道工艺。一方面，通过对鲜叶集中摊放处理，激发鲜叶内酶的活性，散发一部分水分，使含水率降低，叶质柔软，便于做形；另一方面，摊放时，散发青气的同时生成更多有利于品质形成的物质，使游离氨基酸、可溶性糖增加，酯型儿茶素减少。

杀青在绿茶初制工艺中起到关键作用，其目的是利用高温破坏鲜叶内酶的活性，抑制多酚类等物质进一步酶促氧化。在杀青过程中，鲜叶大量青气散发，同时保留青叶中大部分内含成分，以形成绿茶清汤绿叶的特色。杀青方法主要有：锅炒杀青、热风杀青、蒸汽杀青和滚筒杀青等。

揉捻工艺是通过外力作用使茶叶面积不断缩小或形成弯曲形状的过程，同时破坏茶叶内细胞和细胞内液泡等的生物膜，使多酚氧化酶与多酚类等物质充分接触。揉捻既丰富了茶叶外形特征，又促进茶叶内在品质风味的形成。

干燥工艺是指通过各种形式外源热量，使茶叶水分含量降低至足干，使茶叶便于贮藏，在前几道工艺基础上进一步提升茶叶特色的色、香、味、形。因此，干燥主要起到稳固和提升茶叶品质的作用。绿茶干燥有烘干、炒干、晒干和烘炒结合等几种方式。

2. 绿茶的主要品类

根据杀青和干燥的工艺不同，绿茶可分为：蒸青绿茶、炒青绿茶、烘青绿茶和晒青绿茶等（图4-3、图4-4、图4-5）。

蒸青绿茶：采用蒸汽杀青的工艺制成的绿茶。蒸汽杀青技术历史悠久，从唐代沿用至今。

炒青绿茶：初制过程中主要以炒干的干燥方式制成的绿茶。因受到外力和热作用，在炒干过程中伴随了做形，因此炒青绿茶外形丰富，有条形、圆形、扁形和卷曲形等多种外形。炒青绿茶可分为长炒青、圆炒青、扁炒青和特种炒青等。

烘青绿茶：在初制过程中主要以烘干的干燥方式制成的绿茶，在干燥阶段对茶叶不施加外力，保留了茶叶自然舒展的外形。

晒青绿茶：在初制过程中以晒干为主要干燥方法制成的绿茶（或全部晒干），风味上呈现出特有的日晒味。

图4-3 西湖龙井茶

图4-4 安吉白茶

图4-5 碧螺春

（二）红茶的初制工艺与主要品类

1. 红茶的初制工艺

红茶的基本初制工艺流程为：萎凋→揉捻（或揉切）→发酵→干燥。

红茶萎凋是鲜叶在常温或适度加温下长时间交替放置的过程。鲜叶摊放的厚度随着萎凋的进行由薄变厚。萎凋过程既有水分散失的物理变化，也有化学变化，促进茶叶中大分子物质转化成简单小分子物质，也为揉捻打下基础，对茶叶色、香、味的品质形成都有重要影响。

红茶揉捻不仅仅是为了做形，更是为下一步发酵做准备，如果揉捻不充分，细胞内膜损伤少，多酚氧化酶与多酚类等物质无法充分接触，将导致发酵不足。

发酵是红茶加工中的关键工序。红茶"发酵"与食品加工中的微生物发酵并非一个概念。发酵过程中茶叶内多酚类物质在多酚氧化酶、过氧化物酶等作用下发生酶促氧化聚合反应，叶色逐渐由绿→绿黄→黄→黄红→红等依次转变，生成茶黄素、茶红素、茶褐素等物质，同时伴随着氨基酸、可溶性糖增加等一系列化学反应，为滋味和汤色品质形成奠定基础，发酵是红茶形成"红汤红叶"特征的重要工序。同时挥发性化合物的转化，促进青臭味散失，使得甜香、花果香的显现。

红茶干燥是为了及时制止发酵，固定品质。但在干燥前期，多酚类氧化还在进行，为了及时制止氧化反应，干燥分毛火和足火两个阶段，毛火高温短时，足火低温长时，毛火抑制大量氧化反应，足火固定最终品质。

2. 红茶的主要品类

根据加工工艺和品质特征不同，红茶可分为：小种红茶、工夫红茶和红碎茶（图4-6、图4-7、图4-8）。

三类红茶的加工工艺如下：

小种红茶：萎凋→揉捻→发酵→过红锅→复揉→烟焙。

工夫红茶：萎凋→揉捻→发酵→烘干。

红碎茶：萎凋→揉切→发酵→烘干。

图4-6 祁门红茶

图4-7 正山小种

图4-8 红碎茶

（三）青茶（乌龙茶）的初制工艺与主要品类

1. 青茶的初制工艺

青茶的基本初制工艺流程为：萎凋→做青（摇青与晾青反复交替进行）→杀青→揉捻→烘焙。

萎凋是青茶加工的第一步，其目的是降低鲜叶含水量，促进酶的活性和叶内成分的化学变化，进一步散发青气，为做青阶段做准备。萎凋至叶面失去光泽，梗弯而不断，手捏富有弹性即可。萎凋按方式不同可分为三种：自然萎凋、日光萎凋和控温萎凋。自然萎凋是将鲜叶静置于室内，均匀摊放约3～6个小时，控制鲜叶失水率为10%～15%。日光萎凋需利用早上或傍晚的阳光进行2或3次翻晒，并结合晾青交替进行，促使水分均匀散失。控温萎凋适用于阴雨天的鲜叶加工，提高萎凋的环境温度，促进水分加速散失。

做青是青茶加工独有的工艺。做青为摇青和晾青反复交替进行的过程。摇青是指通过外力使青叶进行跳动、旋转和摩擦等规律运动，让青叶外缘组织受到机械损伤的过程，其目的是促进内含物的酶促氧化等系列反应；晾青则是在室内或者阳光下静置处理，使得青叶水分进一步降低，有利于茶青的嫩茎向叶面输送水分等物质。摇青和晾青反复进行促进青茶形成香高、味醇的优良品质。

青茶的杀青是为了固定做青形成的品质，且进一步散发青气，提升茶香，同时减少茶叶水分含量，使叶张柔软，有利于揉捻成形。

青茶揉捻原理与其他茶类类似，但不同品类青茶揉捻程度不同，有揉捻程度较轻的闽北乌龙茶与广东乌龙茶，而闽南乌龙茶采用包揉工艺，其揉捻程度较重。颗粒型乌龙茶需进行包揉工艺，包含包揉

图4-9　武夷岩茶

图4-10　铁观音

图4-11　凤凰单丛

（压揉）、松包解团、初烘、复包揉（复压揉）、定型等工序。机械包揉使用包揉机、速包机和松包机配合反复进行，历时约3至4个小时。

烘焙工艺原理与干燥相同，但与其他茶类的干燥工艺有一定不同，其主要区别在于耗时长、温度稍低与次数多等，利于青茶香高味醇品质的进一步形成。

2. 青茶的主要品类

青茶产品形式多样，产区分布较为集中，目前根据主要产地可以分为闽北青茶、闽南青茶、广东青茶和台湾青茶四类（图4-9、图4-10、图4-11）。

四类青茶的加工工艺如下：

闽北青茶：萎凋→做青→杀青→揉捻→烘焙。

闽南青茶：萎凋→轻度做青→杀青→揉捻→包揉或压制→烘焙。

广东青茶：萎凋→做青→杀青→揉捻→烘焙。

台湾青茶：萎凋→做青→杀青→揉捻或包揉→烘焙。

（四）黑茶的初制工艺与主要品类

1. 黑茶的初制工艺

黑茶产区分布较广，在生产工艺上也有所不同，黑茶是由黑毛茶经渥堆、干燥形成的成品茶。黑茶的加工分两个阶段，一是黑毛茶的加工，二是黑茶成品茶的加工。

黑茶的基本初制工艺流程为：

干燥前渥堆：杀青→揉捻→渥堆→干燥。

干燥后渥堆：杀青→揉捻→干燥→渥堆→干燥。

渥堆是黑茶加工独有的工艺，也是形成黑茶品质特征的关键工艺。渥堆工艺原理主要有湿热作用和微生物参与反应，如普洱茶（熟茶）加工属于干燥后渥堆工艺，其渥堆时间长达数十天，在其渥堆后期有微生物参与反应，促进了普洱茶（熟茶）品质风味的形成。渥堆工艺过程是茶叶经过长时间高温、高湿的堆放处理，以多酚类非酶促氧化为主，单糖和氨基酸含量增加，同时也有微生物参与，促使内含物发生一系列复杂的化学变化，并产生一些有色物质，所以在渥堆过程中要保障氧气供应，不能渥堆过紧，需要适时翻堆，以防茶叶酸馊变质。

2. 黑茶的主要品类

黑毛茶是制作黑茶成品茶的原料。黑毛茶可用于再加工，生产成外形和包装各异的再加工茶紧压茶，如压制成砖茶、沱茶，紧压包装的篓装茶、花卷茶等。各个黑茶产区的产品工艺有所不同，也可根据黑茶产区将黑茶分为：湖南黑茶，云南普洱熟茶、四川边茶、湖北老青茶和广西六堡茶等（图4-12、图4-13、图4-14）。

各种黑茶的加工流程为：

湖南黑茶：杀青→揉捻→渥堆→复揉→干燥→拣剔→存放→包装或蒸压后包装（制作茯砖茶需发花工艺）。

云南普洱茶（熟茶）：杀青→揉捻→晒干→渥堆→干燥→筛分（可用于包装或蒸压后包装的再加工）。

四川边茶：杀青→揉捻→初烘→渥堆→复烘→揉捻→足烘→发水→堆放→揉捻→干燥（可用于包装或蒸压后包装的再加工）。

湖北老青茶：杀青→揉捻→初晒→复炒→复揉→渥堆→干燥（可用于包装或蒸压后包装的再加工）。

广西六堡茶：杀青→揉捻→渥堆→复揉→干燥→拣剔→存放（可用于包装或蒸压后包装的再加工）。

（五）白茶的初制工艺与主要品类

1. 白茶的初制工艺

白茶的基本初制工艺流程为：萎凋→干燥。

白茶加工的工艺流程较为简单，但对加工环境与品质把控要求较高，尤其在萎凋阶段，加工的外部环境条件如温湿度与光照强度都会影响到白茶最终品质；其次萎凋工艺耗时较长，往往长达30～72个小时。

白茶按不同萎凋工艺可进一步分为自然萎凋、加温萎凋和复式萎凋三种。

自然萎凋：采用室内自然萎凋与日光晾晒萎凋交替进行的方法。

加温萎凋：在雨天，采用室内控温设备促进萎凋的方法。

复式萎凋：自然萎凋与加温萎凋交替进行。

白茶干燥工艺与其他茶类相似。传统白茶干燥温度较低，采用低温长时至足干。

图4-12 广西六堡茶

图4-13 茯砖

图4-14 普洱茶（熟茶）

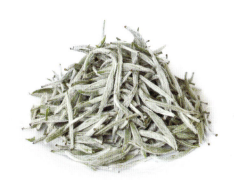

图4-15 白毫银针

2. 白茶的主要品类

依据原料采摘嫩度和茶树品种不同，白茶可分为：白毫银针、白牡丹、贡眉和寿眉（图4-15、图4-16、图4-17）。

白毫银针：以大白茶或水仙茶树品种的单芽为原料，按白茶加工工艺制成的高嫩度白茶。

白牡丹：以大白茶或水仙茶树品种的一芽一叶至二叶为原料，按白茶加工工艺制成的较高嫩度白茶。

贡眉：以群体种茶树品种的嫩梢为原料，按白茶加工工艺制成的白茶。

寿眉：以大白茶、水仙或群体种茶树品种的嫩梢或叶片为原料，按白茶加工工艺制成的白茶。

（六）黄茶的初制工艺与主要品类

1. 黄茶的初制工艺

黄茶的基本初制工艺流程与绿茶基本相似，增加了一个闷黄工序。

闷黄是黄茶加工独有的工艺，是指将杀青或揉捻或初烘后的茶叶趁热堆积，使茶坯在湿热或干热作用下，茶叶内生化成分发生一系列非酶促热化学反应，为黄茶色、香、味的品质奠定基础。

2. 黄茶的主要品类

根据加工工艺中闷黄先后和时间不同，黄茶分为干燥前的湿坯闷黄和干燥后的干坯闷黄两类。黄茶的主产区较为分散，湖南、湖北、四川、安徽、浙江和广东等地均有生产。根据原料嫩度不同，黄茶分为：黄芽茶、黄小茶和黄大茶（图4-18、图4-19、图4-20）。

黄芽茶：以单芽为原料，按黄茶加工工艺加工而成的高嫩度黄茶。

黄小茶：以一芽一叶至二叶为原料，按黄茶加工工艺加工而成的较高嫩度黄茶。

黄大茶：以一芽多叶及对夹叶为原料，按黄茶加工工艺加工而成的黄茶。

图4-16　白牡丹

图4-17　寿眉

图4-18　君山银针

图4-19　莫干黄芽

图4-20　平阳黄汤

第二节　六大茶类的品质特征

六大茶类因加工工艺不同而形成品质差异，使得每个基本茶类都具有独特的品质特征。

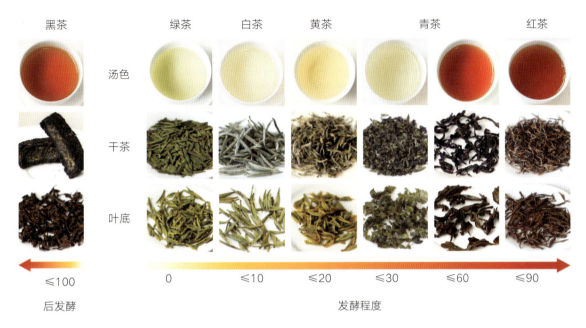

图4-21　六大茶类的不同品质特征与发酵程度比较

一、绿茶的品质特征

绿茶是一种不发酵茶类，在加工过程中杀青钝化了酶的活性，抑制了多酚类物质的酶促氧化反应，使茶叶保持了"清汤绿叶"的品质特征。

1. 蒸青绿茶

蒸青绿茶的干茶外形呈条形，色泽绿，内质汤色浅绿明亮，香气鲜爽，滋味甘醇，叶底青绿，如湖北的恩施玉露、主产于浙江、福建和安徽等茶区的煎茶。日本的蒸青绿茶根据鲜叶原料和加工方法不同可分为玉露、碾茶（不揉捻）、煎茶、深蒸煎茶、玉绿茶（与煎茶比无精揉工艺）和番茶等。

2. 炒青绿茶

炒青绿茶的干茶外形色泽不及蒸青绿茶绿润，稍偏黄，内质汤色黄绿明亮，香气浓郁持久，滋味鲜爽，叶底黄绿明亮。炒青绿茶又按外形不同可分为：长炒青、圆炒青、扁炒青等。著名的炒青绿茶有眉茶、珠茶、西湖龙井，信阳毛尖和碧螺春等。

3. 烘青绿茶

烘青绿茶干茶外形条索细紧，显锋毫，色泽绿油润，汤色清澈明亮，香气为嫩香或清香且高长，滋味鲜醇，叶底匀整、嫩绿明亮。具有代表性的名优烘青绿茶有黄山毛峰、太平猴魁、六安瓜片、岳西翠兰、舒城小兰花、径山茶、长兴紫笋茶、开化龙顶、无锡毫茶等。

4. 晒青绿茶

晒青绿茶主要可分为云南的晒青绿茶和湖北的老青茶。大叶种晒青绿茶外形条索壮实肥硕，白毫显露，色泽深绿，内质汤色黄绿明亮，有晒青气，滋味浓爽，富有收敛性，耐冲泡，叶底肥厚。

二、红茶的品质特征

红茶是一种全发酵茶类，红汤红叶和甜醇为红茶的主要品质特征。

1. 小种红茶

小种红茶产自福建，有正山小种、外山小种和烟小种三类。正山小种品质优异，产于武夷山星村桐木关，外形条索紧结，其色泽乌黑，内质汤色红明，呈深琥珀色，滋味甘醇，具有天然的桂圆味及特有的松烟香。福安、政和等地区仿制的为"烟小种"。

2. 工夫红茶

工夫红茶因在初制时揉捻工艺要求条索完整，以及精制时精工细作而得名，普遍具有原料细嫩，外形条索紧结、匀齐，色泽乌润，内质汤色红亮，香气馥郁，滋味甜醇，叶底明亮等品质特征。著名的工夫红茶有安徽的祁红、云南的滇红、福建的闽红、江西的宁红、湖北的宜红、广东的英红、湖南的湖红、四川的川红和浙江的越红工夫。随着工夫红茶越来越受市场的青睐，有多个产茶区创制新的工夫红茶，如贵州的遵义红和河南的信阳红等。

3. 红碎茶

红碎茶在初制过程中叶片被揉切，芽叶不完整，进一步促进了多酚类物质的氧化，形成了滋味品质"浓、强、鲜"的风味特征。红碎茶根据外形可分为叶茶、碎茶、片茶和末茶四种规格，在印度、斯里兰卡、肯尼亚、孟加拉国和印度尼西亚等国家也有大规模生产，适合加牛奶、糖调饮。红碎茶的外形颗粒重实匀齐，色泽乌润，内质汤色红艳，香气馥郁，滋味浓强鲜爽，叶底红匀。

三、青茶（乌龙茶）的品质特征

青茶俗称乌龙茶，主产于福建、广东和台湾等地区，采用适制青茶的水仙、铁观音、肉桂、乌龙等青茶品种，采摘成熟度较高的驻芽新梢的叶片，俗称"开面采"，具有香高味醇等品质特点。

1. 闽北青茶

闽北青茶有武夷岩茶、闽北水仙和闽北乌龙三种，其中以武夷岩茶品质较为突出。武夷岩茶外形条索肥壮紧结匀整，带扭曲条形，叶背起蛙皮状砂粒，俗称"蛤蟆背"，色泽油润带宝光，内质汤色橙黄或橙红明亮，香气馥郁持久，滋味醇厚回甘，汤中带香，叶底柔软匀亮，边缘朱红或起红点，耐冲泡。

2. 闽南青茶

按照茶树品种区分，闽南青茶有铁观音、本山、毛蟹、黄金桂、永春佛手和色种（色种由铁观音和其他品种的乌龙茶拼配制作），此外闽南漳平地区的漳平水仙在制作工艺上用压制替换了包揉，成品茶外形为块状，长宽度约为5厘米，厚度2厘米左右。闽南乌龙茶普遍的品质特征为：外形颗粒紧结重实，色泽砂绿油润，内质汤色绿黄明亮，香气清高持久，滋味醇厚回甘，叶底柔软有红点。

3. 广东青茶

广东青茶主要有单丛（凤凰单丛和岭头单丛）、水仙、乌龙（石古坪乌龙、大埔西岩乌龙）及色种茶（主要有八仙茶、大叶奇兰、梅占等），其中以潮州地区的单丛茶最为著名。以凤凰单丛品质为例，其外形条索紧结肥壮，身骨重实，匀整挺直，褐润有光，内质汤色金黄清澈明亮，香气有天然花果香且持久，滋味浓爽回甘，汤中带香韵味显，叶底黄带红边，柔软亮。

4. 台湾青茶

台湾青茶主要分为发酵程度较轻的包种和发酵程度较重的乌龙两大类。包种主要指文山包种，其品质与闽南乌龙较为相似，不同产地、海拔的茶品质有所差异。乌龙主要有木栅铁观音和白毫乌龙，因其发酵程度较重，颜色较其他青茶稍深，香气较浓郁、带果香，滋味醇厚甘滑。木栅铁观音因产于台北市木栅区而得名，又叫台湾铁观音，其风味特征明显，香气有火香。白毫乌龙别名东方美人、椪风茶（膨风茶）和香槟乌龙，其发酵程度最重，由被小绿叶蝉吸食后的鲜叶加工而成，外形条索紧结，身骨较轻，白毫显露，枝叶相连，白、绿、红、黄、褐多色相间似花朵，内质汤色橙红，香气果蜜香显，滋味醇和甘甜带蜜果香，叶底浅褐色有红边，成朵。

四、黑茶的品质特征

加工黑茶的原料成熟度高，在经过渥堆后降低了茶叶的多酚含量，减少了苦涩味，汤色转黄偏红，滋味更加醇和。

1. 湖南黑茶

湖南黑茶由黑毛茶存放后再加工而成。再加工后的产品根据原料嫩度和工艺不同可分为"三尖三砖一花卷"七大品类，三尖为天尖、贡尖和生尖，别称为湘尖一号、湘尖二号和湘尖三号；三砖为黑砖、花砖和茯砖；花卷即为千两茶，因净重36.25千克，换算成老市斤即为千两而得名（斤、两为非法定计量单位，不同时代每斤、两克重不同）。湖南黑茶外形主要为散装和紧压，色泽黑褐油润，内质整体为汤色橙黄或橙红明亮，香气陈纯或略带松烟香，茯砖有菌花香，滋味醇和，叶底黄褐。

2. 云南普洱熟茶

云南黑茶是指普洱熟茶，泛指用云南大叶种茶树鲜叶，先经加工制成晒青绿茶，再经过洒水渥堆等工艺制成。普洱茶始制于云南南部，集散于古普洱府（现普洱市）加工交易故得名，现产于云南澜沧江流域、西双版纳等多地，根据现有国家标准，其产地有所扩大。

普洱熟茶的散茶按品质从高到低可分为特级、一、三、五、七、九共六个等级，外形条索肥壮，紧结重实，色泽红褐，特级金毫显，内质汤色红浓明亮，香气陈香显，滋味醇厚回甘，叶底红褐。

普洱熟茶的紧压茶外形端正匀称，松紧适度，不起层脱面，色泽红褐，内质汤色红浓明亮，香气陈香显，滋味醇厚回甘，叶底红褐。一定年份内在良好的存储条件下有利于其香气和滋味的品质提升。

3. 四川边茶

四川边茶产于四川省和重庆市地区，历史久远，有南路边茶和西路边茶之分。早在清朝乾隆时期（1736—1796），朝廷规定雅安、天全、荥经等地所产边茶专销康藏，称"南路边茶"；灌县（今都江堰）、崇庆、大邑等地所产边茶专销川西北松潘、理县等地，称"西路边茶"。

历史上南路边茶有六个品种——毛尖、芽细、康砖、金尖、金玉、金仓。其中毛尖与芽细主要是细嫩原料制成的优质黑茶，主要供当时藏族聚居区的贵族品饮，康砖与金尖以"做庄茶"的原料压制，金玉与金仓为"毛庄茶"。"做庄茶"康砖与金尖目前尚有保留。"毛庄茶"由于原料粗老，品质较差，1949年后被淘汰。毛尖、芽细逐渐发展为目前的雅安藏茶。制成的做庄茶四级八等，茶叶粗老含有茶梗，叶张卷折成条，色泽棕褐，内质香气纯正，有陈香，滋味平和，汤色黄红明亮，叶底棕褐粗老。毛庄茶，叶质粗老不成条，多为摊片，色泽枯黄，内质远不及做庄茶。

西路边茶主要有方包茶、茯砖两类。方包茶品质特点：篾包方正，四角紧实，色泽黄褐；老茶汤色红黄，香气纯正，滋味平和带粗，叶底黄褐多梗。茯砖品质特征：砖形完整，松紧适度，黄褐显金花；内质汤色红亮，香气纯正，滋味纯和，叶底棕褐。

4. 湖北老青茶

湖北老青茶主产于湖北咸宁地区，原料成熟度较高，以晒青毛茶为原料进行渥堆转化成黑毛茶，经过蒸汽压制成型，干燥后包装成青砖茶，其外形砖面光滑、棱角整齐、紧结平整、色泽青褐、纹理清晰，内质汤色橙红，香气纯正，滋味醇和，叶底暗褐。

5. 广西六堡茶

广西六堡茶因主产于苍梧县的六堡乡而得名，距今有两百年的生产历史。六堡茶的品质素以"红、浓、陈、醇"的风味特征，在东南亚市场大受青睐。传统六堡茶品质特征为：外形条索粗壮，色泽黑褐光润，内质汤色红浓明亮，槟榔香，滋味浓醇，叶底红褐。

五、白茶的品质特征

白茶在原料上要求鲜叶茸毛多，在加工中要求不炒不揉，形成了白茶外形舒展，白毫满披，汤色清亮，滋味鲜醇等品质特征。

1. 白毫银针

白毫银针以大白茶或水仙茶树品种的单芽为原料，外形芽针肥壮，多茸毛，色泽银亮，内质汤色清澈，香气清鲜带毫香，滋味清鲜微甜。白毫银针富含氨基酸，尤以茶氨酸最为突出。

2. 白牡丹

白牡丹以大白茶或水仙茶树品种的一芽一、二叶为原料，外形自然舒展，二叶抱芯，色泽灰绿，内质汤色橙黄清澈明亮，毫香显，滋味鲜醇，叶底芽叶成朵，肥嫩匀整。白牡丹因鲜叶采自不同品种的茶树，成茶有大白（原料为政和大白茶树品种）、水仙白（原料为水仙茶树品种）和小白（原料为菜茶群体种茶树品种）之分。

3. 贡眉

贡眉以群体种茶树的一芽二、三叶嫩梢为原料，菜茶的芽较小，外形叶态卷，有毫心，色泽灰绿偏黄，内质汤色橙黄亮，香气鲜纯，等级高的带毫香，滋味较鲜醇，叶底黄绿，叶脉带红。

4. 寿眉

寿眉以大白茶、水仙或群体种的茶树品种的嫩梢和叶片为原料，其品质外形叶态尚紧卷，色泽灰绿稍深，内质汤色橙黄，香气纯正，滋味醇厚尚爽，叶底等级高的带有芽尖，叶张尚软。

六、黄茶的品质特征

黄茶由于湿热作用而呈现"黄叶黄汤"的品质特征，其香气虽有所降低，但滋味变得更醇。

1. 黄芽茶

黄芽茶的原料为单芽，著名的黄芽茶有湖南的君山银针、浙江的莫干黄芽和四川的蒙顶黄芽等。

君山银针在干燥后会进行"复包"的再次闷黄，进一步促进多酚氧化。黄芽茶外形呈针形或雀舌形，全芽，色泽嫩黄，内质汤色杏黄明亮，香气较清鲜，滋味醇厚回甘，叶底肥嫩黄亮。

2. 黄小茶

黄小茶的鲜叶原料为一芽一叶至一芽二叶，品种有湖北的远安鹿苑茶，湖南的北港毛尖和沩山毛尖，浙江的平阳黄汤，安徽的黄小茶等。黄小茶外形多样，有条形、扁形和兰花形，色泽黄青，内质汤色黄明亮，香气清高，滋味醇厚回甘，叶底柔软黄亮，其中沩山毛尖因在干燥过程中采用"烟熏"，香气具有松烟香。

3. 黄大茶

黄大茶的鲜叶原料相对粗老，多为一芽多叶或者对夹叶，主要品种有安徽霍山黄大茶和广东大叶青。黄大茶外形条索卷略松，带茎梗，色泽黄褐，内质汤色深黄亮，香气纯正或有锅巴香，滋味醇和，叶底尚软黄尚亮，有茎梗。

第五章
茶叶感官审评基础

茶叶感官审评技术源于人们的日常饮茶方式。当有不同的茶叶需要进行比较时，自然需要一种约定的方法来进行判定。这种约定涉及评判的内容、指标、使用的茶具，冲泡的方法等，且会伴随饮用方式的改变而调整。经过长期的发展，这种依靠感官进行茶叶品质评判的方法逐步发展成为一项强调专业技能的工作。

第一节　茶叶感官审评概述

众所周知，即使是同一种茶叶，在不同的冲泡条件下，茶叶的风味表现也会出现差异，如果缺少统一的操作规范和设备，感官审评的结果就难以获得确认和重现。因此，专业的人员、特定的外部条件、统一的审评设备和规范的操作程序，是茶叶感官审评顺利完成的前提和保证。对审评概念、条件的掌握和对审评设备使用的熟练程度，也是评茶人员专业水平高低的一种反映。每一位评茶人员都需要通过不断地实践和练习，做到全面了解，并熟练运用。

一、茶叶感官审评的概念

茶叶感官审评，是指经过训练的评茶人员，使用规范的审评设备，在特定的操作过程中，根据自身视觉、嗅觉、味觉和触觉的感受，对茶叶的品质进行分析评价。

茶叶感官审评并非一蹴而就，是始终伴随着茶叶的品饮发展而不断完善的。不同的时期、不同的品饮者、不同的茶叶，这之间必然存在着喜好、偏爱的侧重，这种侧重最终会反映在茶叶感官审评的全过程中，从冲泡的器具、时间、用茶量、水温、步骤，到评价指标等，由此也会导致茶叶感官审评发生改变。回溯漫长的饮茶史，从中可以清楚地发现这种变化。

但是，完成茶叶感官审评的核心，始终是人，这是第一要素。就个体而言，人与人之间存在着感知能力的差异，这种差异可能是由于人体自身感觉器官的敏锐度不同，或是由于生活习俗的不同，也会因审评操作的方式选择不同使然。而通过训练学习，统一约定（以标准体现），并以数理统计方法加以规范，这种个体间的差异是可以消除或者最小化的，由此，茶叶感官审评结果的准确度是可以得到保障的。

伴随着时代的进步、茶产业的发展和人们认识水平的提高，茶叶感官审评的概念已日趋清晰和规范。特别是随着现代医学中人体生理学、心理学以及食品感官分析科学的发展，作为交叉应用技术的茶叶感官审评，已明确了其清晰的定义，并在茶产业发展中发挥着重要的作用。

二、作用与目的

茶叶感官审评方法的设立，作用非常清晰：为生产和消费服务，为产业服务。因此，茶叶感官审评的目的体现在以下两个方面：一是准确、高效地评价茶叶的感官品质，并使审评结果能为其他人清楚理解；二是根据审评结果，分析品质优劣及产生原因，指导生产和经营。

三、学习方法与要求

茶叶感官审评是一项理论与实践相结合的应用技术，理论和实践二者缺一不可。茶叶感官审评学习要经历一个训练过程，尤其要围绕准确度和效率下功夫。为了实现专业能力水平的提升并确保成效，茶叶感官审评训练需要注意学习方法。

（一）持之以恒

持续的训练是提高的基础。在生活中人们可能会有一种体验：入芝兰之室，久而不闻其香，入鲍鱼之肆，久而不闻其臭。这体现了现代心理学中的感觉的"适应现象"。感觉的"适应现象"是指：持续存在的强刺激，能够降低感觉器官的灵敏度，而持续存在的弱刺激，能够增强感觉器官的灵敏度。这一点就是提升茶叶感官审评能力的理论依据所在。通过反复的感知训练，茶叶中特定品质的表现特征能够被评茶人员记忆并固化，由此就可以丰富认知广度和提高认知精细度。

（二）精益求精

茶叶的种类、花色繁多，同时还不断有新产品涌现，欲全面地了解掌握，需要相当长的一个过程，如何开始学习是一个关键。从实践的结果反馈看，立足于自己所接触、熟悉的一个茶类、一种产品，进行深入地、多方位的了解，学懂弄通，是茶叶感官审评学习前期的一个有效手段，"一理通而百理通"，如此能为后面的学习训练奠定良好的基础。

（三）见多识广

茶叶感官品质的形成，受到诸多因素的影响。不同茶类的品质特点，也存在着交叉与对立。为避免审评认知和理解出现歧义，评茶人员需要全面而准确地掌握不同产品的品质特点，因此，在完成基础的学习训练后，评茶人员还要走出去，深入产区和市场，把握产业的发展，不断拓展认知，才能更好地提高自己并胜任工作。

第二节　感官审评的环境条件和器具设备

"工欲善其事，必先利其器。"为确保茶叶感官审评的正常开展，进行审评的环境以及外部硬件条件要求相对固定，并满足工作的需要。为规范审评外部条件，针对进行茶叶感官审评的场地条件，我国专门制定了相应的国家标准——GB/T 18797—2012《茶叶感官审评室基本条件》。茶叶感官审评室的选择和布局，应该符合相关标准的要求。

茶叶感官审评使用的专用设备很多，从审评准备、操作过程到结果统计分析各阶段均有要求。同时因为应用的目的不同，要求也有区别。对关键性的设备，如审评杯、碗等，甚至是体积的尺寸规格，都在国际标准和国家标准中予以详细的规定（ISO 3103:2019 Tea-Preparation of Liquor for Use in Sensory

Tests，GB/T 23776—2018《茶叶感官审评方法》等），力求体现设备的一致性。而对某些辅助设备，如计时器、审评表等，则仅强调使用的功能或要素齐全，能满足审评需要即可，不做过多的限制。

一、环境条件

（一）审评室

专供茶叶感官审评的工作室，一般地面要求平坦整洁，采用磨石地面或铺地板、瓷砖，应防滑且利于清扫，色调应浅而柔和，且无光线反射现象；室内墙壁和天花板应选择中性色，以白色或接近白色为宜，可避免影响对茶样颜色的评价；审评室的面积应根据日常工作人数和工作量而定，一般不小于10平方米（图5-1）。

一个规范的茶叶感官审评室，还应该配备样品室和存放设施，以及办公室、更衣室、休息室等，但办公室不得与审评室混用。

图5-1 审评室

1. 光线

审评室内光线应柔和、明亮，无阳光直射、无杂色反射光。利用室外自然光时，前方应无遮挡物、玻璃墙及涂有鲜艳色彩的反射物。开窗面积宜大，使用无色透明玻璃，并保持洁净。有条件的可采用北向斗式采光窗，采光窗高2米，斜度30°，半壁涂以无反射光的黑色油漆，顶部镶以无色透明平板玻璃，向外倾斜3°～5°。

当室内自然光线不足时，可安装可调控的人造光源进行辅助照明。可在干、湿看台上方悬挂一组标准昼光灯管，应使光线均匀、柔和、无投影。也可使用箱型台式人造昼光标准光源观察箱，箱顶部悬挂标准昼光灯管（二管或四管），箱内涂以灰黑色或浅灰色。灯管色温宜为5000～6000开尔文，使用人造光源时应注意自然光线的干扰。

审评室内，供操作的干评台工作面照度要求约1000勒克斯；湿评台工作面照度不低于750勒克斯。

2. 温度

审评室内应配备温度计、湿度计、空调、去湿及通风装置，使室内温度、湿度能够控制。评茶时，室内温度宜保持在15～27℃。

3. 湿度

审评室内的相对湿度一般不高于70%。

4. 声音

评茶期间，审评室内应控制噪声，不超过50分贝。

5. 气味

审评室内应保持无异味。室内的建筑材料和内部设施应易于清洁，不吸附和不散发气味，清洁器具时不得留下气味。审评室周围应无污染气体排放。

（二）审评台

1. 干评台

干评台是用于检验干茶外形的审评台。在审评时也用于放置茶样罐、茶样盘、天平等，台的高度为800~900毫米，宽度为600~750毫米，长度视需要而定，台下可设抽斗。台面为亚光黑色或白色，光洁，无杂异气味（图5-2）。

2. 湿评台

湿评台是开汤审评茶叶内质的审评台。用于放置审评杯碗、汤碗、汤匙、定时器等，供审评茶叶汤色、香气、滋味和叶底用。台的高度为750~800毫米，宽度为450~500毫米，长度可视需要而定。台面为亚光白色（也有黑色），应不渗水，沸水溢于台面不留斑纹，无杂异气味（图5-3）。

二、常用审评器具

审评室内应配备可满足需要的评茶用具，包括审评杯、碗、汤碗、汤匙以及电茶壶（烧水壶）、茶样盘、样茶橱、定时器、天平、叶底盘、审评记录表等（图5-4）。

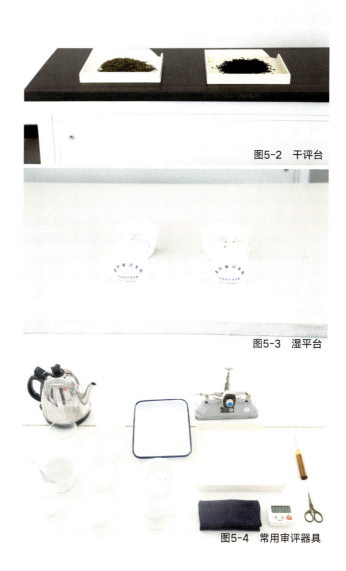

图5-2　干评台

图5-3　湿平台

图5-4　常用审评器具

1. 审评杯碗

审评杯用于开汤冲泡茶叶及审评香气，为特制白色圆柱形瓷杯，杯盖有小孔，在杯柄对面杯口上有齿形或弧形缺口，容量为150毫升。乌龙茶审评杯为钟形带盖的白色瓷盏，容量为110毫升。由于速溶茶需审评茶样的溶解状况，通常使用透明玻璃器皿进行冲泡，如带有刻度的烧杯等，要求器皿容积不得小于200毫升。审评碗用于审评汤色和滋味。通用的审评碗为白色瓷碗，碗口稍大于碗底，精制茶审评碗容量一般为240毫升。乌龙茶审评碗的容量为160毫升。审评杯、碗应配套使用，用于审评精制茶和毛茶的杯碗若规格不一，则不能交叉匹配使用。

2. 茶样盘

茶样盘也称"样盘""审评盘"，是用于盛装茶样供审评外形的木盘。茶样盘呈正方形，用无气味的材料制成，涂成白色，盘的一角有倾斜形缺口。茶样盘外围边长230毫米，边高33毫米。

此外，审评室还应配备供拼配茶样和分样使用的分样盘，用无气味的材料制成，涂成白色，其内围边长320毫米，边高35毫米，在盘的一对对角处分别开一个缺口。

3. 叶底盘

叶底盘是用于审评叶底的器具，为木质方形小盘，边长100毫米，边高15毫米，漆成黑色。目前也常将长方形白色搪瓷盘或塑料盘用于审评叶底。

4. 天平

天平为称量内质审评用茶样的衡器，要求精确到0.1克，可使用托盘天平或电子天平。

5. 水壶

用于制备沸水的可加热水壶，壶口宜大而尖，以铝质或不锈钢材质的为好，应清洁且无异味，以免影响审评茶叶的色泽与风味。

6. 计时器

常规使用的是可预定自动响铃的定时钟（器）或沙时器，精确到秒。

7. 其他

茶匙，是用于取茶汤品评滋味的白色瓷匙或钢匙，容量约10毫升。

网匙，用于捞取审评碗中茶汤内的碎片茶末，用60目左右细密的不锈钢或尼龙丝网制作。不宜用铜丝网，以免产生铜腥味。

刻度尺，用于测量紧压茶外形规格，刻度精确到毫米。

第三节　感官审评的内容和方法

一杯好茶带来的美好体验，直接来自茶叶的色香味形。审评茶叶的品质，就是去了解茶叶色香味形的组成和表现。不同的国家和地区虽然对审评结果的侧重有所不同，但茶叶感官审评的内容和方法仍然是统一的，都是立足于茶叶的色香味形表现来确定审评的内容，即审评项目。

一、审评项目

茶叶感官审评的项目，目前已根据标准实现统一，按照操作的过程，分为外形、汤色、香气、滋味和叶底5项。针对不同的茶类和产品，5个审评项目的侧重点会有所不同，反映的是对茶叶品质的贡献度各有侧重。

（一）外形

茶叶外形，是产品特征、嫩度水平的直观体现，也是质量等级划分的基础。茶叶外形由鲜叶原料与加工技术水平等决定。

审评茶叶外形需要从形态（包括嫩度）、色泽、整碎、净度等方面进行判别。① 茶叶形态的大小首先取决于茶树品种和原料的嫩度，其次，不同的制作工艺造就了各异的形态。② 干茶的颜色构成物质主要是叶绿素和类胡萝卜素等，干茶的光泽度反映着茶叶的新鲜程度。③ 整碎度是指茶叶的完好与破碎状况和比例。在采制和贮运过程中，出现碎茶不可避免，这势必影响到产品外形的均匀性。④ 净度是指茶叶的洁净程度，包括茶类夹杂物和非茶类夹杂物。茶类夹杂物往往是由于采制过程的精细度不足产生的。基于食品安全的要求，茶叶产品不允许带有非茶类夹杂物，对茶类夹杂物也有严格要求。

（二）汤色

茶汤是茶味的载体，而茶汤本身也具有判断、评价品质表现的特征，故汤色也独立定义为一个审评项目。汤色审评指标可分为颜色种类、亮度。亮度指明暗程度、清浊度，即茶汤的洁净程度等。这些审评指标分别体现着加工工艺的水平、产品的新鲜程度和采制环节的精细度。

（三）香气

审评茶叶的香气，一般需从香型、高低、持久性、鲜陈等方面着手。不同茶类的香气各有特点，主要的表现就是香型各异，这既与工艺直接相关，也有品种、地域的因素。

茶叶香气对品质的影响极大。但是因为香气成分众多的特点，人们往往会将对茶香的感受表述成一类气味感受或数种气味的结合。由于各地茶叶生产方式不一，饮用习俗不同，对不同茶类香气品质的要求也会不同，例如香气表现的"新"和"陈"，在不同茶类中就会有截然不同，甚至是相反的品质评价。

（四）滋味

茶叶的滋味，涉及纯异、浓淡、爽钝、醇涩、新陈等多个方面。随着人们对茶叶质量理解的加深，品质首先重视滋味已成为共识。

茶叶的滋味，是数十种可溶解于水的无机物和有机物相互影响、共同作用于口腔而产生的。这些物质溶解在茶汤中，入口后分别形成鲜、甜、苦、酸、涩等味觉和刺激感，进而共同形成了茶汤的综合滋味。

（五）叶底

叶底指的是冲泡后沥出的茶叶。叶底审评的内容包括嫩度、颜色、整碎和净度。尽管叶底对茶叶品质的贡献度不大，但通过审评叶底，可以很好地进行品质分析和工艺溯源，因此叶底审评同样重要。

二、评判方法和目的

通用的茶叶感官审评方法是取待审评的茶样150~200克放入茶样盘中，评其外形。随后从样盘中撮取3.0克茶放入150毫升审评杯内，再用沸水冲至杯满，立即加盖浸泡5分钟（绿茶4分钟，颗粒形乌龙茶6分钟），随后将茶汤沥入审评碗内，评其汤色，并闻杯内香气。待汤色、香气审评完毕，再用茶匙取近1/2匙茶汤入口评滋味，一般尝味1、2次。最后将杯内茶渣倒入叶底盘中，审评叶底品质。整个评茶操作流程：取样→评外形→称样→冲泡→沥茶汤→评汤色→闻香气→尝滋味→看叶底，对其中的每一审评项目均应写出评语，需要时加以评分。

尽管茶叶感官审评的操作程序通过标准进行了统一，但在审评结果的应用上，由于目的不同，也存在不同的评判方法。

（一）级别判定

级别判定需要对照一组标准样品，比较未知茶样品与标准样品之间某一级别在外形和内质的相符程度（或差距）。首先，对照一组标准样品的外形，从外形的形状、嫩度、色泽、整碎和净度5个方面综合判定未知样品等于或约等于标准样品中的某一级别，即定为该未知样品的外形级别；然后从内质的汤色、香气、滋味与叶底4个方面综合判定未知样品等于或约等于标准样中的某一级别，即定为该未知样品的内质级别。样品的最终级别由外形与内质的判定级别相加再平均确定。

（二）合格判定

茶叶的合格判定，首先，以成交样或标准样相应等级的色、香、味、形的品质要求为水平依据，按规定的审评因子，即形状、整碎、净度、色泽、汤色、香气、滋味和叶底的审评方法，将审评样对照标准样或成交样逐项对比审评，各审评因子按"七档制"方法（表5-1）进行评分。随后，将各因子的得分相加，获得茶样的总分。

在进行判定时，任何单一审评因子中得−3分者或总得分≤−3分者，判该样品为不合格。

表5-1　七档制评分方法表

七档	评分	说明
高	+3	差异大，明显好于标准样
较高	+2	差异较大，好于标准样
稍高	+1	仔细辨别才能区分，稍好于标准样
相当	0	标准样或成交样的水平
稍低	−1	仔细辨别才能区分，稍差于标准样
较低	−2	差异较大，差于标准样
低	−3	差异大，明显差于标准样

（三）品质排序

进行茶叶品质顺序排列的样品应在2只（含2只）以上。评分前，需对茶样进行分类、密码编号，审评人员应在不了解茶样来源、密码的条件下进行盲评。根据审评知识与品质标准，审评人员对外形、汤色、香气、滋味和叶底等5个审评项目，采用百分制，在公平、公正条件下给每个茶样每项因子进行评分，并加注评语，评语引用GB/T 14487—2017《茶叶感官审评术语》。再将单项因子的得分与该因子的评分系数相乘，并将各个乘积值相加，即为该茶样审评的总分，依照总分的高低，完成对不同茶样品质的排序。不同茶类的评分系数由GB/T 23776—2018《茶叶感官审评方法》设定。

第六章
茶叶的选购与储藏

随着人们生活水平的提高和对美好生活的追求，越来越多的人们选择茶叶这一健康且具备文化属性的饮料作为饮品。如何选购和储藏茶叶，是大家十分关心的问题。本章将从茶叶的选购、茶叶品质变化的原因和茶叶储存保鲜技术三个方面进行阐述。

第一节 茶叶的选购

面对众多的茶叶生产企业、品牌和茶叶产品，如何选购到高质量且适合自己的茶叶，这是一门学问。在选购茶叶时，一般可按流程有目的地选择所购茶叶种类，然后通过茶叶的标签信息、茶叶品质表现最终选定茶叶。本节分为茶叶的选购流程、茶叶的选购方法两个部分。

一、茶叶的选购流程

选购茶叶的一般流程：首先要确定购买的茶类，然后确定产地和品牌，最后根据合适的价格去确定要选购的茶叶（图6-1）。

图6-1 茶叶选购流程图

我国茶叶不仅产量大，品类也极其丰富，市场上的茶叶种类繁多、琳琅满目。有人偏爱绿茶的鲜醇甘爽，有人偏爱红茶的香浓甜醇，有人偏爱乌龙的馥郁花香，有人偏爱黑茶的独特陈香……对于新手来说，第一步要先根据各个茶类不同的风味特征和个人偏好，确定选择哪一茶类；当茶类确定下来后，可进一步选择某一产地的茶叶，同一类茶、不同产地的茶叶品质特征不尽相同，尤其是名优绿茶，产地分布广、品种多，风味具有较大差异；确定产地后则可以选择茶叶品种（茶名）和品牌，例如安徽的绿茶就可以选择黄山毛峰、太平猴魁等历史名茶；最后考虑茶叶的定价，选购符合心理价位的茶叶。

二、茶叶的选购方法

在茶叶选购过程中，消费者可通过观察茶叶的标签信息、鉴别茶叶品质优劣等方式来进行选择，前者是为了购买到安全、合格的茶叶，后者则是可以选购到优质、满意的茶叶，两种方法相互配合、相互补充。另外，消费者选购茶叶时还需要掌握新茶和陈茶的识别方法。

1. 根据产品标签进行选购

标签是随着茶叶出售赋予茶叶包装容器或茶叶本身的一种标志。标签为茶叶的选购带来了极大的方便。产品包装上的标签标识应齐全，选购者可通过茶叶名称、级别、生产日期了解茶叶的基本信息，通过质量安全标志（SC编号、绿色食品认证、有机食品认证等）判断茶叶的质量安全性高低。

另外，尽可能选择规模较大、产品质量和服务质量较好的知名企业的产品。一般情况下，规模较大的生产企业对原材料的质量控制较严，生产设备更先进，企业管理水平较高，产品质量和稳定性也更加有所保障。

2. 根据茶叶的品质表现进行选购

根据茶叶的品质表现进行选购，需要消费者了解一定的茶叶感官审评基础知识。一般情况下，鉴别茶叶品质的优劣可通过干看外形和湿评内质两个方面进行。

（1）干看外形

观察茶叶的匀整度以及茶叶条索的松紧度，茶条完整、匀齐、紧结壮实的为佳，茶梗、叶柄等杂质越少越好，色泽以鲜活油润为好，色泽枯暗为差（图6-2）。

（2）湿评内质

① 闻香气：香气以馥郁、鲜爽持久为佳，香气低、带粗气为差。若有烟、焦、老火等气味，则为次品茶。② 尝滋味：辨茶汤滋味的浓淡、厚薄、醇涩、纯异、鲜钝等。茶汤以入口微苦，回味甘甜为好，以味苦涩为差。③ 看汤色：一般茶汤颜色会因茶类不同有较大差别，绿茶汤色以嫩绿明亮、杏绿明亮为好，红茶以红艳明亮为佳（图6-3）。

图6-2 干看外形图

图6-3 湿评内质

图6-4 绿茶陈茶和新茶的品质对比（上为陈茶，下为新茶）

3. 陈茶和新茶的识别方法

六大茶类的茶叶对于新鲜度的讲究各不相同。绿茶是最讲求新鲜度的茶叶，而后发酵的黑茶则恰恰需要陈化来达到其应有的风味特征。对于讲求新鲜度的茶叶来说，刚制好的新茶一般都具有新鲜油润的色泽和浓郁高长的新茶香，随着时间推移，茶叶中的内含物质会发生变化，导致茶叶品质也发生变化。

以绿茶为例，随着储存时间渐长，茶叶中多酚类、氨基酸、维生素C不断氧化，以及叶绿素在光热作用下不断分解，绿茶的外表色泽会渐渐变得枯黄，汤色变褐，滋味淡薄，不够鲜爽，失去茶叶的正常风味。因此，一般绿茶陈茶色泽深暗，香气低平，茶味淡，有时甚至出现陈味。在选购茶叶时需特别留意辨别（图6-4）。

第二节　茶叶品质变化的原因

茶叶在储藏过程中，其内含物会随时间发生一定的变化，从而会对茶叶的品质产生影响。其中茶叶中的主要品质成分如茶多酚、氨基酸、叶绿素、维生素、脂类物质等，在外界条件如光照、温度、水分的影响下，易氧化、降解和转化，使茶叶色泽、香气、汤色、滋味等感官品质显著下降，从而失去茶原有的外形和风味特征，影响茶叶的经济价值和饮用价值。本节将从茶叶储藏过程中主要品质成分变化和影响茶叶品质变化的因素两方面阐述茶叶品质变化的原因。

一、茶叶储藏过程中的品质成分变化

茶叶在储藏过程中的品质变化，其实质是茶叶中茶多酚、氨基酸、叶绿素、维生素C等内含化学成分的变化。

1. 茶多酚的变化

茶多酚占茶叶干物质的18%～36%，是茶汤苦涩味和收敛味的呈味物质。以绿茶为例，茶多酚少量变化，即会导致一系列生化变化而影响茶叶的品质。多酚类物质具有较强的还原性，因此很容易被氧化，形成褐色的氧化产物。这些氧化产物同时会在茶汤中浸出，使得汤色变深、变暗。同时，茶多酚在储存中发生的氧化、聚合、差向异构、降解等反应，破坏了茶叶风味成分的协调性，也会使茶汤滋味变淡、收敛性下降。

2. 氨基酸的变化

茶叶中的氨基酸是茶汤中鲜爽味的主要来源，也与茶叶香气密切相关。在储藏过程中，茶叶中的茶氨酸会被醌类物质氧化而变褐，自身也会在水、温度作用下水解产生谷氨酸和乙胺。同时，由于游离氨基酸也来源于蛋白质水解产物，所以在储藏过程中游离氨基酸的含量也可能会随着蛋白质的水解而出现微升。因此，氨基酸在储存过程中的含量变化十分复杂，会呈现高低起伏波浪形变化，且组成成分变化会较大。

3. 叶绿素的变化

绿茶中的叶绿素是构成干茶外形、汤色、叶底色泽的主要色素物质。叶绿素很不稳定，在水、光、温度的影响下，镁原子会被氢原子取代生成褐色的去镁叶绿素，叶绿素中氢原子的转移也会使得叶绿素降解。因此在茶叶储存当中，叶绿素的含量会随着时间的增加显著降低，影响茶叶的品质。同时。脱镁、脱植基叶绿素含量增加，再经氧化降解、高温氧化裂解、光敏氧化裂解等反应，产生一系列小分子水溶性无色物质，不仅影响干茶色泽，使得干茶色泽变枯、变暗，对滋味影响也大。

4. 维生素C的变化

茶叶中的维生素C是天然的抗氧化剂。维生素C还原性强，在储存中易氧化而减少，不仅会降低茶叶的营养价值，且会使茶叶发生一定程度的褐变。维生素C由于极易氧化而会对其他物质起到一定的保护作用，但如果储存方法不当，则其含量下降很快，最高可以降低60%以上，且其与茶叶的感官品质有一定的联系，故可作为衡量茶叶品质变化的化学指标之一。

5. 脂类成分的变化

茶叶中所含脂类成分很多。以绿茶为例，含量最高为甘油酯，另有糖脂、磷脂，在温度较高、光照和有氧条件下，先水解为游离脂肪酸，进一步氧化分解产生具有陈味的低分子量的醛、酮、醇等挥发性成分。此外，碳链较长的胡萝卜素也易发生氧化降解。β-胡萝卜素氧化后生成有异味的β-芷香酮，也导致茶叶的品质变化。

二、影响茶叶品质变化的因素

一般来说，茶叶品质变化主要受到茶叶本身的含水量和环境条件这两方面的影响。

1. 茶叶的含水量

茶叶本身的含水量对茶叶品质的变化影响最大。水分是茶叶内各种成分发生化学反应必需的介质，水分含量越高，物质的变化就越显著，茶叶陈化的速度也会加快。同时，水分含量高，霉菌也更加容易滋生。通常，茶叶中水分含量控制在5%以下，在该含水量条件下，茶叶中各种生化反应都得到了较好的控制。当绿茶含水量大于7%时，任何保鲜技术或者包装材料都无法保持其新鲜风味，含水量大于10%时，茶叶则很容易发生霉变。

2. 环境因素

温度、湿度、氧气和光线是影响储藏中茶叶品质变化的四大因素。温度和湿度是茶叶品质变化的环境条件，起加速或延缓氧化反应的作用。光线能改变茶叶品质，促进色素和类脂等化合物的氧化，对一些茶叶成分有一定的分解作用。

（1）温度

温度对茶叶品质变化的影响很大，且对茶汤色泽和茶汤香气的影响比氧气及水分的作用都明显。温度越高，反应速度越快，茶叶品质的劣变速度越快。一般来说，温度每升高10℃，茶叶色泽褐变的速度要加快3~5倍，绿茶在环境温度25℃下储藏半年，主要品质成分氨基酸、咖啡因、茶多酚、水浸出物等的含量持续降低，茶汤物理性状发生劣变。贮藏的温度越低，茶叶中的品质成分降低和感官品质劣变的速率越慢，多数研究认为，茶叶储存在5℃以下为好，能较长时间保持茶叶色、香、味等感官品质。

（2）湿度

在湿度相对较高的环境中，裸露的茶叶易吸潮而使茶叶含水量逐渐增加，从而使茶叶发生劣变。茶叶表面疏松、多孔，能大量吸附水分，茶叶中的亲水基团也能与水分通过氢键结合。研究表明，在相对湿度80%以上时，茶叶的含水率一天就达到10%以上。因此，茶叶储存的地方相对湿度应控制在50%以下。

（3）氧气

茶叶储藏过程中，茶叶内含成分的氧化是氧气参与反应的直接结果。研究表明，氧气是影响茶叶中儿茶素和维生素含量变化的主要因素，此外脂类、醛类、酮类等物质都易氧化，由此导致绿茶汤色变黄，红茶汤色变褐，香气下降，失去鲜爽滋味。茶叶包装容器内氧气含量应控制在0.1%以下，可有效减缓内含物质的氧化反应速度，更好地保持茶叶的新鲜状态。

（4）光线

茶叶储存过程中如受到光照，尤其是光线直射时，茶叶色泽变化会加快，茶叶陈化速度也会加快。其原因是光催化了茶叶中的脂类物质氧化以及色素的光化学反应。脂类物质尤其是不饱和脂肪酸氧化产生低分子的醛、酮、醇等，使茶叶产生陈味。而叶绿素中以叶绿素b对光的敏感性最大，光照很容易使叶绿素含量下降而使茶叶色泽变枯、变暗。

第三节　茶叶的储藏保鲜技术

茶叶的储藏保鲜，旨在克服水分、温度、氧气、光照等对茶叶造成的不良影响，尽可能地保留茶叶原有的品质，其中以绿茶的保鲜要求最为严格。本章介绍茶叶储藏保鲜技术，包括常温干燥储藏、低温冷藏和包装保鲜技术等。

一、常温干燥储藏

在常温的储藏环境下，降低茶叶的含水量是延长茶叶保质期和保持茶叶品质的关键。首先，要求茶叶自身要足干（茶叶含水量在5%以下），简单的判别方法是：取少量茶叶放于掌心，用拇指和食指捻，若茶叶捻成片状则茶叶水分含量高，成粉末状则说明茶叶足干。其次，要保持茶叶所处环境的干燥。干茶易吸收空气中的水分，干燥储藏即是在储藏茶叶时放入一定量石灰、木炭、硅胶、蒙脱石等干燥剂，通过干燥剂的吸水性，显著降低储藏环境中的水分含量（相对湿度≤50%），控制茶叶含水量，达到保鲜的作用。龙井茶区传统贮藏茶叶的方法便是用牛皮纸封装茶叶，放入置有生石灰或硅胶的陶质坛罐中，石灰每年至少更换3、4次，硅胶可烘干后反复使用。日常家庭储藏茶叶时，可购买小包的食品专用干燥剂（图6-5）置于茶叶包装内，如果容器的气密性好，结合避光避湿，常温下的储藏效果也不错。

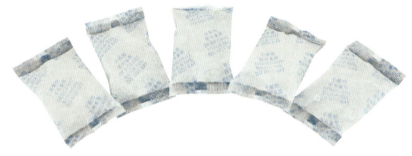

图6-5　食品专用干燥剂

二、低温冷藏

低温冷藏技术是指利用降低储存环境温度，降低茶叶内化学反应的速率，从而减缓茶叶陈化劣变的一种保鲜方法。低温冷藏不仅能起到保鲜、保绿、保质的特点，配合避光除湿还可大大延长其保质期。家庭茶叶储藏中，可采用家用冰箱低温冷藏保鲜茶叶，密封良好的茶叶在5℃以下储藏8～12个月，品质可保持基本不变。目前企业大批量茶叶的低温冷藏以冷库为主，冷库一般控温在−18～2℃之间，相对湿度在60%以下，具有较好的保鲜效果。需要注意的是，经低温储藏的茶叶取出后需先经过温度过渡处理，否则会使茶叶受潮，加速茶叶劣变。

三、包装保鲜技术

包装保鲜技术主要包括包装材料保鲜、脱氧剂保鲜和抽气充氮保鲜。

1. 包装材料保鲜

茶叶的储藏对包装材料也有一定的要求，应选择具有防潮、阻氧、阻光、无异味、抗拉伸性强和热封性强等特性的包装材料。普通的聚乙烯（PE）袋常用来保藏食品，但由于其透光、透湿强，不适合用来储藏茶叶。常用的茶叶包装主要有以下几种（图6-6）。

（1）纸质材料

具有遮光良好、操作方便等特点，但密封、隔湿、阻氧效果不佳。所以常采用先放入聚乙烯袋再放入纸盒中的方法，或者使用具有防潮隔层的纸盒。

（2）成型塑料材料

美观大方，但密封性差，多用于茶叶外包装。

（3）陶瓷和金属材料

具有防潮性能强、密封性好、可重复使用的特点。金属罐多为镀锡钢板，一般会在罐中加入脱氧剂或抽真空的方式除氧。缺点是陶瓷材料易碎、成本高；金属材料成本也较高。

（4）复合包装

目前多选用高密度聚乙烯、聚丙烯、聚酯等与低密度聚乙烯（LDPE）薄膜复合形成多层复合材料，尤其是铝箔复合膜，具有良好的阻气性、防潮性、保香性。采用双向拉伸聚丙烯薄膜、耐高温聚酯镭射膜、铝箔以及聚乙烯薄膜多层贴合而成的茶叶包装袋密封效果较好，阻隔性能较优。

图6-6　多种茶叶包装

2. 脱氧剂保鲜

氧气是导致茶叶品质成分氧化降解的重要物质。将茶叶放在密闭性良好的包装内，投入脱氧剂，除去容器内的氧气，能有效抑制茶叶品质陈化。脱氧剂主要包括还原态铁粉、亚硫酸盐类等无机物和以酶、维生素C、亚油酸等有机物为主的脱氧剂。脱氧剂一般无毒无味，不会影响茶叶的品质。采用脱氧剂储藏保鲜成本低、操作简单，目前普遍使用的保鲜剂实际为干燥剂和脱氧剂综合使用，能有效防止茶叶氧化，保证茶叶质量。

3. 抽气充氮保鲜

抽气充氮保鲜是将包装内空气完全抽出，使容器内部呈现真空状，然后充入纯度很高的氮气并密封，抽气充氮可以有效地阻隔氧气，防止茶叶劣变。实践中有的只将空气抽出，达到相对真空状态（图6-7）；也有的抽出空气后会充入氮气。现今有二次抽真空法，即一次抽气后向包装内再冲入氮气并进行二次抽真空，该方法进一步降低了氧含量，有效延长了茶叶储藏期。氮气不仅能起填充作用，还能保持茶叶中的香气。但在抽真空时容易对茶叶外形完整性造成损伤，且抽气充氮保鲜对技术和设备要求较高。茶叶储藏时在除氧方法的选择上，添加脱氧剂比抽真空更具优势，但针对具体的茶叶品种，其储藏效果可能会不同。

图6-7　抽气真空保鲜

第七章
饮茶与健康

茶日渐成为人们日常生活中不可缺少的元素。根据大量的科学研究报道，饮茶对于人体健康大有裨益。本章将主要从三个方面入手，综合解析茶饮的健康功效。首先，茶叶中含有多种化学物质，包括其产量构成物质的产量成分，色香味构成物质的品质成分，以及营养和功能成分，其中最重要的成分包括多酚类及其衍生物、生物碱、氨基酸、茶多糖、维生素、矿质元素和色素成分，这些成分都是茶叶的品质及滋味的重要组成部分，也是发挥茶叶保健功效的主要力量。其次，本章将介绍一些科学的饮茶常识，以不同茶类、不同人群、不同时间来阐述科学的饮茶常识，并阐述部分饮茶注意事项。在科学饮茶方式的指导下，茶叶的保健功效才能得以有效发挥。最后，本章将深入讲解茶叶的各种保健功效及其清除自由基的机理，主要从延年益寿、提神与安神、消食、去肥腻、明目、解毒和利水方面入手，为茶叶保健作用提供科学有力的佐证。

第一节　茶叶的主要化学成分

茶叶中化学成分丰富，有的是构成茶叶产量的重要组分，有的会对茶叶品质发挥重要作用，还有的能够对机体产生良好的保健作用，本节将对茶叶的各种化学成分做一个简单介绍。

一、茶叶化学成分概述

茶叶的主要成分包括茶多酚、咖啡因、茶氨酸、茶色素、茶多糖、有机酸、维生素、芳香物质、矿物质成分等，它们不仅为形成茶叶特有的色、香、味做出贡献，同时也对人体健康具有重要作用。

1. 茶叶中化学成分总论

茶叶中的化学成分是由无机物（3.5%～7.0%）和有机物（93.0%～96.5%）组成的。目前，茶树中经过分离、鉴定的已知化合物有700多种，其中包括蛋白质、糖类、脂类、多酚类、氨基酸、生物碱、色素、芳香物质以及皂苷等。

2. 产量成分（茶叶产量构成物质）

在茶树鲜叶中，水分约占75%，干物质占25%左右，构成干物质占比最大的四类物质分别为蛋白质（20%～30%），糖类（20%～25%），茶多酚（18%～36%），脂类（8%左右），因为这四类物质对茶叶干物质重量贡献最大，因此将其称为茶叶的产量成分（图7-1）。

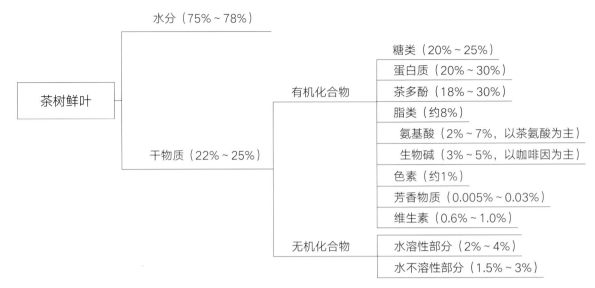

图7-1　茶叶中的化学成分

3. 品质成分（茶叶色香味物质基础）

品质成分是指影响茶叶色、香、味的成分。① 色素（约1%）影响干茶色泽、汤色及叶底色泽。② 芳香物质（0.005%～0.03%）影响茶叶的香气，种类超过500种，包括碳氢化合物、醇类、酸类、醛类、酯类、内酯类、酮类、酚类、含硫化合物类、过氧化物类、吡啶类、吡嗪类、喹啉类、芳胺类等。③ 滋味基础物质主要包括氨基酸（2%～7%）、茶多酚及其氧化产物、咖啡因（2%～5%）、糖类等，其含量和比例的变化深刻影响着滋味的改变。茶多酚是涩味物质，具有收敛性，茶多酚的主要成分为儿茶素，占茶多酚总量70%以上。儿茶素又分为酯型儿茶素和非酯型儿茶素，酯型儿茶素较非酯型儿茶素偏苦涩。氨基酸为鲜味物质，咖啡因呈苦味，糖类呈甜味。

4. 营养成分（茶叶中的营养素）

茶叶具备五类人体必需营养素：第一类是必需氨基酸，如赖氨酸、色氨酸、苯丙氨酸、甲硫氨酸、苏氨酸、异亮氨酸、亮氨酸、缬氨酸；第二类是必需脂肪酸，如亚油酸；第三类是维生素，包括脂溶性维生素和水溶性维生素；第四类是无机盐，包括常量元素钙、磷、镁、钾、钠、氯、硫，以及微量元素铁、铜、锌、锰、钼、镍、锡；第五类是黄酮类化合物。

5. 功效成分（茶叶中的功能成分）

功效成分是指能够通过激活体内酶的活性或者其他生理途径来调节人体机能的物质。目前茶叶中研究较多的为以下三种成分：茶多酚、咖啡因和茶氨酸。上述三种成分具有广泛的生理活性，例如，茶多酚具有抑菌能力，能够有效抑制溃疡表面细菌的生长，且能够清除体内过多的自由基，促进溃疡愈合，同时茶多酚可增强微血管的弹性、韧性，改善口腔血液循环，防止溃疡恶化，因此茶多酚具有促进口腔溃疡愈合的作用。

二、茶叶中主要的化学成分

以上对茶叶的产量成分、品质成分、营养成分以及功效成分等各种化学成分进行了分类介绍，表明茶叶本身即为一个多组分共同组合的有机体，同时也正是依赖于上述成分，不同类别的茶叶才展现出特有的品质特征及相应的保健功效。下面逐一系统介绍茶叶中最重要的化学成分。

1. 多酚类及其衍生物

茶多酚类亦被称作茶鞣质、茶单宁，其含量一般占茶叶干重的18%～30%，存在于茶树新梢和各类器官中，与茶树的生长发育、新陈代谢和茶叶品质密切相关，对人体也具有十分重要的生理活性。多酚类及其衍生物包括：儿茶素（黄烷醇类）；黄酮、黄酮醇类；花青素、花白素类以及酚酸及缩酚酸类（图7-2、图7-3）。

图7-2　茶多酚（江和源提供）　　　　　　　　图7-3　儿茶素（江和源提供）

2. 生物碱（咖啡因为主）

茶叶中的生物碱分为咖啡因、可可碱和茶碱，其中咖啡因的含量最高，占茶叶干物质的2%～5%，属于茶叶的一种特征性物质。可可碱、茶碱分别占0.06%～1.0%和0.05%左右，三种生物碱都属于甲基嘌呤类化合物，并均具有刺激中枢神经的作用（图7-4）。

3. 氨基酸（茶氨酸为主）

氨基酸是具有氨基和羧基的有机化合物，茶叶中发现并已鉴定的氨基酸有26种，包括20种蛋白质氨基酸以及6种非蛋白质氨基酸。茶叶中的氨基酸对茶树生理、茶叶加工以及茶叶品质具有重要意义。茶叶中的氨基酸占茶叶干物质的2%～7%。茶氨酸是茶叶中氨基酸的主要组分，属于非蛋白质氨基酸（图7-5）。

图7-4　咖啡因（江和源提供）　　　　　　　　图7-5　茶氨酸（江和源提供）

4. 茶多糖

糖类亦称碳水化合物，是植物光合作用的初级产物，它们构成植物的骨架，也是植物贮藏营养的一种形式。此外，糖类是合成其他多种成分的前体物质。茶多糖由糖类、果胶和蛋白质等组成，是茶叶中具有生物活性的物质（图7-6）。

5. 维生素

维生素是维持人体健康不可缺少的一类微量有机物质，参与调节人体生长、代谢、发育各个过程，这类物质在人体内不能直接合成，必须从

图7-6 茶多糖（江和源提供）

食物中摄取。茶叶中维生素含量占茶叶干重的0.6%~1.0%，分为脂溶性维生素：维生素A、维生素D、维生素E、维生素K和水溶性维生素：维生素B_1、维生素B_2、维生素B_6、维生素B_{12}、维生素C、叶酸、生物素。

6. 矿质元素

茶叶中含有人体所需的常量元素和微量元素。常量元素是指在有机体内含量占比为0.01%以上的元素，茶叶中包括磷、钙、钾、钠、镁、硫等常量元素。微量元素指的是在有机体中含量占比0.005%~0.01%的元素，茶叶中主要有硒、氟、铁、锰、锌和铁、铜、钼等微量元素。

7. 茶叶中的色素成分

色素是影响茶叶色泽、汤色和叶底色泽的主要成分。茶叶本身存在的色素称为天然色素，而有些色素是在加工中氧化形成的。茶叶中的色素根据其溶解性质分为脂溶性和水溶性两类，脂溶性色素包括叶绿素、类胡萝卜素等，水溶性色素则包括花青素、茶黄素以及儿茶素的氧化产物（图7-7）。脂溶性色素不溶于水，故主要影响干茶以及叶底的色泽，而水溶性色素则与茶汤颜色密切相关。

图7-7 茶黄素（江和源提供）

第二节 饮茶与健康

茶叶是一种天然健康饮料，饮茶对人体的保健作用及其保健机理受到世界各国科学家的广泛关注。1997年5月，美国健康基金会John H.Weisburger在《Cancer Letter》（《癌症通讯》）上发表了一篇题为《Tea and health: A historical perspective》（《茶与健康：历史的透视》）的文章，比较客观地叙述了茶叶保健功效发现的经过，并认为茶叶是最安全的饮料。

一、茶叶功能认知的历史

茶叶功能的发现与初步探索是神农时期至唐初这一历史阶段。神农尝百草，日遇七十二毒，得荼（茶的别称）而解之，这是历史上关于茶叶保健功效的典型传说。

唐代至20世纪中期，对茶叶功能的解释主要依靠中医理论，而且茶叶的功能开发利用方式也是以中医技术为主。明代中医药大家李时珍在其《本草纲目》中较为系统地总结了茶的药理作用：茶苦而寒……最能降火。火为百病，火降则上清矣……温饮则火因寒气而下降，热饮则茶借火气而升散，又兼解酒之毒，使人神思爽，不昏不睡，此茶之功也。

自20世纪中叶以来，在茶的功能开发和利用过程中借助现代科学技术手段，使人们对茶的功能、主要功能物质及其作用机制有了较为深入的了解。从茶叶中鉴定并分离了大量功能成分，目前从茶叶中分离鉴定出的化学成分已达700余种。茶叶主要成分为茶多酚、氨基酸、咖啡因、茶多糖、芳香族化合物、碳水化合物、有机酸、维生素和矿物质等，其中茶多酚、咖啡因、茶氨酸、茶多糖等为茶叶中的功能性成分，对健康有益，具有特定药理作用，能够对人体健康起到明显的调节作用。

茶叶的许多功能已被发现，如茶叶具有延年益寿和抗辐射等功能，但鉴于早期的研究技术和理论的限制，对其机制很少涉及。自从将现代科学技术应用到该研究领域以后，科学家发现了茶多酚类物质能够通过直接或间接清除自由基，起到预防各类疾病的作用，从而通过抗氧化和清除自由基理论解释了茶叶的延年益寿、抗辐射以及抗肿瘤等生物活性功能。此外还有研究表明，茶叶的增强记忆功能与茶叶中的茶氨酸对大脑及神经调节作用有关。

二、茶叶的保健功能

中医认为茶叶具有广泛的生理活性，能够起到延年益寿、去脂减肥、提神醒脑等多重作用。现代医学和茶叶生化研究表明，茶叶中含有丰富的保健成分，具有良好的保健功能。对许多威胁人体健康的现代疾病，比如心脑血管疾病、癌症、神经退行性疾病、炎症等均具有一定的药理作用。下面就茶叶的几个重要保健功能进行具体介绍。

1. 延年益寿

饮茶有利于长寿，历史上不乏长寿的爱茶人。如以偈语"吃茶去"闻名的赵州禅师，活到120岁；提出"君不可一日无茶"的乾隆皇帝，活到88岁，在位60年；还有晚清最后一位秀才苏局仙，活到110岁。茶叶界更是不乏长寿的老学者、老教授。茶叶能延年益寿主要归功于其对自由基的清除作用。自由基是人体正常代谢的产物，在正常情况下，人体内的自由基不断产生，同时被抗氧化系统清除，机体内自由基水平被控制在一定范围之内，不会对人体产生明显的伤害。然而，当受到某些外界因素影响，导致自由基生成过多，而抗氧化系统难以发挥作用时，就会导致自由基逐渐积累。自由基与蛋白质、DNA、脂类等发生反应，损害机体正常功能，诱发疾病产生，加速衰老。茶叶中的多酚类化合物具有卓越的抗氧化、清除自由基的功效。饮茶可通过外源补充抗氧化剂起到延缓衰老，防治疾病的作用。

2. 提神与安神

茶叶中含有咖啡因，能够起到提神醒脑的兴奋作用，能消除疲劳，提神益思，所以适当的饮茶能够起到使人保持头脑清醒和集中注意力的作用。同时茶叶中富含茶氨酸，它是一种能够起到镇静作用的神经松弛剂，使大脑中α波增强，α波可起到镇静安神、平和身心的作用。因此通过饮茶，既可以集中注意力，提神益思，同时能够舒缓身心，镇静安神。

3. 消食

茶叶中咖啡因等成分，能够刺激胃酸分泌，增进食欲，加速肠道蠕动，改善胃肠道功能。因此，饮茶可以起到消食、助消化的作用。

4. 去脂

作为现代人最关心的健康问题之一，肥胖问题一直被人们所关注，肥腻不光是影响食物的风味，同样也影响人们的健康。喝茶可以解除油腻，这一点自古以来受饮茶者推崇。根据古代文献记载，饮茶不但可以减轻肥腻的食物带来的不适感，还可以避免肥胖。例如《本草纲目拾遗》中就有记载，茶可以"解油腻牛羊毒"，指的就是可以通过饮茶去除食用牛肉或者羊肉所带来的肥腻感。"尝闻茗消肉，应亦可破癥"，这是北宋诗人梅尧臣在其诗作《答宣城张主簿遗鸦山茶》中记录的茶的消脂的作用。清朝王械的《秋灯丛话》中关于茶的去脂效果有一段别开生面的故事："北贾某，贸易江南，善食猪首，兼数人之量。有精于岐黄者见之，问其仆，曰：每餐如是，已十有余年矣。医者曰：病将作，凡药不能治也。俟其归，尾之北上，将以为奇货。久之，无恙。复细询前仆，曰：主人食后，必满饮松萝茶数瓯。医爽然曰：此毒唯松萝茶可解，怅然而返。"

消除肥腻，自然可以避免肥腻所导致的疾病，这恰好符合现代人所推崇的健康理念。

5. 明目

随着计算机以及移动电子设备的普及，眼部健康问题也受到人们的广泛关注。在一天繁忙的工作学习之后往往会感到眼部疲劳。自古以来，人们就认为茶有着明目的功效。事实上，茶叶中含有大量的维生素、茶多酚等物质，能够清肝明目，缓解眼部疲劳，特别是绿茶的明目效果尤为突出。古往今来有很多以茶明目的药方，例如《沈氏尊生方》就有："治目中赤脉：芽茶、白芷、附子各一钱，细辛、防风、羌活、荆齐、川芎各五分，加盐少许，清水煎服。"另外《眼科要览》中也有相关的治疗方法："烂眼皮：甘石、黄连、雨前茶共研极细，点。"可见以茶入药治疗眼疾自古有之。

6. 解毒

茶的解毒功效一直被人们所津津乐道，中医将清热去火的功效称为解毒。茶最初很长一段时间都是作为药物为人们所利用，三国时期的名医华佗在其重要论作《食论》中就曾经对茶的药效有着极高的评价："苦茶久食益意思。"《茶经》对于茶能够解毒的原因，《本草求真》上说："茶味甘气寒，故能入肺清痰利水，入心清热解毒，是以垢腻能涤，炙爆能解。"

茶叶中的单宁酸能够与毒物中的重金属离子产生络合反应，从而防止其产生毒害，同时茶多酚的杀菌作用可以在一定程度上防止人体受到微生物的侵扰。因此长期饮茶能够增强人们的抵抗力，减少疾病的发生。

7. 利水

中医将能够利水，加速尿液排出的药物称作利水渗湿药。该类药味多甘淡，能够利水消肿、利尿通淋、利湿退黄，可以缓解水肿、小便不利、水泻、湿痹、湿疹，以及黄疸、湿疮等。饮茶能够促进体质偏湿者多排尿，减轻浮肿以及虚胖导致的高血压等健康问题。另外，长期饮茶能够调理肠胃，防止腹泻。

三、茶叶保健的总机理——清除自由基

自由基是指游离存在机体内的具有一个不配对电子的分子、离子、原子或原子团。在机体内的自由基常以氧或氮的形式存在，即氧自由基或氮自由基。光、热、高能射线、疾病、创伤、环境污染、放射线、紫外线、化学药物、吸烟等作用下都会导致体内自由基生成过量，机体自由基代谢失衡。体内存在着抗氧化系统，有抗氧化酶类和抗氧化剂，正常情况下人体可以将自由基维持在较低水平，不会诱导相关疾病的发生。然而随着年龄的增长或在其他外因的影响下，细胞功能逐渐衰退，抗氧化能力减弱，自由基积累越来越多。

自由基是人体正常代谢的产物，积累过多会对机体造成伤害，有"自由基是万病之源"的说法。过多的自由基会引起我们机体遗传物质DNA的改变，脂质和蛋白质受损，导致生理异常，引发一系列疾病，如癌症、心血管病、炎症、白内障、糖尿病、老年痴呆等症。

茶多酚富含羟基基团（—OH），能够与自由基结合，起到"牺牲小我，顾全大局"的作用。且茶多酚所含羟基数量比维生素多，因此其清除自由基的活性更为强大。茶多酚还可以通过抑制氧化酶及增强抗氧化酶类来达到清除自由基的作用。基于卓越的抗氧化活性，茶多酚也被认为是茶中最主要、最精华，对人体最有用的成分物质。

第三节　科学饮茶常识

中国是最早发现茶、利用茶的国家。中国人对茶的健康功效的认知源自对生活实践的总结，体现于中国传统医学理论中，茶也具有性味等特征，饮茶也应注意宜忌。不同的茶树品种和不同加工方法制成的各类茶叶，其内含成分存在很大的差异。人们由于体质以及生活习惯的不同，对茶叶的类型、喜好程度也不同。日常饮茶中，我们可以根据自己的体质及当时的身体状态选择最适合自己的茶叶。

一、看茶喝茶

看茶喝茶，就是根据茶叶种类的不同，选择合适的茶叶和饮茶方式。从中医的角度来看，茶可以分为凉性、中性和温性。总体来说，绿茶、黄茶、白茶偏凉性，乌龙茶偏中性，黑茶和红茶偏温性。根据具体情况还可以进一步细化。例如普洱熟茶偏温性；而年份很新的普洱生茶，其茶性还未转化，我们通常将它视为晒青绿茶，偏凉性。再例如浙江龙泉的金观音等轻发酵、轻焙火的乌龙茶偏凉性，而武夷岩茶之类中发酵、重焙火的乌龙茶偏温性。

二、看人喝茶

看人喝茶，是根据个人体质的不同，选择合适的茶叶和饮茶方式。可根据体质、习惯以及判断自己是否属于特殊时期而确定是否适合饮茶以及适合饮哪一类型的茶。我们从体质、喜好以及特殊人群等方面介绍。

1. 根据体质选择茶饮

不同人饮茶后的感受和生理反应相去甚远。一般认为饮茶能够降血压，但对咖啡因特别敏感的人饮茶后可能会出现血压上升、心跳加快的情况；一般认为饮茶能通便，但有些人饮茶后会出现便秘的情况；有些人喝绿茶会觉得肠胃不适；有些人喝茶后难以入睡；有些人会"茶醉"，心慌、冒冷汗。这些都是由于喝的茶不适合自己的体质而引发的身体不适。所以，应依据自己特有的体质选取最适合的茶。所谓体质，就是指人在生命过程中，在先天禀赋和后天获得的基础上所形成的形态结构、生理功能和心理状态等综合的相对稳定的固有特质。《中医体质分类与判定》将人的体质分为九种，传统医学认为，不同体质者宜饮用与之相适应的茶叶。

① 平和体质，是正常的、健康的体质。这种体质的人什么茶都可以喝。

② 气虚体质，这种体质的人元气不足，身体虚弱，容易疲劳乏力，也容易感冒。这种体质的人不宜喝凉性茶与咖啡因含量高的茶，宜喝温性茶。

③ 阳虚体质，是很常见的体质，这种体质的人阳气不足、畏寒，冬天会手脚冰凉。阳虚的人应多喝温性茶，少喝或不喝凉性茶。

④ 阴虚体质，与阳虚体质相反，这种体质的人手心与脚心都很热，冬天不怕冷，但夏天非常怕热，而且容易口干、喉咙干、眼睛干涩，容易便秘。阴虚者应少喝或不喝温性茶，多喝凉性茶。

⑤ 血瘀体质，这种体质的人面色发暗，眼睛里有血丝，牙龈容易出血，磕碰后会出现难以褪去的瘀青。血瘀体质的饮茶者宜喝浓茶，各种茶都可以喝。

⑥ 痰湿体质，这种体质的人体形偏胖，极易出汗，腹部肥满松软，皮肤容易出油，嗓子里总是有痰，容易困倦。痰湿体质者也宜喝浓茶，各种茶都可以喝。

⑦ 湿热体质，这种体质的人油光满面，易生粉刺，皮肤时常瘙痒，容易口苦、口臭。湿热体质者应少喝或不喝温性茶，多喝凉性茶。

⑧ 气郁体质，这种体质的人多愁善感，体形偏瘦，常感到乳房及两肋部胀痛。气郁体质者宜饮较淡、咖啡因含量较低的茶，也可以喝一些花茶。

⑨ 特禀体质，即过敏体质，易患哮喘，易对药物、食物、花粉等过敏。特禀质的人，在无不良反应的前提下，可以适量饮淡茶或低咖啡因、高氨基酸的茶。

传统医学认为，体质各异，饮茶也各异，体质燥热者应多喝凉性茶，体质虚寒者应多喝温性茶，这是总原则。不过，人的体质多为复合型，也会发生变化，非常复杂。所以，我们可以考虑自己当下的体质特征，选择适宜的茶类，帮助我们保持身体的健康和谐。

2. 根据喜好合理饮茶

初次饮茶或偶尔饮茶的人适宜喝一些清新鲜爽的茶，如安吉白茶等名优绿茶，或者清香型铁观音等轻发酵乌龙茶。喜好浓醇茶味者，选择炒青绿茶和重发酵乌龙茶为佳。喜好调饮的，可以酌情加一些牛奶、柠檬片等。

3. 特殊人群合理饮茶

处于经期、孕期和哺乳期的女性最好少饮茶或只饮淡茶。茶叶中的茶多酚会与铁离子络合，增加缺铁性贫血的风险。茶叶中的咖啡因对中枢神经和心血管有刺激作用，大量饮茶会使经期女性的基础代谢增高，易引起痛经、经血过多或经期延长等问题。孕妇摄入大量咖啡因后，胎儿会被动吸收，但胎儿对咖啡因的代谢速度比成人慢得多，这对胎儿的生长发育不利。哺乳期女性饮浓茶后，茶多酚会减少乳汁分泌，同时咖啡因通过母乳进入婴儿体内，易使婴儿兴奋过度，或发生肠痉挛。

糖尿病患者宜饮茶。糖尿病患者的病症是血糖高、口干口渴、乏力。饮茶可以有效地降低血糖，且有止渴、提神的效果。糖尿病人喝茶不必太浓，一日内可数次泡饮，茶类没有限制。

吸烟与被动吸烟者、放射科医生、采矿工人、使用计算机者可以多喝茶，必要时可以补充茶多酚片剂。

驾驶员、脑力劳动者等可以多喝茶。饮茶能使人保持头脑清醒、精力充沛，适合需要长时间保持高专注度的人群。

神经衰弱与睡眠障碍患者，不应在睡前饮茶。茶叶中含有的咖啡因有令人兴奋作用，会使入睡变得更加困难。

活动性胃溃疡、十二指肠溃疡患者不宜饮茶，尤其不可空腹饮茶。茶叶中的生物碱会使胃酸分泌增加，影响溃疡面的愈合。

缺铁性贫血患者不宜饮茶。茶叶中的茶多酚会与食物、补铁药剂中的铁离子络合，生成难溶性沉淀，不利于人体吸收铁元素，降低补血药剂的药效。

三、看时喝茶

人是大自然中的一员，与自然和谐更有利于自身健康。中医理论认为，看时喝茶，就是根据时节的不同，调整饮茶的种类。一般认为四季中"春饮花茶理郁气，夏饮绿茶驱暑湿。秋品乌龙解燥热，冬品红茶暖脾胃。"春季饮花茶，可以散发在体内积存一冬的寒邪，浓郁的香气能促使阳气生发。绿茶和白茶性凉，夏季饮用可以消暑解渴，清热解毒。秋季饮乌龙，能清除体内的余热，润肺生津。红茶、普洱茶性温，冬季热饮，暖胃祛寒。

四、饮茶注意事项

1.提倡温饮，避免烫饮

热饮、热食与食道癌有一定关联性。2016年国际癌症研究机构认为，65℃以上的热饮"可能增加罹患食道癌风险"。伊朗一项研究显示，患食道癌的风险与红茶的饮用量无关，而与茶水温度有关。相比于习惯温饮（茶水温度不超过65℃）的饮茶者，习惯茶水温度高于65℃的饮茶者更容易患食道癌。

2.进餐前后不宜饮茶

饮茶会冲淡胃酸，妨碍消化。同时茶叶中的多酚类会与金属离子发生络合反应生成沉淀。日常生活中，为了避免影响营养物质的吸收，饮茶需避开用餐时间。同样，孕妇、产妇对铁、钙等营养的需求较大，也不宜在进餐前后饮茶。

3.忌饮隔夜茶

茶叶冲泡后放一晚上，这种隔夜茶中的功效成分可能已经被破坏，比如茶多酚会被空气中的氧气所氧化；同时茶汤中可能已经有微生物污染。同样，冲泡过久的茶汤也忌饮用。

4.早晨起床宜饮一杯淡茶

经过一夜的新陈代谢，人体消耗大量的水分，血液浓度增大。早起饮一杯淡茶，可以补充水分，稀释血液，降低血压，对健康有利。

5.服药期间应谨慎饮茶

从中医的角度看，茶本身就是一味中药；从西医角度看，茶中的茶多酚、茶氨酸、咖啡因等成分都具有药理功能，存在与各种药物发生各种化学反应或相互作用的可能性，从而影响药效，甚至产生副作用。

目前已报道的关于西药与茶叶成分的研究中，除了热茶送服阿司匹林、对乙酰氨基酚及贝诺酯等药物可以增强它们的解热镇痛效果以外，服用以下药物时饮茶都会降低药效，并可能发生不良反应：

① 含有金属离子的药物，例如补铁药物、补钙药物、铝剂类（如复方氢氧化铝、硫糖铝等）、钴剂类（维生素B$_{12}$、氯化钴等）、银剂类（矽碳银等）等；

② 抗生素（如四环素、氯霉素、红霉素、链霉素、新霉素、多西环素、头孢菌素、利福平等）和喹诺酮类抗菌药物（诺氟沙星、培氟沙星等）；

③ 消化酶类药物（如胃蛋白酶片、多酶片、胰酶片等）；

④ 含有氨基比林、安替比林的解热散痛药（如安乃近、索米痛片等）；

⑤ 西咪替丁，以及含有碳酸氢钠、氢氧化铝的治疗胃溃疡的药物；

⑥ 单胺氧化酶抑制剂（如苯乙肼、异卡波肼、苯环丙胺、帕吉林、呋喃唑酮和灰黄霉素等）；

⑦ 腺苷增强剂（如潘生丁、克冠草、海索苯定、利多氟嗪、三磷酸腺苷等）；

⑧ 含有别嘌呤的抗痛风药；

⑨ 镇静安神类药物（如眠尔通、氯氮、安定等）；

⑩ 生物碱类药物（如小檗碱、麻黄碱、奎宁、士的宁等）；

⑪ 苷类药物（如洋地黄、洋地黄毒苷、地高辛等）。

医药科技发展日新月异，投入使用的新药源源不断，饮茶对许多药物的影响尚待研究。所以，在服用药物前后，应当谨慎饮茶。

文化篇

追源無事只今可能
相顧收茶在 有り事
面白
孟堅夢己勝來
此筆し

第八章
茶文化生成史纲要

茶文化，是随着饮茶在社会生活中的推广流行，以及与艺文等多种文化渗透整合而渐渐生成丰满起来的。茶文化的生成又如同生命机体的新陈代谢，其中有的构成经历着诞生→生长→成熟→式微→衰亡，或得新机遇而重获新生。茶文化生成史是一个大课题，本章节综合现有材料，将其纳入魏晋、唐、宋、元、明、清几个历史序列，提纲挈领地作一陈述。

一、魏晋时从"六饮"到茶饮

陆羽《茶经·七之事》辑录张孟阳《登成都楼》诗中："芳茶冠六清，溢味播九区。"张孟阳即张载，晋初太康（281—289）前后在世，原籍安平（今河北深州市）。父亲官居蜀郡太守，太康初至蜀省父至成都，作《登成都白菟楼》，全诗32句，陆羽仅收录16句，并简称《登成都楼》。诗中所说"六清"即"六饮"。皮日休《茶中杂咏》并序云："案《周礼》酒正之职，辨四饮之物，其三曰浆。又浆人之职，供王之六饮：水、浆、醴、凉、医、酏，入于酒府。郑司农云：以水和酒也。盖当时人率以酒醴为饮，谓乎六浆，酒之醨者也。"这就是说，在茶未饮用前，人们普遍把薄酒当作饮品。尽管茶在秦汉时已作为饮品，西汉王褒那样的文仕之家已有僮仆"烹茶尽具"，但饮茶者毕竟还是极少数。所以唐韩翃为田神玉撰《谢茶启》中说："吴主礼贤，方闻置茗，晋臣爱客，才有分茶。"三国时饮茶人群有所扩展，三国魏张揖《广雅》中已记有茶叶简单加工技术和混煮羹饮方法。在吴兴郡乌程温山，置有御茶园，生产御荈。吴国末代君王孙皓飨宴礼侍韦曜，"密赐茶荈以当酒"。但茶在三国时仍然还是王公贵族的一种消遣品，民间还很少饮用。故唐斐汶《茶述》说："茶，起于东晋，盛于今朝。"

从"六饮"到茶饮，两晋南北朝300多年是一个渐变时期。这一时期在中国茶文化生成史上的重要性，从陆羽《茶经·七之事》所列史料和人物中就足以证明。陆羽在这一章中搜集唐以前茶叶史料49条，列举与茶相关人物43位，其中两晋南北朝的史料有39条，人物33位，这一时期涌现出一批对中国茶文化生成有重要影响的人物。

1. 张载

张载是西晋时期的茶叶代言人，他盛赞成都的茶，高吟"芳茶冠六清，溢味播九区"，告诫世人饮茶比饮酒好，并深信茶香一定会播向神州大地，具有振聋发聩的意义。《登成都楼》还开创了茶事入诗的先例。由此，茶与诗结下了不解之缘。这期间咏及茶事的诗，还有左思的《娇女诗》，亦为最早提及茶事的诗篇之一，全诗共56句，《茶经》只引录其中的12句，写到茶事的是最后两句："心为茶荈剧，吹嘘对鼎䥶。"说的是左思两个可爱的女儿，"驰骛翔园林""贪华风雨中"，于是猴急着要喝茶，嘟起小嘴对着风炉吹气。

2. 杜育

杜育的《荈赋》，在茶文化生成史上具有开创价值，是最早的一篇茶事文赋，第一次比较完整地记载了茶的生长环境、种植、采摘和品饮："灵山惟岳，奇产所钟。厥生荈草，弥谷被岗。承丰壤之滋润，受甘灵之霄降。月惟初秋，农功少休，结偶同旅，是采是求。"《荈赋》也是最早论说茶艺的著作，首次从审美角度描述茶汤沫饽的美妙趣味："惟兹初成，沫沉华浮，焕如积雪，晔若春敷。"同时明晰述说这得之于："水则岷方之注，挹彼清流。器择陶简，出自东瓯。酌之以匏，取式公刘。"

3. 陆纳

陆羽在《茶经》中尊陆纳为"远祖"。选录《晋中兴书》所记：陆纳为吴兴太守时，卫将军谢安来访，"所设唯茶果而已"。又选录《晋书》所载：扬州牧桓温，"性俭，每宴饮，唯下七奠柈茶果而已。"陆纳、桓温面对晋时上层社会饮食上的排场奢华，以茶示俭，比清素之德。这是茶道的滥觞，又开创了茶宴的先河。

4. 王肃

王肃在南北朝时把饮茶习俗从南齐传播到北魏。"肃初入国，不食羊肉及酪浆等物，常饭鲫鱼羹，渴饮茗汁。"当喝惯了牛羊奶的鲜卑人问王肃："茗何如酪？"肃曰："茗不堪与酪为奴。"说茶为"酪奴"，这是王肃对当时当地茶饮的实际情况所作的比喻，并非对茶的贬辱。从《洛阳伽蓝记》等记载中可知，后来茶在北魏慢慢为人们所接受，彭城王设家宴邀请王肃，特地为他设"酪奴"。给事中刘镐还"慕肃之风，专习茗事"。

5. 南市蜀妪与广陵老姥

南市蜀妪是西晋时在洛阳市场上卖茶粥、茶饼的四川老太，广陵老姥是东晋时在广陵（今江苏扬州）提器卖茶的老妇，二人分别遭到廉事和州法曹的取缔。这两件看似琐碎小事，却反映出两晋时饮茶在一些城市已逐渐普及，茶粥、茶汤也商品化了，茶馆的雏形已显现。

6. 萧颐

南齐世祖武帝萧颐倡导以茶为祭品，颁遗诏："我灵座上，慎勿以牲为祭，但设饼果、茶饮、干饭、酒脯而已。"民间亦流行以茶祭祖祀鬼神，剡县陈务妻"好饮茶茗，以宅中有古冢，每饮辄先祀之"，因而得到古冢鬼魂的善报。余姚人虞洪入山采茗，遇丹丘子，引洪至瀑布山采大茗，后虞洪因立祀茶祭。茶从日常生活饮用到祭祖祀鬼、供神奉佛，可见茶饮在实用功能之外，已被赋予更深层次的茶事礼规。

从张载、左思、杜育、陆纳、桓温、王肃、刘镐、蜀妪、广陵老姥、萧武帝、陈务妻、虞洪等人的记载可以看到，两晋南北朝时期，饮茶作为一种生活方式，已被主流社会承认，并从南方茶产区扩展到北方消费区。茶事进入文学作品，呈现出审美化、礼仪化，被赋予了精神内涵，此时期是茶文化萌生形成的重要时期。

二、唐代茶文化的创建构成

宋梅尧臣有句："自从陆羽生人间，人间相学事春茶。"古代茶业兴盛实始自唐，确切地说，是在陆羽《茶经》广为流传之后。陆廷灿《续茶经》中说："季疵之前，称茗饮者，必浑以烹之，与夫瀹蔬而啜者无异也。季疵之始为经三卷，由是分其源，制其具，教其造，设其器，命其煮俾饮之者，除痟而去疴，虽疾医之，未若也。其为利也，于人岂小哉！"就连"茶"这个字的通用亦在《茶经》之后。晋郭璞《尔雅》注："今呼早采者为荼，晚取者为茗，一名荈，蜀人名之苦茶。"就是说晋时还没有"茶"这个字。那时早采的春茶称"荼"，晚采的秋茶作"茗"或"荈"。清郝懿行说："至唐陆羽著《茶经》，始减一画作'茶'。今则知茶，不复知荼矣。"

唐代是一个辉煌壮丽的时代，社会经济文化都呈现繁盛光彩，茶业也迎来空前兴盛。中唐时，饮茶在"两都并荆俞间，以为比屋之饮。"《茶经》长庆年间（821—824）的左拾遗李珏称："茶为食物，无异米盐。"《旧唐书》茶叶产区几乎已遍布全国宜茶地区，蒸青制茶加工技术趋于成熟，茶叶贸易活跃，山泽以成市，商贾以起家。由于茶利大兴，朝廷立法税茶，成为财政重要来源。茶文化就在饮茶风习的传播与盛行中生成新的形态。

1. 百丈创制《禅门规式》，是寺院规范茶汤礼仪

茶树宜栽于高山阳崖阴林之地，佛寺多建于名山大岳，茶与佛禅在地理上有着天然亲缘。众多名茶源于寺庙种植，许多茶叶产区初创于寺庙种茶。洪州（今南昌）百丈山大智禅师怀海创制禅宗丛林第一部清规《禅门规式》，将茶汤礼仪纳入其中，成为丛林活动中最基本的活动形式。《敕修百丈清规》规定的重大茶汤礼仪活动有30多项，尤其对重大茶汤礼仪的程序规定得非常详尽细致，形成一套共同的程式。茶汤礼仪前要张贴"茶汤榜"，或向受请人呈送"茶状"。茶汤礼仪正式程序有：恭迎、揖坐、烧香、揖香、点茶、揖茶、下赉、收盏、点汤、恭送等。

2. 《萧翼赚兰亭图》，开启茶事入画

此图传阎立本（？—673）绘，表现唐太宗派监察御史萧翼去越州云门寺，以巧计从和尚辩才处赚取王羲之书法名迹《兰亭序》。图左有一老一少两位侍者正在煮茶，老者坐蒲团上，左手把持茶铛，右手执茶夹，专注镀中茶汤。小茶童弯腰，双手捧带托茶碗，谨慎伸向茶镀。童子左侧有一竹编具列，上置一带托茶碗，一朱红色茶盒和一只碾堕等物。读画似读史，这是迄今发现的中国绘画中最早描绘茶事的作品，反映了初唐时越地寺院的饮茶生活和煮茶敬客的礼仪。而后有周昉（约745—804）的《调琴啜茗图》、晚唐佚名《宫乐图》等茶事绘画作品。

3. 茶诗唱和发端盛唐，主旨茶诗李白率先

唐杨晔《膳夫经手录》中说："茶，古不闻食之，近晋宋以降，吴人采其叶煮，是为茗粥。至开元、天宝之间，稍有茶。至德、大历遂多，建中后盛矣。茗丝盐铁，管榷存焉。"诗歌深深植根于现实生活，茶诗的生成与生活饮茶的传播几乎同步。《全唐诗》中，初唐诗人无主旨咏茶和咏及茶事的作品，至盛唐才有孟浩然、王维、王昌龄、李白、储光羲、高适、杜甫、岑参等诗人留下茶诗。读他们的茶诗发现一个共性的现象，就是诗中饮茶的场景大多在寺院。如王维《酬黎居士淅川作（县壁上人院走笔成）》，王昌龄《洛阳尉刘晏与府掾诸公茶集天宫寺岸道上人》《题净眼师房》，高适《同群公宿开善寺赠陈十六所居》，杜甫《已上人茅斋》《寄赞上人》，岑参《闻崔十二侍御灌口夜宿报恩寺》等。李白以茶为主旨的诗《答族侄僧中孚赠玉泉仙人掌茶并序》，写的也是寺院茶。这首主旨茶诗标示了唐开元、天宝间寺院茶的风行与成熟，饮茶生活已得到寺院外文人士大夫的重视与青睐。《全唐诗》（包括《全唐诗补编》）留下了唐代187位诗人创作的665首咏茶或咏及茶的诗篇。

4. 陆羽开创茶书著述，品茶与"经"相提并论

陆羽为避安史之乱，上元初（760）结庐苕溪，著《茶经》三卷。"茶之著书自羽始，其用于世亦

自羽始。"（《宋文鉴》）唐人封演《封氏闻见记》亦说："陆鸿渐为茶论，说茶之功效，并煎茶炙茶之法，造茶具二十四事，以都统笼贮之，远近倾慕，好事者家藏一副，有常伯熊者，又因鸿渐之论广润色之，于是茶道大行，王公朝士无不饮者。"饮茶之风到"至德、大历遂多""建中已后盛矣"，这与陆羽《茶经》的传播推广至关重要。故明人陈文烛评："稷树艺五谷而天下知食，羽辨水煮茗而天下知饮，羽之功不在稷下。"（《茶经序》）

陆羽之功，还在将"品茶小技与经相提而论"。《茶经》开篇明示："茶之为用，味至寒，为饮，最宜精行俭德之人。"陆羽以茶比德，赋饮茶精神滋养之功。又采集并规范茶叶种植、采制、煮饮方法，提出茶有"九难"，追求精极，并非小技。清人徐同气《茶经序》说："凡经者，可例百世，而不可绳一时者也""神农取其悦志，周公取其解酲，华佗取其益意，壶居士取其羽化，巴东人取其不眠，而不可概于经也。陆子之经，陆子之文也。"1200多年后的今天，我们仍在研读《茶经》，即在于他把"品茶小技"上升到了"经"与"文"之境界。

5. 茶宴始自中晚唐，茗饮诗卷无限兴

盛唐时王昌龄曾有诗记在天宫寺与诸公茶集，到中晚唐，茶会、茶宴这类文士雅集已日渐流行。大历八年（773）至十二年，颜真卿任湖州刺史，集聚文士续编《韵海镜源》，其间常邀众文士品茶赋诗，联句唱和，前后共聚集皎然、陆羽、李萼、萧存、陆士修、皇甫曾、耿㻬等95位文士，形成一个规模宏大的诗人群，茶会、茶宴是他们常有的聚会活动形式，诗作很多，咏茶联句有《五言月夜啜茶联句》《竹山连句潘氏堂》（图8-1至图8-4）等。在浙东越州，大历年间同样聚集起以浙东观察使行军司马鲍防为首的一群唱和诗人，他们多次举办茶宴联句唱和，有《云门寺小溪茶宴联句》《松花坛茶宴联句》等。此外，刘长卿、杜甫、李嘉祐、钱起、韦应物、武元衡、鲍君徽、白居易、吕温、李郢、陆龟蒙等中晚唐诗人，都有邀友或应赴茶会、茶宴留下的诗作。

图8-1　竹山联句（局部1）

图8-2　竹山联句（局部2）

图8-3 竹山联句（局部3）

图8-4 竹山联句（局部4）

　　唐代茶宴的特点，一是倡导以茶代酒。自王羲之兰亭"曲水流觞"雅集以后，文士常有诗酒雅集。中晚唐饮茶流行，诗人们感受到了诗与茶的契合，倡导以茶代酒的茶宴。"大历十才子"之一的钱起，《过长孙宅与朗上人茶会》诗有句"玄谈兼藻思，绿茗代榴花"，又《与赵莒茶宴》中："竹下忘言对紫茶，全胜羽客醉流霞。""榴花""流霞"是美酒的雅称，在诗人笔下皆不及"绿茗""紫茶"。吕温《三月三日茶晏序》云："三月三日，上巳祓饮之日也。诸子议以茶酌而代焉……乃命酌香沫，浮素杯，殷琥珀之色。不令人醉，微觉清思，虽五云仙浆，无复加也。"二是以诗佐茶。唐代是诗的年代，茶宴便是品茶吟咏的诗会。在中晚唐诗人记吟茶宴的诗作中几乎见不到有佐茶食物，宴席之上唯有茶与诗。"茗爱传花饮，诗看卷素裁"（皎然句），席上戏玩传花饮，为茶带来逸乐生气，又让诗风流清雅。茶宴多设在自然山水或庭园中："拨花砌，憩庭阴，清风遂人，日色留兴，卧指青霭，坐攀香枝。闲莺近席而未飞，红蕊拂衣而不散。"（吕温语）自然风物的游赏，茶与诗的品味，洗涤身心的尘劳，消弭心灵深处的惊悸与不安。

　　唐时宫廷也有茶宴。晚唐诗人李郢写有记述湖州顾渚山贡茶院的《茶山贡焙歌》，中有"……十日王程路四千。到时须及清明宴……"等句。张文规《湖州贡焙新茶》："凤辇寻春半醉回，仙娥进水御帘开。牡丹花笑金钿动，传奏吴兴紫笋来。"德宗朝宫女鲍君徽有《东亭茶宴》："闲朝向晓出帘栊，茗宴东亭四望通……坐久此中无限兴，更怜团扇起清风。"描述宫中日常宴坐品茶。从这些诗的记述看，唐代宫中设茶宴晚于代宗大历五年（770）顾渚设贡茶院。1987年在法门寺地宫发现僖宗于咸通十五年（874）礼奉佛祖的宫廷茶器，有茶槽子、碾子、茶罗、匙子一副，还有琉璃茶碗及托子等，曾是僖宗御用之物。材质贵重、型制精美，器用完备，表明宫廷茶宴的庄重礼仪和豪华气派。

　　白居易有《夜闻贾常州崔湖州茶山境会想羡欢宴因寄此诗》，这是一种公务性质的茶宴。每年春茶时节，湖、常两州刺史会到顾渚山贡茶院，督办贡茶，例有茶山境会。唐敬宗宝历元年（825）白居易从杭州迁任苏州刺史，此时任湖州刺史的是白居易同年应试的崔玄亮，常州刺史贾餗也是与白居易同年应试。此时白居易却因坠马伤腰正在治疗，不能亲临茶宴，诗云："青娥递舞应争妙，紫笋齐尝各斗新。自叹花时北窗下，蒲黄酒对病眠人。"茶宴中有歌舞演出和新茶斗试。

唐代还有一种祭祀茶宴。清朱彝尊《金石跋尾》记："唐张嘉贞、任要、韦洪、公孙杲四诗，俱刻于岱岳观碑侧，而编《岱史》者不录。任、韦、公孙三人，新旧《唐书》无考。任又题名云：'贞元十四年正月十一日立春，祭岳，遂登太平顶，宿。其年十二月廿一立春，再来致祭，茶宴于兹。盖唐时祭毕，犹不用酒，故宴以茶也。'"这是在祭祀泰山后所举行的茶宴。

6. "茶道"一说出自皎然，茶破烦恼无言道合

皎然晚年居苕溪草堂，贞元（785—804）初作《饮茶歌诮崔石使君》，时崔石正任湖州刺史。诗咏茶之功："一饮涤昏寐，情思爽朗满天地。再饮清我神，忽如飞雨洒轻尘。三饮便得道，何须苦心破烦恼。此物清高世莫知，世人饮酒多自欺……孰知茶道全尔真，唯有丹丘得如此。""茶道"一说，源出于此。皎然赞誉茶为"破烦恼"的"清高之物"，饮者从中"得道"，即是能达到一种不为外物所扰的精神自由。皎然在贞元五年成书的《诗式·序》中也论述到"道"："贞元初，予与二三子居东溪草堂，每相谓曰：世事喧喧，非禅者之意，假使有宣尼之博识，胥臣之多闻，终朝目前，矜道侉义，适足以扰我真性，岂若孤松片云，禅坐相对，无言而道合，至静而性同哉？吾将深入杼峰，与松云为侣。"皎然另有《饮茶歌送郑容》，有句："赏君此茶祛我疾，使人胸中荡忧栗。"饮茶而神清，禅坐而至静，"破烦恼""荡忧栗"，不使外物扰我真性。这就是皎然感悟到的茶道。皎然把形而下物质的茶与形而上精神的"道"关联起来，其价值与陆羽把茶书著述称为"经"一样，振聋发聩，意义非凡。皎然说"三饮便得道"，从茶中得道，关键在饮茶的人，要有"禅者之意"，能"与松云为侣"。

茶道，与前述茶宴、茶诗三者紧密相连，互相融合。茶宴，是喝茶品茗的一种生活方式，诗人在饮茶（包括茶宴）中，得以悠闲，闲中得诗境。所谓"竹下忘言对紫茶"（钱起句）、"坐久此中无限兴"（鲍君徽句）。正是这种诗境、诗心，道出了世间事理、人生本真，如白居易诗云："净名事理人难解，身不出家心出家。""高闲真是贵，何处觅侯王。"唐代许多诗人在诗中表达了他们的哲理思维。刘长卿《惠福寺与陈留诸官茶会得西字》诗云："到此机事遣，自嫌尘网迷。因知万法幻，尽与浮云齐。"刘禹锡《西山兰若试茶歌》云："欲知花乳清泠味，须是眠云跋石人。"更有因一首《走笔谢孟谏议寄新茶》而得"亚圣"之尊的卢仝，他诗中的七碗茶，分有形与无形，有形之饮，不过满腹，传玩之味，淡而幽，永而适，忘焉仙也，怡焉清也。

7. 茶肆茶坊首现北地，茶文化又有新载体

茶肆茶坊在唐代是茶业新的经营服务实体，亦是茶文化新的载体。茶肆茶坊的出现与禅宗寺院流行饮茶有关。封演《封氏闻见记》说：开元（713—741）中"泰山灵岩寺有降魔师，大兴禅教，学禅，务于不寐，又不夕食，皆许其饮茶，人自怀挟，到处煮饮。从此，转相仿效，遂成风俗。自邹、齐、沧、棣，渐至京邑城市，多开店铺，煎茶卖之，不问道俗，投钱取饮。"按封演所记，专业经营卖茶水的店铺，首现今山东邹县、惠民一带，还有河北沧县，以及山东北部和河北东南部，一直到京城长安（今陕西西安）。

唐代有关茶肆茶坊的史料不多，仅可见到些零散记载：

牛僧孺《玄怪录》载：长庆（821—824）初，长安开远门十里处有茶坊，内有大小房间，供商旅饮茶。

《旧唐书·王涯传》记载："李训事败……王涯等仓惶步至永昌里茶肆，为禁兵所擒，并其家属，皆系于狱。"

《新唐书·陆羽传》："时鬻茶者，至陶羽形置炀突间，祀为茶神。"

王敷《茶酒论》，拟"茶"与"酒"争功，最后"水"出来讲话："两个（何）用争功，从今已后，切须和同，酒店发富，茶坊不穷。长为兄弟，须得始终。"

日本留学僧圆仁《入唐求法巡礼行记》载：唐开成三年（838）七月来到扬州，廿日未时"到如皋茶店，暂停"。

从两晋老妇沿街卖茶粥，到中晚唐时"多开店铺，煎茶卖之"，历经400多年，茶肆茶坊这种新业态的出现，标志唐代茶叶进一步商品化，茶叶消费更加普及，也顺应了唐代社会经济发展的需要。由于城市的繁荣，活跃在城镇的商人、工匠、挑夫、走贩，以及为城镇上层服务的各色人等，形成了一个庞杂的社会群体，他们需要有一歇息、相聚、活动的场所，茶肆茶坊满足了这一客观需求。

8. 日本留学僧入唐，开启茶叶对外传播

唐代中国文化灿烂辉煌，光耀四方，使邻近国家、民族咸蒙其泽。世界各国纷纷遣使节、留学生来唐学习，唐代文士、僧侣和商人与他们广泛结交、友好往来。中国茶及其文化，随着这种友好往来外传，其中以向日本的传播最为频繁和突出。日本来访者中唐时期有日僧最澄、空海、都永忠，晚唐有圆仁、圆珍等。

最澄，贞元二十年（804）9月到达明州（今宁波），登天台山，从道邃、行满学习天台教义教观。游学8个月，次年回国。最澄携回大量佛教经典、经论、真言道具，于比睿山开创了日本天台宗。同时带回天台云雾茶和茶籽，播种于比睿山山麓。日本《文华秀丽集》中，有最澄呈献嵯峨天皇的诗，嵯峨天皇应答诗中有"亲羽客讲席，供山精茶杯"（意为亲近长翅膀仙人的讲座座席，山神给最澄捧献茶杯）之句。

空海，在长安（今西安）青龙寺修习禅法，留学3年后，于唐宪宗元和元年（806）春回国。日本弘仁五年（814）空海向嵯峨天皇献上在唐期间搜求到的典籍，在其奉纳表中记录着"茶汤坐来，乍阅震旦之书"（饮茶之时，即兴鉴赏中国之书）。

永忠，嵯峨天皇于弘仁六年四月行幸近江韩琦，途径梵释寺，大僧永忠在门外亲自呈献煎茶（《日本后记》）。在唐生活长达30年之久的永忠对煎茶之法格外擅长。同年6月，嵯峨天皇命令在畿内和近江、丹波等地种植茶树，每年进献。同一时期，在皇宫东北的主殿寮之东种植茶树，据说用那儿采摘的茶叶在内藏寮的药殿制茶。此时，饮茶成为日本流行的文化，即使在正式典礼的场合也提供茶汤。

圆仁，是最澄的弟子，唐文宗开成三年（838）参加第18次遣唐使入唐求法，7月到达扬州。本想去台州国清寺寻根问祖，因未被允许，只好改变路线，前往五台山求法。圆仁有《入唐求法巡礼行记》，其中记述会昌三年正月廿八日，在长安，左神策军观察使仇士良请日本、狮子、天竺、龟兹、新罗等国僧人，同集左神策军军容衙院，一起吃茶。堪称一次国际茶会。

三、宋代茶文化的幽雅精致

宋代文化虽承盛唐遗风，终归与其殊途而行，一改唐代的恢宏之象，由外露而内敛，收敛锋芒，静气修为，造就了一个新的文化高峰。陈寅恪在谈到宋代文化时说："华夏民族之文化，历数千载之演

进，造极于赵宋之世。"中国古代茶文化完备于唐，却鼎盛于两宋之世，宋代茶事盛行，成为上至皇帝，下至黎民，特别为文士们竞相追逐的雅事。他们点茶、斗茶、分茶，"咸以雅尚相推"。

（一）"人间谁敢更争妍"，末茶品饮登峰造极

宋代饮茶，虽继承唐代制团饼，喝末茶，然因从煮饮法升级为点饮法，在各个方面都超越唐代，其"采择之精，制作之工，品第之胜，烹点之妙，莫不咸造其极。"宋代茶书有详尽的记载。

1．团片茶采制精益求精

宋代末茶品饮的极致，首先体现在团片茶采制的各个环节上，尤其是龙团凤饼的采制，比唐代更讲究、更精细。如采茶，陆羽《茶经》要求"其日有雨不采，晴有云不采"。宋徽宗《大观茶论》则说："撷茶以黎明，见日则止。"黄儒《品茶要录》说："尤喜薄寒气候，阴不至于冻，晴不至于暄。""采佳品者，常于半晓间冲蒙云雾，或以罐汲新泉悬胸间，得必投其中，盖欲鲜也。"又如唐代制作团饼茶，蒸笋并叶，"畏流其膏"。而宋代团片茶制作增加"榨茶"工序，而且"榨欲尽去其膏，膏尽则有如干竹叶之色。""蒸芽欲及熟而香，压黄欲膏尽亟止。"宋代龙团凤饼制作工序中的研茶、造茶、焙茶都有精致入微的标准和要求。

2．末茶点饮技艺前无古人

宋人制茶精益求精，并非矫揉造作，而是为了茶的高品质。蔡襄《茶录》中好茶的标准是"色贵白""有真香""味甘滑"。宋徽宗《大观茶论》中说："茶以味为上，香、甘、重、滑，为味之全。惟北苑壑源之品兼之。"黄儒《品茶要录》也说："香滑而味长者，壑源之品。"宋人从宫廷皇家、贵族官宦到布衣之士，为烹点出色、香、味俱上的茶汤，都有独到的试茶技艺。蔡襄向仁宗进《茶录》："至于烹试，曾未有闻。臣辄数事，简而易明，勒成二篇，名曰《茶录》。"宋代把玩末茶达到了极致的宋徽宗，为把自己玩茶的高处妙处、经验心得传授给爱茶人，即谓"偶因暇日，研究精微，所得之妙，人有不自知为利害者，叙本末列于二十篇，号曰《茶论》。"两宋梅尧臣、欧阳修、王安石、苏轼、黄庭坚、陆游、杨万里、李清照等士大夫文人都精通点茶、斗茶和分茶。苏轼有诗云："磨成不敢付僮仆，自看雪汤生玑珠。"他在《西江月·龙焙今年绝品》词中描绘点茶："汤发云腴酽白，盏浮花乳轻圆。人间谁敢更争妍，斗取红窗粉面。"这近千年前点出来的一盏末茶，无论当时与今天，有谁敢争妍！

宋代末茶品饮，尤其是斗茶，极大地推进了茶器具的创制。唐代陆羽《茶经》推赞越瓷茶碗，越瓷青，"青则益茶"。宋代点茶、斗茶，更讲究茶具的选用。黄儒《品茶要录》中说："士大夫间为珍藏精试之具，非会雅好真，未尝辄出。"士大夫为"会雅好真"，都珍藏着斗试茶的精美器具。更有皇家不惜"碎玉锵金"地投入，把茶具的制作推到巅峰。最为突出的是建窑黑釉器，在天才的匠人手中，巧夺天工，烧制出自然率真的纹饰，令诗人词家惊叹不已："忽惊千盏鹧鸪斑"（苏轼句）"兔瓯试玉尘，香色两超胜"（陆游句）"兔毫扶雪带香厚"（廖刚句）。还有迄今举世仅见的三只半建窑曜变盏，三只均成为日本国宝，半只为杭州藏家所藏。除建窑外，定窑、汝窑、耀州窑、钧窑、磁州窑、吉州窑、龙泉窑等烧制的宋代茶器具，蕴藏着巨大的文化和史料价值。

（二）"酒澜更喜团茶苦"，宴饮雅集高会群贤

茶会、茶宴始自中晚唐。至宋代，茶宴在寺院愈加普遍，兴起了极具宋代特色的宴饮雅集，把酒、

茶、汤与歌舞结合，所谓"茶香酒熟，月明风细，试教歌舞"。这种宴游的风气从宫廷到民间都很盛行。宋徽宗就举办过多次，有较详细记载的4次。如政和二年（1112），为庆祝蔡京回京在太清楼的那次宴会，宾客来后，先是观看娱乐表演，然后进入太清楼。在宣和殿已摆好了精美的书画和古器，供大家观赏。在名为"琼兰"的侧楼里饮酒。酒过三巡，徽宗命人为宾客们奉上用泉水点的新茶。另一次在宣和元年（1119），这次聚会的第一项活动是在保和殿参观徽宗收集的文物珍品，徽宗亲自担任向导，介绍和评论每件藏品。据蔡京记载，徽宗还"赐茶全真殿，上亲御击注汤，出乳花盈面，臣等惶恐，前曰'陛下略君臣夷等，为臣下烹调，震悸惶怖，岂敢啜？'顿首拜。上曰'可少休。'乃出瑶林殿。"

宋代文人生活中，有辞赋酹酒，有丝弦佐茶，有桃李为友，有歌舞为朋。一般是酒筵之后有茶宴，茶宴中宾客作茶词，以侑茗饮，歌伎向宾客点茶，送时歌唱茶词。茶宴中先饮茶，茶后有汤。这种文人士大夫茶宴场景，在五代十国时期南唐画家顾闳中的绘画作品《韩熙载夜宴图》中已有描绘（图8-5）。宾客们又作汤词，如：

程垓《朝中措·茶词》：华筵饮散撤芳尊。人影乱纷纷。且约玉骢留住，细将团凤平分。 一瓯看取，招回酒兴，爽彻诗魂。歌罢清风两腋，归来明月千门。

《朝中措·汤词》：龙团分罢觉芳滋。歌彻碧云词。翠袖且留纤玉，沈香载捧水坰。 一声清唱，半瓯轻啜，愁绪如丝。记取临分余味，图教归后相思。

如以上作茶词与汤词的词人还有曹冠、李处全、周紫芝等。他们在华筵饮酒后，分龙团饮茶，意在留住客人，吟诗唱词，亦可醒酒。茶罢唱后，饮汤意在送客。

图8-5　南唐 顾闳中《韩熙载夜宴图》

（三）"人间有味是清欢"，事茶艺文幽雅情怀

宋代经济兴盛，物质富足，加上朝廷厚待文士，为宋代文人提供了优裕的生活条件。钱穆先生称誉："中国在宋以后，一般人都走上了生活享受和生活体味的路子，在日常生活上寻求一种富于人生哲理的幸福与安慰。而中国的文学艺术，在那个时代，则尽了它的大责任大贡献。"喝茶品茗在文化的洪流中被裹挟向前，成为一种展示品味和意趣的生活艺术。咏茶诗词、茶事书画的创作，出现前所未有的繁荣景象。

1. 茶诗别有天地

在唐诗极盛以后，宋代诗人诗歌的创作有新的面貌和成就。首先是宋代茶诗数量大大超过唐代。钱时霖《历代茶诗集成》所载，唐代诗作者187人，茶诗665首。宋代茶诗作者917人，茶诗5297首。其次，宋代茶诗的题材和体裁具有多样性，诗人的风格各异。欧阳修以文为诗，语言流畅自然，如"白毛囊以红碧纱，十斤茶养一两芽。""宝云日注非不精，争新弃旧世人情。""吾年向老世味薄，所好未衰惟饮茶。"等。苏轼诗清新自然，内容丰富风格多变，还善于运用新奇形象的比喻来描绘茶，一句"从来佳茗似佳人"，成为千古绝唱。王安石诗中谈"道"："旧德醉心如美酒，新篇清目胜真茶。"杨万里以活泼语言表现复杂的人生感悟："故人气味茶样清，故人风骨茶样明。开缄不但似见面，叩之咳唾金石声。"陆游的诗既有为国报效，收复故土的激昂情感，又有淡雅恬适，细腻入微的感情，如"红饭青蔬美莫加，邻翁能共一瓯茶。""眼明身健残年足，饭软茶甘万事忘。"如此等等，举不胜举。

宋代已有一个茶诗词选辑本。天台人陈景沂在南宋理宗宝祐元年（1253年）撰《全芳备祖》前后两集，后集有四卷记药，茶在药之首，其中"赋咏祖"部分，辑录唐宋茶诗107首，茶词3首。这是最早的一本茶诗词选。

2. 茶词应运而生

词始于唐而盛于宋。"现存茶词始见于苏轼，苏轼以后，有黄庭坚、舒亶、秦观、毛滂、周紫芝、赵鼎、张孝祥、吴文英、张炎等七十余位词人都曾作有茶词，共计五百十四首。"（沈松勤《唐宋词社会文化学研究》）这些茶词以其独特的风俗内涵盛行于两宋人的宴饮生活。茶词与茶诗不同，茶词并非仅仅停留在咏茶上，词人作茶词，其目的主要是付诸歌伎，歌以侑茶。

3. 茶事书画，异彩纷呈

苏轼曾经说过，"诗不能尽，溢而为书，变而为画。"宋代的书法大家同时又多是诗人、画家。"宋四家"的苏轼、黄庭坚、米芾、蔡襄，都笃爱茶，都有咏茶诗作，又都留下了茶事书法名帖。苏轼有《啜茶帖》（图8-6）《新岁展庆帖》《一夜帖》等，黄庭坚有《奉同公择尚书咏茶碾煎啜三首》等，米芾有《苕溪诗帖》《道林帖》等，蔡襄有《思咏帖》《茶录帖》《精茶帖》《扈从帖》等。

图8-6　啜茶帖　宋·苏轼作

宋代绘画由于皇家画院和画学的兴办，文人画的兴起，以及适应市井民间需要的商品性绘画的兴盛，有许多前所未有的变化。由于饮茶和绘画的双重兴盛，茶事绘画画作丰富多样。裘纪平《中国茶画》收录宋代茶画52幅。其中有以茶事为主旨的，如刘松年《撵茶图》《斗茶图》《卢仝煎茶图》《茗园赌市图》，李唐《斗茶图》，审安老人《茶具十二先生图》等。有以文会雅集为主旨其中绘有茶事的画，如宋徽宗《文会图》，马远《西园雅集图》，李公麟《莲社图》，（佚名）《会昌九老图》等。林庭珪、周季常绘《五百罗汉图》中有《喫茶准备》《喫茶》两幅主旨茶画，另有《浴室》《供养》《罗汉供》三幅都绘有茶事。北京石景山金赵励墓壁画《点茶图》，河北宣化辽代张匡正、张文藻、张世卿、张世吉等墓壁画中，都有《备茶图》。

四、元明清茶文化的新境界

茶文化进入明代，拓展出了一个新的境界。元代近百年是从唐宋传统到新境界开拓的过渡。自明至清，茶文化呈现出的新境界体现在两个方面，一是茶叶品饮方法技艺的革新嬗变，从汉唐以来历经1500年的末茶品饮法告终，开启了芽叶散茶撮泡的新时代，使饮茶之风更加普及至城乡民间，继而进入西方欧美国家人民的生活，开拓出茶叶海外市场。二是茶文化在文学领域有了新的载体，元代的散曲，明清的戏剧、小说、散文，都有以茶为主旨或茶事内容的作品。在陶瓷艺术领域，青白瓷茶具和紫砂茶器蓬勃兴起，谱写了一代辉煌。

（一）全新的芽叶散茶撮泡技艺

芽叶散茶撮泡品饮技艺在明代勃兴，宋代"采择之精，制作之工，品第之胜，烹点之妙，莫不咸造其极"的末茶品饮技艺便告终结，从此沉落600多年，今天成为非物质文化遗产和博物馆艺术。从整体来说，这是历史的必然，是发展和进步的结果。明代茶书的作者对这崇新改易的变革几乎都赞许有加。

《茶疏》作者许次纾说：古人制茶，尚龙团凤饼，杂以香药。蔡君谟诸公，皆精于茶理，居恒斗茶，亦仅取上方珍品碾之，未闻新制。若漕司所进第一纲，名北苑试新者，乃雀舌、水芽所造。一铸之直至四十万钱，仅供数盂之啜，何其贵也。然水芽先以水浸，已失真味，又和以名香，益夺其气，不知何以能佳。不若近时制法，旋摘旋焙，香色俱全，尤蕴真味。

《茶说》作者黄龙德说：茶有真香，无容矫揉。炒造时草气既去，香气方全，在炒造得法耳。烹点之时，所谓坐久不知香在室，开窗时有蝶飞来。如是光景，此茶之真香也。少加造作，便失本真。遐想龙团金饼，虽极靡丽，安有如是清美。

《茶谱》作者朱权说：至仁宗时，而立龙团、凤团、月团之名，杂以诸香，饰以金彩，不无夺其真味。然天地生物，各遂其性，莫若茶叶，烹而啜之，以遂其自然之性也。

芽叶散茶撮泡法，原自越地（今绍兴），后为杭俗。清人茹敦和《越言释》记："今之撮泡茶，或不知其所自，然在宋时已有之，且自吴越人始之。"陆游《安国院试茶》诗其自注曰："日铸则越茶矣，不团不饼而曰炒青，曰苍鹰爪，则撮泡矣。是撮泡者，对砲茶言之也。"明陈师《茶考》云："杭俗烹茶，用细茗置茶瓯，以沸汤点之，名为撮泡。"

自明至清，爱茶文人多撰文著书阐述茶事经验，传授芽叶散茶撮泡品饮技艺，概括起来有七：一曰择茶，二曰选水，三曰火候，四曰配具，五曰泡法，六曰人品，七曰茶所。

（二）开创茶具新时代

全新的芽叶散茶撮泡，带来了一个全新的茶具创制时代。前代陆羽所爱的越窑青瓷茶碗，蔡襄、宋徽宗所贵的"玉毫条达"黑盏，均已不适宜芽叶完整、青翠如鲜的散茶撮泡。张源在《茶录》中说："茶以青翠为胜，涛以蓝白为佳""玉茗冰涛，当杯绝技"，故"盏以雪白者为上，蓝白者不损茶色，次之。"比较翔实叙说明代芽茶沦泡和茶具选择的是许次纾。许次纾在《茶疏》中说："茶瓯古取建窑兔毛花者，亦斗碾茶用之宜耳。其在今日，纯白为佳，兼贵于小。定窑最贵，不易得矣。宣、成、嘉靖，俱有名窑，近日仿造，间亦可用，次用真正回青，必拣圆整，勿用啙窳。茶注以不受他气者为良，故首银次锡……其次内外有油瓷壶亦可，必如柴、汝、宣、成之类，然后为佳。然滚水骤浇，旧瓷易裂，可惜也。近日饶州所造，极不堪用。往时龚春茶壶，近日时彬所制，大为时人宝惜。盖皆以粗砂制之，正取砂无土气耳。随手造作，颇极精工，顾烧时必须火力极足，方可出窑。"

推荐以宜兴紫砂壶泡茶，在明代茶书作者中许次纾是首位。之后罗廪《茶解》也介绍："注以时大彬手制粗砂烧缸色者为妙，其次锡。"至明中叶后，紫砂茶具兴起，成为风尚。清代紫砂器品种日益增多，嘉庆、道光年间，紫砂艺术吸引了不少文人墨客的注意，有的直接参与其事。金石书画家陈鸿寿（号曼生），为"西泠八家"之一。他在任江苏溧阳县宰时，与杨彭年合作，由彭年制壶，曼生刻写，铭曰"阿曼陀室"，世称"曼生壶"（图8-7）。把紫砂工艺和诗词书画篆刻相结合，赋予紫砂壶更浓郁的书卷味和文人情趣。晚清光绪年间，上海、宁波书画家胡公寿、徐三庚、任柏年、梅调鼎等与宜兴紫砂制作高手何心舟、王东石等合作，创玉成窑，制作一批紫砂茶器，是"曼生壶"壶艺文化的延续。

明清两代茶具风格多元，材质多样，显示出时代特征（图8-8）。明黄龙德《茶说·七之具》云："茶具精洁，茶愈为之生色。用以金银，虽云美丽，然贫贱之士未必能具也。若今时姑苏之锡注，时大彬之砂壶，汴梁之汤铫，湘妃竹之茶灶，宣成窑之茶盏，高人词客，贤士大夫，莫不为之珍重，即唐宋以来，茶具之精，未必有如斯之雅致。"

图8-7　清曼生石瓢壶（现藏杭州唐云艺术馆）

明成化窑
青花花鸟盅

明隆庆窑
矾红双龙盅

清雍正窑
斗彩番莲梵文盅

明成化窑
甜白半脱胎双龙盅

图8-8　明清茶杯

（三）茶事艺文新的生成

戏曲、小说是中国古代文学中出现比较晚的，在元明清时代才迅速发展起来。元代文学中最突出的成就体现于杂剧和散曲。元剧作家王实甫杂剧《苏小卿月夜贩茶船》，就有茶事内容，书生双渐与合肥妓女苏小卿相恋，茶商冯魁乘双渐科举应试之机，买通鸨母，把小卿骗至贩茶船上，同去江西。途中船泊金山寺，小卿在寺壁题诗诉恨而去。适双渐进士后授官江西临州令，泊舟金山寺时看到小卿诗，一路追寻，经官断为夫妻。

1. 戏曲与茶事

元代散曲多有记咏茶事茶景的。乔吉有《卖花声·香茶》，冯子振有《鹦鹉曲·顾渚紫笋》《鹦鹉曲·陆羽风流》，徐再思有《水仙子·惠山泉》，李德载有《阳春曲·赠茶肆》10首。杂剧作家关汉卿曾游寓杭州，作有《南吕一枝花·杭州景》，其中写到杭州茶园："百十里街衢整齐，万家楼阁参差，并无半点儿闲田地。松轩竹径，药圃花蹊，茶园稻陌，竹坞梅溪……"

明代是戏曲、小说等世俗文学昌盛而正统诗文相对衰微的时代。尤其是嘉靖（1522—1566）后，戏曲、小说创作十分繁荣，这是城市经济发展的结果。城市茶馆在经历了元代衰落后，恰恰也在此期间再度兴起。田汝成《西湖游览志余》记："杭州先年有酒馆而无茶坊……嘉靖二十六年三月，有李氏者，忽开茶坊，饮客云集，获利甚厚，远近仿之，旬日之间，开茶坊者五十余所。"原本植根于市民阶层的戏曲、小说中，有了更多茶事题材或内容。

明代后期至清代，传奇戏曲涌现出许多名家名作，其中表现茶事的有汤显祖《牡丹亭·劝农》、高濂《玉簪记·茶叙》、王世贞（或说是王的门人）所作《鸣凤记》、许自昌《水浒记·借茶》、蒋士铨《四弦歌》、孔尚任《桃花扇·访翠》等。清乾隆时期，还出现了茶馆剧场。清代前期商业戏班在酒馆演出，当酒楼演戏因喧闹渐衰之时，茶园里仅备有清茶和点心，没有酒桌上那种喧闹声，适于观赏戏曲，茶园剧场受到欢迎。

2. 小说与茶事

明代是古白话小说发起并鼎盛的时期。清康乾盛世后，小说创作达到顶峰，话本小说本是市井街头说唱艺人说唱用的，也为老百姓所喜闻乐见。明清许多著名小说中都有茶的故事，明冯梦龙《喻世明言》有"赵伯升茶肆遇仁宗"，兰陵笑生《金瓶梅》有"老王婆茶坊说技""吴月娥扫雪烹茶"，清李渔《十二楼·奇锦楼》有"生二女连吃四家茶"，吴敬梓《儒林外史》有"马二先生游湖访茶店"，曹雪芹《红楼梦》有"栊翠庵茶品梅花雪"，李汝珍《镜花缘》有"小才女亭内品茶"，李缘园《歧路灯》有"盛希侨地藏庵品茶"，曾朴《孽海花》有"清茶话旧侯夫人名噪赛工场"等。

第九章
中国茶文化
对外传播

茶叶作为一种绿色、健康的饮品，是中国与世界交流与合作的桥梁和纽带之一。在五千年茶文化历史进程中，中国茶和茶文化通过丝绸之路、万里茶道等传播至世界各地，与当地的文化相融合，形成了各国独具特色的饮茶习俗，丰富了世界人民的物质生活和精神生活，彰显了中国茶文化的生命力。

第一节　中国茶及茶文化对外传播

1000多年前，中国茶便开始通过使臣来访、佛教交流等非贸易渠道，从中国传入其他国家。迄今，世界上有80多个国家和地区都种有茶树，170多个国家和地区的20多亿人有饮茶习惯。

一、向亚洲传播

中国茶与茶文化首先向朝鲜半岛、日本等地传播，然后向东南亚、欧洲、美洲等地传播。"茶"字在这些地区的发音以"cha"为主，与当前的中文发音较为相似。

1. 茶叶及茶文化传入朝鲜半岛

自古以来，中国与接壤的朝鲜半岛在政治、经济、文化等方面交流较为密切。公元1世纪至7世纪，朝鲜半岛高丽、百济、新罗三国时代晚期，中国的茶叶和茶文化随佛教传入高丽国。记述朝鲜半岛三国新罗、百济、高句丽历史、成书1145年的《三国史记》中记载：兴德王三年（828）"冬十二月，遣使入唐朝贡。文宗召对于麟德殿，宴赐有差。入唐回使大廉持茶种子来，王使植地理山。茶自善德王时有之，至于此

图9-1　韩国智异山，金大廉带回茶种种植纪念碑（陈亮提供）

盛焉。"智异山（古地理山）等地至今保存着许多中国茶树的遗种（图9-1）。至高丽王朝统治时期（918—1392），朝鲜半岛的饮茶习俗普及社会各个阶层，茶产业与茶文化的发展均达到繁盛阶段。

2. 茶叶及茶文化传入日本

中国茶叶和茶文化向日本的传播，与唐宋时期日本遣唐使和留学僧制度密切相关。余悦等研究指出，日本饮茶的习惯和以饮茶为契机的茶文化是七八世纪时由中国传入日本的。据记载，公元630年到894年，日本共派遣使者19批赴大唐进行文化交流，同时将茶叶带回日本。最澄、空海、永忠等遣唐僧人将中国茶籽、茶具、茶典和饮茶方式等带回日本进行推广，然而此时的饮茶文化仅在日本上层社会流行，因不具备"日本化"的能力，未能在日本民间普及开来。

12世纪中期，荣西、道元、圆尔辨圆和南浦绍明等僧人来华交流，中国茶文化再次被引入日本。荣西于1168年、1187年两次来大宋至天台山习茶取经，撰写了日本第一本茶书《吃茶养生记》，被誉为"日本的《茶经》"。荣西将从中国带回的茶籽种植在背振山并栽种成功。此后，日本茶产业逐渐兴起，茶文化逐渐步入繁荣发展阶段。

3. 茶叶及茶文化传入东南亚各国

中国茶叶与茶文化也相继传播至东南亚各国（包括越南、老挝、柬埔寨、泰国、缅甸、马来西亚、新加坡、印度尼西亚、文莱、菲律宾等），南亚各国（包括巴基斯坦、尼泊尔、印度、孟加拉国、斯里兰卡等），形成了当地具有地域特色的饮茶方式和待客习俗。

二、向欧洲传播

在古代，葡萄牙因航海技术较为先进，他们和中国进行海上贸易，从澳门将茶叶运回葡萄牙。而后，东印度公司通过航运将茶叶作为商品逐渐传向欧洲其他国家。

刘勤晋、陶德臣等研究指出，如同佛教僧侣大力引种茶籽到日本和朝鲜半岛等地，耶稣会会士来中国传教时见识到了神奇的中国茶叶，并将其带回葡萄牙。葡萄牙传教士克鲁兹在《广州记述》中便有茶叶具有保健防病功效的介绍。意大利、荷兰、德国、法国等国家先后出现"茶"的称呼，其发音均来自闽南方言Tay或潮汕方言Cha。1607年，荷兰商船自爪哇来澳门运载茶叶，1610年运回欧洲。此后，茶叶不断从海路输入欧洲，饮茶风俗逐渐在荷兰兴起，并遍及整个欧洲。

茶叶刚进入欧洲是以具有疗效的神秘饮料的形象出现的，其价格昂贵。后来由于英国皇室成员对茶叶的狂热追捧，使之在英国被誉为尊贵的饮料。葡萄牙公主凯瑟琳虽不是英国第一个饮茶的人，却是英国宫廷和贵族饮茶风俗的开创者。1662年凯瑟琳公主嫁给英王查理二世，嫁妆中有中国茶叶和茶具，从而使饮茶之风在英国贵族社交圈内迅速普及和推广，饮茶成为英伦三岛的一种风尚。18世纪，英国安妮女王常邀请贵族共赴茶会，还请人特别制作茶具、瓷器柜、小型移动式桌椅等，呈现了优雅素美的"安妮女王式"饮茶风格，从而推动了英式下午茶的流行。

三、向其他地区传播

中国茶叶与茶文化传播至亚洲、欧洲国家和地区后，继续向美洲、非洲和大洋洲等地传播。

1. 茶叶及茶文化向美洲传播

美洲有300多年饮茶历史。作为荷、英两大饮茶国家的殖民地，约在1690年，波士顿就有了销售中国茶叶的市场。18世纪20年代，北美洲殖民地开始大量进口茶叶，18世纪中期，饮茶习俗在社会各个阶层普及开来，茶叶成为人们日常不可或缺的饮品。然而1765年，因遭遇财政危机，英国增加税收以缓解财政压力，这种做法引发北美殖民地人民的极度不满，其中波士顿居民的反抗斗争尤为激烈，在1773年底爆发了历史上著名的"波士顿倾茶事件"，成为美国独立战争的导火索。独立战争后，美国通过民间贸易等形式开始派遣船只到中国获取大量茶叶、丝绸等商品，同时开始少量种茶。美国经过多次种茶试验，但成效不大，至今茶园面积不到1000公顷，当地人饮用的茶叶主要依靠进口。

美洲种茶的地区有巴西、阿根廷、巴拉圭等国家。他们通过多种方式获得中国茶苗和茶籽，在本国种植，并聘请中国技术人员传授栽培和加工技术，生产绿茶、红茶等。

2. 茶叶及茶文化向非洲传播

英国继在印度等国家发展茶业成功后，开始将茶业推广至非洲国家。德国、葡萄牙等国也在各自的殖民地进行试种，发展茶业。肯尼亚、马拉维、乌干达等成为非洲最为重要的茶叶生产国。其中，肯尼亚在第一次世界大战前茶叶种植面积较小，第一次世界大战后开始在西部较大面积种植茶树，1963年独立后大力发展茶叶生产，目前已成为全球排名第三的茶叶生产国，产量仅次于中国和印度。

3. 茶叶及茶文化向大洋洲传播

澳大利亚、新西兰、巴布亚新几内亚等大洋洲国家，因受到各国移民的影响，形成了多样的饮茶习俗。例如，澳大利亚受英国饮茶习俗影响，以饮红茶为主，19世纪以来，澳大利亚又开始出现中式饮茶习俗。19世纪中期，英国移民大量进入新西兰，掀起了一股饮茶热潮。现今，新西兰人均年饮茶量超过了2.6磅，居世界前列。

第二节　中国茶文化对世界的影响

中国茶向世界的传播历史有1000多年，从文化到商品贸易再到种植、栽培、加工等技术的传播，给世界人民的政治、经济、社会生活带来了深刻影响。

一、世界茶产业的形成

茶树的原产地在中国的西南部，通过茶马古道、丝绸之路等通道，中国茶叶和茶文化不断向外传播，同时带去的还有茶园管理与茶叶生产技术，催生了许多国家的茶产业，推动了各国之间的茶叶贸易，促进了世界经济的发展。

目前，在横跨北纬49°到南纬28°的热带、亚热带和温带地区，世界五大洲80余个国家和地区均种植、出产茶叶。再看茶园的垂直分布，从低于海平面到海拔3000米范围内都有分布。据国际茶叶委员会（ITC）2019年统计数据显示，世界茶园面积达到500万公顷，茶叶总产量超过600万吨。除中国外，印度、肯尼亚、斯里兰卡的茶园面积和产量也领跑其他各国，其茶园面积之和占世界茶园面积的21%以上，生产的茶叶总量超过了世界茶叶总量的35%，是世界上最重要的产茶国。此外，土耳其、越南、印度尼西亚等国家的茶叶年产量也达到了10万吨以上。

茶叶贸易的发展离不开中国茶叶传播到各国后当地饮茶习俗的兴起。长期以来，中国茶叶在周边国家和地区传播，虽然茶叶贸易随之兴起，但贸易量不高。当中国茶叶和饮茶文化传入欧洲，随着西方殖民扩张传播到世界各地，茶叶贸易才得到了蓬勃发展。19世纪40年代前，世界茶叶的贸易以中国茶为主。而今，中国茶的出口量仅占全球茶叶出口量的20%左右。肯尼亚成为世界上最大的茶叶出口国，其出口量占本国茶叶生产总量的95%以上。

二、世界饮茶习俗的形成

中国的茶叶和茶文化传播至世界各地，与当地文化结合，形成了日本茶道、韩国茶礼、英国下午茶等各具特色的饮茶风俗，促进世界各地产生新的文明生活方式，助推人类社会和谐发展。

1. 日本茶道

唐代，日本僧人多次来中国学习访问，不仅将茶籽和种茶技术带回日本，还将中国饮茶习俗传至日本。12世纪中期，受到中国宋代盛行的"点茶"和"斗茶"风俗的影响，日本逐渐形成具有本土特色的饮茶方式。15世纪中叶之后，村田珠光将茶的精神与禅宗思想相结合，完成了日本茶道的草创。经武野绍鸥的传承与发展，日本茶道不断再生与重塑。而后，被称为日本茶道之集大成者的千利休进一步提升了日本茶道的综合文化艺术形式（图9-2）。他的子孙和弟子继承、发展，历经400多年，日本茶道形成了20多个流派，其中最具代表性的是里千家，表千家和武者小路千家。

图9-2 日本茶道（邱晨提供）

2. 韩国茶礼

韩国茶礼的形成与发展深受中国茶文化的影响。当中国茶和茶籽被僧侣大批带回朝鲜半岛，朝鲜半岛开始饮茶。朝鲜半岛茶礼兴起之初，主要效仿中国唐代的煎茶法，流行于贵族、僧侣和上层社会。中国宋元时代，点茶的兴盛也使朝鲜半岛茶文化进入了全盛期，饮茶文化普及至平民百姓。随着茶礼和技艺的发展，朝鲜茶礼的形式逐渐趋于固定和完善。日俄战争后，朝鲜沦为日本的殖民地，茶文化走向落寞。直到20世纪70年代，随传统文化的恢复运动，韩国茶文化再次复兴，学校开设了茶道教育课。韩国茶礼重视仪式，泡茶方式多样，通过茶礼生活的修习，培养人的高尚品格（图9-3）。

图9-3 韩国茶礼（韩国青茶文化研究院提供）

3. 英国下午茶

17世纪中期，中国红茶的独特香气使得英国的贵族和民众沉迷。凯瑟琳公主不仅倡导饮茶，还将欧洲饮茶习俗同英国的习俗相结合，摒弃了一些繁文缛节，这使得饮茶风尚快速在王公贵族间流行开来。而英国下午茶习俗的形成可以追溯到19世纪中期。由于此前英国人一天中只有两餐，早餐和晚餐之间的间隔时间较长，为了打发时间，贝尔福德夫人用点心和品茶来消磨午后时光，并邀请朋友一同来参与下午茶活动。随着社会的发展，品饮下午茶的习惯逐渐被推广开来。在英国，无论是机关、企业、学校、商场都规定有下午茶时间，下午茶也成为英国最具代表性的饮茶习俗（图9-4）。

图9-4　英国下午茶

4. 其他国家和地区饮茶习俗

世界各国饮茶的习俗不尽相同。肯尼亚人大多习惯饮用调饮红茶，斯里兰卡人酷爱清饮浓茶（红茶），埃及人喜欢喝甜茶，美国人喜欢加柠檬、牛奶、果汁、方糖的冰茶，法国人喜欢在茶水中掺入杜松子酒或威士忌酒饮用，巴基斯坦人饮用绿茶时多配以白糖和小豆蔻以增加清凉味。

第十章
茶事艺文概述

茶事艺文是茶文化的重要组成部分。通过对茶事艺文内涵与外延的学习，梳理茶事艺文和茶文化的关系，可以感知茶文化的丰富性和生动性。

第一节　茶事艺文与茶文化的关系

什么是茶事艺文？它与茶文化之间是什么关系？它是如何呈现茶文化的？厘清几者之间的关系，对深入把握茶文化及其不同层次的内容具有积极意义。

一、茶事艺文的概念与内容

茶事艺文是茶文化形象化的呈现形式之一，具有丰富性。

1. 茶事艺文的概念

茶事艺文是反映和表现茶文化的艺术文学作品的总和。其中主要的表现形式有书法、绘画、金石篆刻、诗文、歌舞、音乐、戏曲等。其题材包括茶的生产、制作、品饮，器具，以及与茶有关的人物和事件等。

2. 茶事艺文的内容

茶事艺文作品的内容包括了茶的历史、人物、事件、制度、风俗，以及由茶饮而产生的精神内涵；而从广义的茶文化角度看，茶事艺文还可表现包括茶树品种、种植、采制、茶类以及品饮方式等在内的与自然科学相关的内容。从流传的作品看，茶事艺文的内容具有很强的广泛性和包容性。

二、茶事艺文是茶文化的载体

茶事艺文从形式上是茶文化的载体，在内容上是茶文化的具体体现，两者合而成为茶文化的一个重要组成部分。茶事艺文与茶文化的关系可从以下四个方面来认识。

1. 茶事艺文是茶文化的具体表现形式

文化在社会生活中无处不在，文化最集中和容易使人接受的形式就是艺术、文学。文化的内容通过一定的艺术方法的提炼，成为一种为大众所理解和认识的美的形式，并成为一种喜闻乐见和陶冶心灵的精神食粮。所以，茶事艺文所表现的正是茶文化的多种内涵。茶文化中精神层面的内容，大多依赖于茶事艺文呈现出独特的魅力。

2. 茶事艺文是茶文化的具体阐释

文化的传播过程，也是文化的阐释过程。茶事艺文对茶文化的阐释主要有以下几种表现方式：

① 以艺术的形象性，表达思想或意念，如书法；

② 以特定的题材，表现茶文化的某一时空的特定内容，如绘画；

③ 以作者自己的理解，诉说对茶的独特感受，如诗歌。

3. 茶事艺文是茶文化的承载主干

尤其是对狭义的茶文化而言，茶事艺文作为艺术作品，大多具有明显的思想性，因此，作品也是作者的思想载体。而作者对生活的观察，往往会有自己独特的视角和观点，艺术作品中有关茶事的描写，便成为茶文化主要的表现形式和传播形式。

4. 茶事艺文是茶文化的生动表现

茶文化是一个较为抽象的概念，而茶事艺文则具有一定的形象性。正因为如此，茶事艺文对于"概念化"的茶文化来说，最大的特点就是形象生动。它能通过人的视觉、听觉等产生艺术美感，通过欣赏时的审美感觉，使茶文化中蕴含的种种内容潜移默化渗透于欣赏者的思想中。

（1）茶事艺文对茶文化形成的意义

所谓开门七件事"柴米油盐酱醋茶"，说明了茶本是日常生活中的一部分，而茶文化正是来自于此，茶的饮用及与之相关的民风民俗是茶文化的土壤。茶文化的形成，是历代文人和艺术家对生活中的茶及茶事，用艺术的方式表达的结果，在表达的同时，往往赋予茶及茶事一定的思想性和审美意识，通过历史的积累、发展，形成与琴棋、书画、诗文相同的文化特色，并与中国传统文化艺术高度融合。因此，茶事艺文在茶文化的形成过程中，具有难以替代的作用。

（2）茶事艺文对茶文化传播的意义

茶事艺文具有形式活泼的特点，也正是因为通过了艺术形式的承载，茶文化才能够生动活泼，为人们所喜闻乐见。如果说茶文化是一棵大树，它的顶端是哲学层面的精神体现，它的根基是最大众化的民风民俗，而茶事艺文则是树的主干。通过这个主干，茶事艺文连接着上下两端，将民风民俗中最原始的养料输送到大树的顶端，滋养着大树的枝叶；同时，它又将经过"光合作用"的精神营养"反哺"根部，使大树的根基更为扎实和健康。

三、茶事艺文是茶文化的体现

茶事艺文的形式具有特殊性，它既是茶文化的一个有机组成部分，也是茶文化的具体体现。其一，茶事艺文的内容与茶事相关；其二，茶事艺文通过一定题材，表现的是作者对茶的内在精神的理解。

1. 与茶文化的内容相融

中国茶文化的内容异常丰富，且中国历史悠久，地域辽阔，民族众多，茶在日常生活中的表现丰富多彩。茶事艺文是生活的艺术呈现，艺术地表现出茶的生活内容，包括茶品、茶具、饮茶风俗、茶的历史人物事件等，通过历代艺术家的记录整理与再加工，使其内容更加具体形象和具有生命力。同时，作者在创作过程中所注入的思想，逐渐增进了茶文化的整体内涵，同时也丰富了茶文化的内容。

2. 与茶文化的精神相连

从茶事艺文的作品中可以看出，其中表现出来的生活片段与场景，无不具有特定的历史和文化背景，反映在作品中的清雅、廉洁、平和、诚信、孝敬、忠贞……无一不是茶文化的精神体现，也是中国文化在茶饮中的具体呈现。

第二节　茶事艺文表现形式的特点和功能

　　茶事艺文表现形式的特点和功能，是本章的核心部分。这个内容也正是区分于其他学科的性质所在，其要求在于对多种艺术门类特征的概括性把握。

一、茶事艺文表现形式的特点

　　茶事艺文在表现茶文化的手法与内容上有其独特的优势，其特点主要体现在三个方面，即具象性、形象性和丰富性。

1. 具象性

　　茶事艺文的特点之一是具有具象性。具象是艺术创作过程中活跃在作家、艺术家头脑中的基本形象，也是事物外在形态的具体呈现，是艺术作品的特点之一。典型的如绘画作品，对事物的描绘有具体对象，让读者对作品所表达的对象和内容一目了然。具象性更接近于事物的原生态，有直观、明了的特点，在记录茶史中的器物、人物、活动等内容时，具有很好的参考价值，如茶事绘画中的佚名《宫乐图》（图10-1）、刘松年《斗茶图》、审安老人《茶具图赞》、陈洪绶《壶菊图》（图10-2）等。

2. 形象性

　　茶事艺文的第二个特点是具有形象性。形象指能引起人的思想或情感活动的具体形态或姿态。文学以语言为手段而形成的艺术形象，亦称文学形象，它是文学反映现实生活的一种特殊形态，也是作家的美学观念在文学作品中的创造性体现。形象性在其他艺术作品中，也会通过特定的艺术形式使欣赏者产生特殊的想象，如袁高《茶山诗》、卢仝《走笔谢孟谏议寄新茶》、皎然《寻陆鸿渐不遇》等诗歌。

3. 丰富性

　　茶事艺文第三个特点是具有丰富性。茶事艺文涉及的艺术门类很多，每种艺术中，又有多种的表现手法。因此，茶事艺文的形式非常丰富，如绘画中有工笔、写意、兼工带写等，书法中有真、行、草、隶、篆五体书，诗词中有古诗、律诗、自由诗，歌舞戏曲中有民歌、采茶戏、话剧等。每个艺术门类的各种表现手法所呈现的作品风格也是异彩纷呈，具有极高的审美价值。

图10-1　佚名《宫乐图》（局部）　　　　　　　　　图10-2　陈洪绶《壶菊图》

二、茶事艺文表现形式的功能

茶文化的展示和阐述可以有多种形式，其中艺术、文学在对茶文化的普及与深化上有着不可替代的作用，其功能主要为展示茶文化的生动与博大，对茶文化作出具有个性化的阐释和表述。

1. 对茶文化的生动展示

茶事艺文的丰富性和多样性，是展示茶文化的最好方式。历史画卷式的展示和具有深度的专题展示，都是茶事艺文的长处。特别是形式的生动性，让人喜闻乐见，为茶文化的普及与发展奠定了良好的基础。

2. 对茶文化的具体阐释

茶文化是个抽象的概念，其内涵需要用具体的形式来叙述和阐发。茶事艺文的艺术性，决定了其形式一定是选择具体的物象进行审美性的抒发，大多表达作者对茶事的立场和思想。观赏者通过作品的欣赏分析，可接收和理解作品所表达的茶文化的具体内涵。

第三节　茶事艺文与传统文化的关系

茶文化是根植于民族传统文化的本土文化，是传统文化的一部分。茶事艺文之所以与传统文化有着不可分割的血缘关系，是因为茶文化的内容和形式、物质与精神层面都与传统文化有不可分割的关联。

一、茶文化与传统文化的精神一脉相承

作为传统文化主体的儒、释、道的思想对中国茶文化影响十分明显，如儒家思想的"仁""礼"，佛教思想的"因缘""禅悟"，道家思想的"无为""法自然"等，在茶文化中有十分清晰的体现。

二、茶文化与传统文化的内容相互交融

茶文化作为中国传统文化的一个有机部分，其内容与传统文化有着十分密切的关系，特别是在讲求人格的修炼、谦让的美德、节俭的生活原则、清雅的艺术品位等层面具有交融性，即茶文化所具有的内容与中国传统文化的内容具有高度的认同感和一致性。

第十一章
古代泡茶用水选用及中国名泉

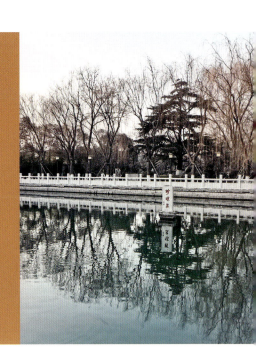

对水质的选择，实质是基于对茶汤质量的要求。古人深知水质对茶汤质量的重要性，自魏晋时期开始水质问题就引起了爱茶人的关注，尽管时代更迭，但对泡茶用水的探索、研究一直没有中断过。古代相关人士通过大量的实践，积累了非常丰富的择水经验，同时也发现了大量的优质水源。

第一节　古代泡茶用水的选用

俗话说，"水为茶之母"。茶汤的优劣，一方面与茶叶自然品质和工艺相关，另一方面与冲泡技艺相关，水的选用尤其重要。关于泡茶用水古人已有不少经验积累，他们主要着眼于选择水源、观察水情和判断水质三个方面。

一、择水源

唐代陆羽《茶经》中对泡茶用水，提出"山水上，江水中，井水下"的原则和品质次第。因为人烟稀少，环境洁净，再加上地质层的过滤和矿物质微量元素，山中的泉水用于泡茶最为理想；江水则汇集了众多水源，相对比较杂，在山水之下；井水一般都比较浅，也容易受到地表水渗入的影响，品质又在江水之下。

二、视水情

水源环境各异，因此也要择善而用。如陆羽，除了对水源的选择提出原则性要求外，还对具体情况作了区别，如山水尽管水源属上等，但瀑布、大雨过后的急湍奔流山泉都在不取之列；山水中静止不动的潭水也不用。江水一定要选择远离人们居住地方的才行。而井水，则是用得越多的井水越好。

三、判水质

宋徽宗《大观茶论》对泡茶水质提出的"清轻甘洁"的要求。唐庚在《斗茶论》中说："水不问江井，要之贵活。"乾隆皇帝又把"轻"作为衡量水质的一个指标，并且以称量水的重量的数字为定量来作判断。总之，古人泡茶水质的要求主要体现为"清、轻、甘、洁、活、冽"六个字。

第二节　中国名泉

名山大多有名泉。中国很多名泉是泡茶的好水，有的泉水就是由于泡茶品质优良而闻名的，茶与泉两者相互成就，相得益彰。

一、庐山康王谷谷帘泉

江西庐山的康王谷谷帘泉在主峰大汉阳峰南面康王谷中（今江西九江市庐山市域内）。《星子县志》记载："昔始皇并六国，楚康王昭为秦将王翦所窘，逃于此，故名。"泉水如玉帘悬于山中，故名。唐代张又新《煎茶水记》记述，陆羽为李季卿评论天下宜茶之水，将水分为二十等，其中"庐山康王谷水帘水第一"。宋代朱熹《康王谷水帘》诗云："采薪爨绝品，瀹茗浇穷愁。敬酹古陆子，何年复来游。"宋代学者王禹偁《谷帘泉序》赞"其味不败，取茶煮之，浮云散雪之状，与井泉绝殊。"

二、镇江中泠泉

中泠泉也叫南泠泉，位于江苏省镇江市金山寺外。相传陆羽品评天下泉水时，中泠泉名列第七。唐代名士刘伯刍将水分为七等，中泠泉列为第一等，因此被誉为"天下第一泉"。

唐宋之时，中泠泉原在长江之中。江水来自西面，受到石弹山（云根岛）和鹘山的阻挡，水势曲折转流，分为三泠（三泠为南泠、中泠、北泠），而泉水就在中间一个水曲之下，故名"中泠泉"。又因位置在金山的西南面，故又称"南泠泉"。"扬子江中水，蒙山顶上茶"，在唐代，中泠泉就已蜚声天下。到了清代，由于河道变迁，泉口逐渐变为陆地。

三、北京玉泉

玉泉在北京西郊玉泉山东麓，颐和园昆明湖畔。元代《一统志》说玉泉"泉极甘冽"。明人吴宽《饮玉泉》诗："龙唇喷薄净无腥，纯浸西南方叠青……坐临且脱登山展，汲饮重修调水符。渴吻正须清冷好，寺僧犹自置茶炉。"明蒋一葵在《长安客话》中对玉泉山水做了生动的描绘："山以泉名。泉出石罅间，储而为池，广三丈许，名玉泉池，池内如明珠万斗，拥起不绝，知为源也。水色清而碧，细石流沙，绿藻翠荇，一一可辨。"玉泉水流量大而稳定，明永乐皇帝迁都北京后，就把玉泉定为宫廷饮用水的水源地。清康熙年间，在玉泉山之阳建澄心园，后更名曰静明园，玉泉即在该园中。

清乾隆在《玉泉山天下第一泉记》说："……京师玉泉之水斗重一两……则凡出山下而有冽者，诚无过京师之玉泉……则定以玉泉为天下第一矣……"

四、济南趵突泉

济南为著名的泉城，趵突泉位于山东省济南市历下区，南靠千佛山，东临泉城广场，北望大明湖、五龙潭。趵突泉位居济南72名泉之首。

趵突泉成名于宋代。"趵突"二字生动地体现了该泉瀑流跳跃的特点。泉分三股涌出平地，澄澈清冽。清代学者魏源《趵突泉》诗中称："三潜三见后，一喷一醒中。万斛珠玑玉，连潭雷雨风。"趵突泉边立有石碑一块，上题"第一泉"，为清同治年间历城王钟霖所题。趵突泉北有宋代建筑"泺源堂"（现为清代重建），堂厅两旁楹柱上悬挂有元代书家赵孟𫖯所题的对联"云雾润蒸华不注，波涛声震大明湖"。泉西南有明代建筑"观澜亭"，亭前水中矗立的石碑上书"趵突泉"三字，为明代书法家胡缵宗所写。

趵突泉水清醇甘冽适合泡茶，所沏之茶，汤色明亮，滋味甘醇。宋代曾巩有"润泽春茶味更真"之赞誉。

五、峨眉山玉液泉

　　峨眉山是国家级重点风景名胜区，又是佛教四大名山之一。峨眉山上分布着众多的流泉飞瀑。玉液泉不仅以湛碧的秀色悦人，而且还以其绝奇的水品，被称之为"第一泉"。玉液泉位于大峨寺旁的神水阁前，四周风光清幽。玉液泉前立有石碑一块，上镌唐宋以来名人诗文，也为玉液泉增加了浓厚的人文气息。

　　其水品，古人有"饮水诧得仙"之句，终年不竭，清澈明亮，饮如琼浆玉液，因此泉以玉液为名。此泉水中含有多种矿物质，泉水鲜美，是一种极为难得的优质饮用矿泉水。用玉液泉水沏峨眉茶，可谓茶水双绝，茶汤色嫩绿清亮，香气悠长，滋味醇爽回甘，使人神清气爽。

六、无锡惠山泉

　　惠山泉位于江苏省无锡市西郊惠山，今锡惠公园内。惠山泉为唐大历元年至十二年（766—777）无锡令敬澄所开凿。被唐代陆羽评为"第二"，亦名陆子泉。惠山泉水源于若冰洞，呈伏流而出成泉，水色透明，甘洌可口。相传唐代刘伯刍、陆羽均评惠山泉为第二，所以也称为"二泉"。唐代宰相李德裕专门通过递铺把水送到长安煮茶。中唐诗人李绅曾赞扬道："惠山书堂前，松竹之下，有泉甘爽，乃人间灵液，清鉴肌骨。漱开神虑，茶得此水，皆尽芳味也。"宋代苏东坡留下"独携天上小团月，来试人间第二泉"的美妙诗句。宋代，惠山泉还是珍贵的礼品。元代赵孟頫专为惠山泉书写了"天下第二泉"五个大字，至今仍完好地保存在泉亭后壁上（图11-1）。惠山泉水以质轻、味甘著名，故特别宜于烹茶。明代，因为茶叶多为芽叶散茶，因此更能显示出惠山泉的优点。文人们对惠山泉热爱有加，更有文人如

图11-1　惠山泉（拍摄：薛茗敏）

文徵明等到惠山泉边举办雅集，留下了著名的画作《惠山茶会图》。清代乾隆皇帝曾以银斗计量，以水质轻重分水之上下，惠山泉与杭州虎跑泉并列第三。

七、扬州大明寺天下第五泉

　　大明寺天下第五泉位于扬州蜀岗中峰大明寺，寺内有平山堂，平山堂后是苏东坡为纪念恩师欧阳修所建的谷林堂，谷林堂后面为欧阳祠。此外，还有1973年建的鉴真纪念堂。大明寺西面，即是建于乾隆元年（1736）的西园。园内有池，池中建覆井亭，由此向南石隙中有井泉，旁有嘉靖中叶巡盐御史徐九皋书"第五泉"三字石刻。唐代张又新《煎茶水记》所载，唐代刑部侍郎刘伯刍将此泉列为第五、茶圣

陆羽将此泉列为第十二。过去此处一直有塔井和下院井之说，明代大明寺僧沧溟曾掘地得井，人称此为"下院井"。另有一井，则是乾隆二年汪应庚开凿山池种莲花而得，并于井上建环亭，由著名书法家、吏部王澍书"天下第五泉"。

五代毛文锡《茶谱》中称"扬州禅智寺，隋之故宫，寺旁蜀岗有茶园，其茶甘香，味如蒙顶。"当时蜀岗茶还作为贡品进贡。宋欧阳修赞"此井于扬，水之美者也。"

八、苏州虎丘三泉

苏州名泉，多在姑苏城阊门外西北的虎丘。虎丘是苏州最古老的名胜之一，春秋晚期，吴王夫差葬其父阖闾于此，相传葬后三日有白虎踞其上，或云山丘形状犹如蹲虎，故名虎丘。名泉就处在这一静幽秀美的环境里。其中"陆羽井"因水质清甘味美，以"天下第三泉"名传于世。

1. 憨憨泉

憨憨泉为虎丘第一眼名泉，泉畔有石碑一通，上刻"憨憨泉"三字。民间流传着一个动人的故事。很久以前，虎丘山上有个名叫憨憨的小和尚，他双目失明，但老和尚却每天命他到山下挑水。有一天，小和尚挑水时一脚踩在青苔上滑倒在地。小和尚想，青苔之下说不定有清泉，便用扁担掘了起来，正好老和尚过来，以为是小和尚在玩乐，不由分说夺过扁担，劈头打去。但此时有股无形的力量，把扁担闪到一边，落到掘土的地方，顿时，清泉汩汩涌出。泉水喷溅到小和尚脸上，小和尚双眼顿时复明。从此，这泉水就叫憨憨泉。

2. 陆羽井

从虎丘二山门进去，沿山路达千人岩后面的冷香阁，陆羽井就在冷香阁的北面。这就是唐代张又新《煎茶水记》所载，被刘伯刍和陆羽分别评为第三泉和第五泉的"虎丘石泉水"。陆羽井，亦名观音泉，泉眼处一口石井，井口约3米多见方，四周围为石壁，清泉寒碧，水流终年不断，泉水清亮透明，略有甜味。用以沏太湖名茶碧螺春，香郁沁人，味醇色鲜。

九、杭州虎跑泉

虎跑泉位于杭州市西南大慈山白鹤峰下虎跑寺。虎跑寺原名广福寺，唐大中八年（854）改为大慈禅寺。僖宗乾符三年加"定慧"二字。宋末毁。元大德七年重建。又毁。明清时期又多次重建（图11-2）。

相传，唐元和十四年（819）高僧性空来此，见风景灵秀，便住了下来。后来，由于附近无水源，就准备迁往别处。一天晚上，性空梦见有人告诉他："南岳有一童子泉，当遣两虎将其搬到这里来。"第二天，他果然看见两虎刨地作穴，清澈的泉水随即涌出。"跑"通"刨"故名为虎跑泉。楹联"虎移泉眼至南岳童子；历百千万劫留此真源"说的就是这个典故。

图11-2　虎跑泉（拍摄：周小丽）

袁宏道《虎跑泉》诗："竹林松涧净无尘，僧老当知寺亦贫。饥鸟共分香积米，枯枝常足道人薪。碑头字识开山偈，炉里灰寒护法神。汲取清泉三四盏，芽茶烹得与尝新。"虎跑泉终年不断，水质晶莹甘洌，水中还含有多种微量元素。它的总矿化度低，泉水分子密度高，表面张力大。明代高濂在他的《四时幽赏录》中说："西湖之泉，以虎跑为最。两山之茶，以龙井为最。"虎跑泉与西湖龙井茶合称西湖双绝，世有"龙井茶虎跑水"之美誉。此外，虎跑还是"济公"归葬的地方。近代艺术大师李叔同在此出家，法号弘一，此地建有弘一法师纪念馆。

十、杭州龙井泉

龙井泉位于西湖西面的风篁岭上，本名龙泓，由于大旱不涸，古人以为泉与大海相通，有神龙潜居，故名为龙井。龙井泉四季不涸，清可鉴人，水味甘甜。所在地龙井村又是西湖龙井茶的核心产区。

据明代田汝成《西湖游览志》记载，龙井泉发现于三国东吴赤乌年间（238—251）。龙井泉旁，斜立一块巨石，高约两米，状似游龙，上刻有"神运"两字，故称神运石。

西湖龙井茶因具有色翠、香郁、味醇、形美之"四绝"而著称于世。以龙井水沏龙井茶，古人从明代开始就感受到了其中的美妙。明孙一元《饮龙井》诗曰："眼底闲云乱不开，偶随麋鹿入云来。平生于物元无取，消受山中水一杯。"屠隆《龙井茶歌》中有："采取龙井茶，还烹龙井水……一杯入口宿醒解，耳畔飒飒来松风。"古往今来，许多文人雅士慕名前来龙井游历，饮茶品泉，留下了许多优美诗篇。

十一、湖南长沙白沙井

白沙井位于湖南省长沙市城南的回龙山下西侧，自古为江南名泉之一。泉水从井底汩汩涌出，清澈透明，清洌甘甜（图11-3）。

明崇祯《长沙府志》记载："白沙井……井仅尺许，清香甘美，通城官员汲之不绝，长沙第一泉。"自明清以来，长沙居民饮用此水，取水者络绎不绝，即使西城区、北城区一带的居民也挑桶而来。清末以后，挑卖水者多居于井旁，遂形成白沙街。白沙井可说是长沙生命之泉。白沙井泉水明净甘美，夏凉而冬温，不盈不竭。白沙古泉一带的水文地质优异，其下为1～5米厚的卵砾石层，底部为不透水的页岩，卵砾石层大部分由干净、圆滑的石英岩构成，对在其中流动的水进一步澄清过滤，形成"长沙水，水无沙"的状况，达到极高的透明度。白沙泉水清洌甘美，不仅煮茶芬芳甘洁，用来酿酒、煎药、饮食均称上品。

图11-3 白沙井（拍摄：杨清）

技能篇

第十二章
茶艺基础知识

本章重点阐述茶艺的含义和茶艺的核心，分析茶艺与茶文化、茶艺与茶道的关系，探究修习茶艺的冲泡参数。

第一节　茶艺的涵义

茶艺、茶礼、茶俗、茶事艺文等是中华茶文化的主体组成部分，正确理解茶艺的内涵，厘清茶艺与茶文化的关系，是初学者应掌握的基本知识。

一、茶艺考释

茶艺一词，何时何人提出，说法不一。梁实秋在散文《喝茶》中提到"喝茶的艺术"一词。余悦认为，胡浩川于1940年在为傅宏镇编撰的《中外茶业艺文志》写序时，最早提及茶艺一词。在《中外茶业艺文志》序言中，胡浩川写道："津梁茶艺，其大裨助乎吾人者。"他又写道："今之有志茶艺者，每苦阅读凭藉之太少。"胡浩川所述茶艺乃指茶树种植、茶叶加工、茶叶品评在内的各种茶之艺。也有学者认为茶艺一词由中国台湾民俗学会理事长娄子匡等在20世纪70年代提出。娄子匡先生所述茶艺大多指泡茶、品茶的技艺。

二、茶艺的涵义

陈宗懋主编的《中国茶叶大辞典》中提出，茶艺即泡茶与饮茶技艺。蔡荣章于1991年在《茶艺月刊》上对茶道和茶艺的概念进行了概述，他指出茶道最早出自我国唐代，是指品茗的方法、功能及其意境，由于日本的袭用几乎成了日本品茗之道的代称，在我国惯称为茶艺，偏重于生活艺术上的享用，除讲究泡茶的方法礼节与用具之外，更重视于各种不同茶艺冲泡之后色、香、味的品尝，以及茶在人际间的关系。童启庆认为："茶艺含有两种形态的本质和属性，即物质形态的茶和艺术形态的艺。茶的本质以客观的科学方法来体现，而艺的本质以主观的审美感受为标准。因此，茶与艺术结合后的基本特征是，人们通过茶的科学泡饮来追求艺术的审美效果。"范增平认为：茶艺分广义和狭义，广义的茶艺是研究茶叶的生产、制造、经营、饮用的方法和探讨茶叶原理、原则，以达到物质和精神全面满足的学问；狭义的茶艺是研究如何泡好一壶茶的技艺和如何享受一杯茶的艺术。陈文华在《茶艺·茶道·茶文化》中指出，茶艺就是泡茶的技艺和品茶的艺术。其中，又以泡茶的技艺为主体，因为只有泡好茶之后才谈得上品茶。丁以寿在《中华茶艺概念诠释》中提出，中华茶艺是指中华民族发明创造的具有民族特色的饮茶艺术，主要包括备器、择水、取火、候汤、习茶的技艺以及品茗环境、仪容仪态、奉茶礼节、品饮情趣等。朱红缨在《中国茶艺规范研究》中指出，茶艺是一门研究饮茶生活行为的学问，它以中国传统文化的哲学思维为精神核心，以茶、水、器、火、境为基本元素，通过具有规范仪式的审美创造，展现饮茶活动，从中表达理想的人格和社会图景。

综上所述，学界对茶艺的理解包含了物质和精神两个层面，大致分为广义和狭义两种。广义的理解，茶艺包括茶的种植、制造、品评、沏泡、品饮技艺；狭义的理解，茶艺为泡茶、品茶的技艺，包括备器、择水、取火、候汤、品饮等。

周智修在《习茶精要详解》中提出，茶艺是科学地冲泡好一杯茶，并艺术地呈现泡茶操作过程，它追求过程美和茶汤美的协调统一，融入中国传统文化的精髓思想和茶人的道德情怀，是科学、文化、艺术与生活结合的综合艺术，包含了以下五层含义。

1. 泡好一杯茶是茶艺的落脚点

在科学分析茶叶本身的品质特征的前提下，科学地设计泡茶水温、茶水比、浸泡时间等技术参数，并在泡茶过程中灵活掌握和运用。冲泡出一杯色、香、味、形俱佳，且浓度、温度均适宜的茶汤，这是茶艺的落脚点和基础。

2. 美是茶艺的核心之一

茶艺属于艺术范畴。凡艺术都具有区别于其他社会活动的审美特性。茶艺集中、浓缩了沏茶的形象美，又比沏茶更具有形而上的审美特性。茶艺是创作者审美理想的结晶，是美的创造的结果。它不仅以美感人，更以情动人，使人得到精神上的愉悦享受。茶艺之美包括形而下之美与形而上之美两部分。

形而下者谓之器。形而下之美包括：茶、水、器、品茗环境、仪容、仪表、礼仪、动作等。

形而上者谓之道。形而上之美包括：真、和、静、雅、壮、逸、古等审美意蕴。

3. 茶艺内蕴思想与灵魂

茶艺的思想和灵魂贯穿于整个茶艺创作和演示过程。茶艺演示者的动作、礼仪、思维活动和心理状态等，处处体现茶艺的思想和灵魂。

4. 茶艺表达创作者的情感

茶艺是创作者的情感表达。任何一个艺术作品都是创作者的本性和情感的流露。行茶过程，身随意转，意随心转，一碗茶汤盛装着创作者的心意。

5. 茶艺是综合艺术

许次纾在《茶疏》中说"茶滋于水，水藉乎器，汤成于火。四者相须，缺一则废"，水、火、器、茶相辅相成，成就一杯好茶汤。茶艺还涉及茶学、美学、文学、人体工程学、光学、建筑与空间装饰、构图学等，因此茶艺是综合艺术。

第二节　茶艺的核心

泡好一杯茶，呈现茶道之美，表达茶道思想，是茶艺的核心。

一、泡好一杯茶汤

泡好一杯茶汤，分三步。

第一步，看茶泡茶。首先掌握茶的色、香、味、形品质特征。

选用标准的审评杯碗，用感官审评的方法，取3克茶样，冲入150毫升沸水，加盖浸泡4或5分钟。沥茶汤→看汤色→闻香气→尝滋味→看叶底，全面了解茶叶各项因子的优点和弊病。一般外形以色泽鲜活、油润，形状一致，匀整，净为佳；汤色以明、亮、清澈为好；香气以浓郁、馥郁、持久为佳；滋味以鲜、醇、厚，协调为佳。茶叶品质不足的表现如：香气生青、透火气、老火、焦末气、酵气、异味、陈气等；滋味浓、涩、苦、带火、高火焦、偏生、酵味、粗老味、异味等；汤色混浊，欠明亮等。

全面掌握茶的香、味品质特征后，还要从所泡茶的类别、外形、工艺、品种、存储时间等因子，做进一步分析。外形包括形状、嫩度、条索紧结程度、芽叶整碎程度、紧压程度等；工艺包括杀青的老与嫩，揉捻的轻与重，焙火的轻与重等。品种包括大叶种、中小叶种、特异品种等。

第二步，选择合适的水与器具（详见"第十三章 泡茶用水"及"第十四章 泡茶用具的选配"）。

第三步，设计冲泡技术参数（详见本章"第五节 冲泡技术参数"）。

泡茶过程中，精准把握茶水比、水温和浸泡时间，以扬长避短，达到表达茶叶最佳品质水平的目标。

二、呈现茶道之美

茶艺之美贯穿了儒、释、道三家的哲学思想，既有儒家的平和中庸、文质彬彬的充实之美，又有道家返璞归真、天人合一的超凡脱俗之美，更有佛家的圆融、静寂之美。

周智修在《习茶精要详解 上册 习茶基础教程》一书中提出茶艺"七美"，分别为：真、静、雅、和、壮、逸、古。这是茶艺美学思想的提炼，当然，茶艺之美不仅仅限于七美，有待继续研究与完善。

1. 真

真：本性、本原、真性、自然，悟真、返璞归真，诚真。真美即为自然美，自然，就是道的境界。

蔡襄《茶录》云："茶有真香，而入贡者微以龙脑和膏，欲助其香。建安民间试茶，皆不入香，恐夺其真。"蔡襄强调真茶、真香、真味。

真水无香，用真水泡真茶，还要用真心、真我、真情。庄子称之为"真人"，"真人"是达到"道"的境界的人，儒家称之为"圣人"，释家称之为"佛"。行茶动作自然得法，如"风行水上，自然成纹"。摒弃功名利禄的念头，消除得到别人赞赏的愿望，设法超越自己的身体，这就是庄子所说的"心斋"。心先斋戒，由虚入静，由静至明，心若澄明，宇宙万物皆在心中，真我呈现，真相呈现，真美也就呈现。

2. 和

和：和美，指内在和谐引导外在和谐产生的美感。

儒释道三家各自独立，自成一体，又相辅相成。在"和"这一主旨上，三家却高度一致，也体现了儒释道三家的圆通融合。

和是人与他人、与自然及自我心灵的和谐。包括：一是人与人之间的和谐关系；二是人与自然的和谐关系；三是自我心灵的宁静和谐；四是天地万物的和谐关系。

中国历代以"和"为美的思想，在诗歌、绘画、音乐、建筑等各种艺术作品中得到充分的展现和阐释。"和"作为审美对象的价值，它的实现需要审美主体与客体的交融。从主体的审美感受来说，内心的和谐引导了外界的和谐，由此产生的美感，形成主客体交融的和谐境界。

茶艺之"和"美，从审美对象来说，表现为：① 习茶中，席"和"、音"和"（水开的声音、冲水的声音、器具碰到席面的声音等）、香气"和"、茶汤"和"、境"和"等。② 习茶主体在习茶的体验中，达到身"和"（动作的协调、自然）、心"和"、身心"和"。③ 习茶者与品茗者"和"，以及天地人之"和"。茶艺"和"之美是一场从眼、耳、鼻、舌、身到心、意融和的韵律之美。

3. 雅

雅：雅美，即优雅、高雅之美。

中国古典美学历来推崇"雅"美，并以"雅"为人格修养和艺术创作的最高境界。这里的"雅美"，是指习茶者应具有高尚的品德、高雅的审美情趣、精湛的泡茶技法和学识修养等。

"雅"是相对于"俗"的审美观念。中国传统文化受"礼乐教化"影响，形成了"尊雅贬俗"的审美观念，而茶历来被认为雅俗共赏，琴棋书画诗酒茶之茶，称之为"雅"茶，柴米油盐酱醋茶之茶，称之为"俗"茶，"雅茶"与"俗茶"没有高低贵贱之分，但茶事中切忌以低俗、媚俗取悦于人，使优雅茶韵尽失。

4. 静

静：静美，是指平和、宁静之美。

《庄子》说："水静犹明，而况精神！圣人之心静乎！天地之鉴也；万物之镜也。""静能生慧"，静，使习茶者不受外在滋扰而坚守本色、秉持初心。

习茶者一要调整气息，使气息平和，精神沉静。二要做到轻声细语，步法轻盈，举重若轻，举轻若重。修炼有素的习茶者，在嘈杂之地如入无人之境，其"静"的强大气场引导品茗者进入"静美"的境界，让整个品饮空间都静下来。

5. 壮

壮：壮美，即阳刚之美。

"天行健，君子以自强不息。""刚健、笃实、辉光"等，代表中华民族一种非常康健的美学思想。壮美具有宏大、豪迈、奔放、雄浑等审美意蕴，情感力度强盛，与"柔美"相对应。壮美属于和谐的审美形态，不含恐惧、压抑的痛感，而是激昂、奋发、乐观的快感。壮美虽然雄阔、力量强盛，但并非暴力。宇宙之壮阔、人格之伟大，给人以景仰、高昂等积极的审美体验。

茶艺往往被误解为偏"柔性"。女性习茶者外柔内刚，形体、动作的柔，与内心的刚相辅相成，柔中带刚。男性习茶者体现阳刚之美，力随意行，刚而不僵，刚而不硬，刚中带柔。

6.逸

逸：逸美，为超凡脱俗之美，是生命超越之美。

《庄子》说，"物物而不物于物"。在"物物"中，"我"与"物"相融为一体，没有分别，没有主奴关系，"我"自然优游。逸美是"游鱼之乐"。游鱼之乐中，会通物我，齐同万物、独与天地精神相往来。游鱼之乐中，"大制不割"，一花一世界，一草一天国，人与世界浑然一体，其根本点是不分割。游鱼之乐是忘情融物之"乐"，游鱼之"游"是心灵体验之游。"我"与"鱼"同游，"鱼"很快乐，"我"也很快乐！茶艺之逸，有超越世俗、放逸清高之意。超然绝俗的情趣，一杯清茶，两袖清风，不争名利，飘逸洒脱，才能创造"逸"的意境。

7.古

古：古美，为远古、缥缈、神秘之美。

古美即高古、古典、古雅、古拙、古朴等，"古"在中国传统艺术审美中倍受推崇。

古是个时间概念，本来是指很久以前存在的事物，表示久远、古老。这里所说的"古"不是"古代"的"古"，崇尚"古"，更不是为了"复古"。这里的"古"有以古律今，或无古无今之意，通过此在和古往的转换而超越时间，超越事物发展的阶段，使得亘古的永恒鲜活呈现。营造远古、缥缈、神秘的意境，使品茗者能超越当下，超越时空，感受远古、质朴、典雅的气息，在虚幻与现实之间回味无穷，意味深长。

三、蕴含茶道思想

茶艺在当代复兴时间虽短，但传承了拥有几千年深厚历史底蕴茶文化的优秀"基因"，这个"基因"就是茶艺的思想和灵魂。

1.陆羽提出"精行俭德"

唐代茶圣陆羽的好友皎然留下著名诗篇《饮茶歌诮崔石使君》：

越人遗我剡溪茗，采得金芽爨金鼎。

素瓷雪色缥沫香，何似诸仙琼蕊浆。

一饮涤昏寐，情来朗爽满天地。

再饮清我神，忽如飞雨洒轻尘。

三饮便得道，何须苦心破烦恼。

此物清高世莫知，世人饮酒多自欺。

愁看毕卓瓮间夜，笑向陶潜篱下时。

崔侯啜之意不已，狂歌一曲惊人耳。

孰知茶道全尔真，唯有丹丘得如此。

在这首诗中，第一次出现"茶道"两个字。皎然没有阐述茶道的具体内涵，但提出了饮茶从"涤昏寐"，到"清我神"，再到"便得道"的修行过程。

另一位唐代诗人卢仝的七言古诗《走笔谢孟谏议寄新茶》脍炙人口，其中经典的"七碗茶歌"千余年来不断被后人吟诵：

一碗喉吻润，两碗破孤闷。

三碗搜枯肠，唯有文字五千卷。

四碗发轻汗，平生不平事，尽向毛孔散。

五碗肌骨清，六碗通仙灵。

七碗吃不得也，唯觉两腋习习清风生。

"七碗茶歌"，从喉吻润—破孤闷—搜枯肠—发轻汗—肌骨清—通仙灵到清风生，贴切地描述了作者饮茶后的身心感受，饮茶从生理层面到精神层面升华的过程，抒发了文人的情怀。

关于茶道思想，陆羽《茶经·一之源》说："茶之为用，味至寒，为饮，最宜精行俭德之人。"卢仝在《走笔谢孟谏议寄新茶》中夸赞新茶"至精至好且不奢"。卢仝的"不奢"与陆羽的"俭"一致。

2. 赵佶崇尚"致清导和"

宋代赵佶在《大观茶论·序》中阐述："至若茶之为物，擅瓯闽之秀气，钟山川之灵禀，祛襟涤滞，致清导和，则非庸人孺子可得而知矣；中澹间洁，韵高致静，则非遑遽之时可得而好尚矣。"赵佶认为茶的特质是祛襟涤滞，致清导和，冲淡简洁，韵高致静，即茶淡泊平和，神韵清高，意态沉静，能够祛除荡涤人们胸中积滞之物、之情，引导人们趋向清静谐和。范仲淹的长诗《和章岷从事斗茶歌》中说"众人之浊我可清，千日之醉我可醒"，即茶能够消除众人的污浊和积日的沉醉，让人清醒；朱熹说："茶本苦物，吃过却甘。"均与宋徽宗的"致清导和"的思想一致。

3. 张源总结"精、燥、洁，茶道尽矣"

明代张源《茶录》再一次提到"茶道"："造时精，藏时燥，泡时洁；精、燥、洁，茶道尽矣。"

从唐、宋、明历代文人对"茶道"的阐述可见，茶道思想实际上融入了中国儒、释、道三大传统文化的思想精髓。

当代茶学者一直没有停歇过对茶道、茶艺思想的探索，如我国茶学界泰斗庄晚芳提出了"廉美和敬"的中国茶德思想。廉：廉洁育德；美：美真康乐；和：和诚处世；敬：敬爱为人。

张天福提出了"俭清和静"的中国茶礼思想。

周国富提出了"清敬和美乐"的当代茶文化核心理念，等等。

精、俭、清、廉、和、美、静、敬、真……是茶人从不同的视角归纳总结了中国茶道精神，也是中华茶文化的精神内核。

4. 茶艺的思想

中国古代哲学思想是以儒、释、道三者的交融互补而形成的，从而确立了中国传统文化母体的核心内涵。丁文先生在《茶乘》一书中详细阐述了茶与儒、释、道的历史渊源以及中国茶道所蕴含的儒、释、道三家的思想精髓。茶艺思想既有儒家入世的现实主义思想，又有释家淡泊出世的理想主义思想和道家的浪漫主义思想，入世与出世，现实主义、理想主义与浪漫主义，似乎对立和矛盾。这也正需要习茶者通过长期的修习，化解对立与矛盾，寻求它们的平衡点，做到恰到好处。茶艺的思想至少蕴含以下三层内容：

① 天人合一，返璞归真，物我两忘，自我反省，内在觉悟，道法自然等修身养性的道家思想。

② 茶禅一味，无住生心，慈悲为怀，普济众生等普世的释家思想。

③ 精行俭德，仁、义、礼、智、信，温、良、谦、恭、让，敢于承担，追求真善美、乐生、以和为贵等入世的儒家思想。

第三节　茶艺与茶道、茶文化的关系

唐代皎然提出了"茶道"，当代学者因慎用"茶道"一词，又提出了"茶艺"一词，由此来看，起源于中国的茶道是否消失或外传了呢？其实，中国茶道并没有消失。中华民族是个内敛、含蓄的民族，老子"道可道，非常道，名可名，非常名"的思想深深烙在炎黄子孙的基因里，谦卑的茶人们一般不轻易言"道"。

那么，"道"在哪里呢？茶艺从技术跨越到艺术的同时，"技"亦进乎"道"。艺以载道，"道"是茶艺的思想和灵魂，是指导茶艺创作的理念。

一、茶艺与茶道的关系

1. 技进乎道

《庄子注》记载的庖丁解牛的故事如下：庖丁为文惠君解牛，手之所触，肩之所倚，足之所履，膝之所踦，砉然响然，奏刀騞然……文惠君曰："嘻，善哉！技盖至此乎？"庖丁释刀对曰："臣之所好者道也，进乎技矣……彼节者有闲而刀刃者无厚，以无厚入有闲，恢恢乎其于游刃必有余地矣。是以十九年而刀刃若新发于硎……"

庖丁解牛，游刃有余，是因为庖丁掌握了牛的内在结构，所以，技进乎道。解牛都可以技进乎道，何况泡茶呢。周智修在《习茶精要详解 上册 习茶基础教程》中，将习茶分为七个阶段，即七个境界：登堂入室→形神兼备→内外兼修→自觉自悟→技进乎道→从心所欲→渡己渡人。这七个境界实际上是修习者从初涉茶艺到技艺逐渐成熟，再到精通，再进一步接近"道"的历程。

2. 艺以载道

《庄子集释》中有一段东郭子与庄子关于"道"的对话。东郭子曾经去问庄子："道在哪里呢？"庄子说："无所不在。"东郭子没有听懂，还说："你总要说出一个地方来。"庄子随口说："在蝼蚁。"道就在地上一个小虫子身上。东郭子很不满意地说："道就这么卑下吗？"庄子说："在稊稗。"道在野草上。东郭子更加不满意了。庄子又说："在瓦甓。"道在砖瓦上。东郭子更加不能理解："怎么越说越卑下了呢？"庄子再说："在屎溺。"道就在粪便中。东郭子终于无语了。其实，庄子要告诉东郭子，道无处不在，所谓道法自然，自然之中皆是道。

《庄子·大宗师》记载，夫道有情，有信，无为，无形；道可传而不可受，可得而不可见；自本自根，未有天地，自古以固存；神鬼神帝，生天生地；在太极之上而不为高，在六极之下而不为深，先天地生而不为久，长於上古而不为老。

因此说，茶艺是一个有形的载体，道在其中。茶艺与茶道无法分割，也无高低之分。茶艺与茶道只是表述词语不同，其实质是一致的。

二、茶艺与茶文化的关系

茶艺是茶文化的重要组成部分，是茶文化精神内核的载体之一。茶艺是被茶文化浸润的人们的生活方式的体现，它丰富了茶文化的内容，又能在现实生活中让人们领略茶文化的魅力。反过来，茶文化让人们的生活更艺术，更赋文化意蕴。

第四节　茶艺的类型

近几十年，茶艺呈现多态、蓬勃发展势头。对茶艺类型进行归类，有助于加深对茶艺的理解。

一、茶艺的分类

① 按主题、内容分为：现代茶艺（图12-1）、仿古茶艺（图12-2）、少数民族茶艺（图12-3）、民俗茶艺（图12-4）、宗教茶艺（图12-5）、国外茶艺（图12-6）。

② 按涉茶人群分为：少儿茶艺、文士茶艺、老年茶艺、宫廷茶艺、禅茶艺、道茶艺。

③ 按功用分为：生活茶艺、营销茶艺、演示茶艺（即自创茶艺）、修习茶艺（即规定茶艺）等。

④ 按风格和流派，分为以陆羽为代表的技术类，以皎然、卢仝为代表的修行类，以常伯熊、杜育为代表的风雅类等。

二、生活茶艺

生活茶艺是日常生活中，事茶者用简洁科学的方法泡好一杯茶汤，与品茗者共同分享美好的茶艺。

三、营销茶艺

营销茶艺是在营销场景中，事茶者快速、简洁、科学地泡好一杯茶汤，让品茗者感知茶的魅力、企业的品牌与文化的茶艺。

四、修习茶艺

修习茶艺以养成良好习惯、提高专注力、修养身心为目标；以泡好一杯茶汤为主线；放松身心，从备具、候汤，温具、置茶，冲泡、分茶，到奉茶、收具，有仪式感地完成行茶过程的茶艺。茶艺竞赛中的规定茶艺属于修习茶艺，修习茶艺练习坐、行、站，温杯、沏茶，行礼、奉茶等茶汤调控的基本功。

五、自创茶艺

茶艺竞赛中有创新茶艺或自创茶艺模块。自创茶艺被视为可经营的文化创意产品，是有明确、积极的主题，具有原创性，个人或团队以泡好一杯茶汤为主线，呈现茶艺之美，表达茶艺思想，融合思想性、艺术性、观赏性为一体的茶艺。

图12-1　现代茶艺

图12-2　仿古茶艺（徐南眉提供）

图12-3　少数民族茶艺——土家族油茶汤（何洁提供）

图12-4　民俗茶艺——江南青豆茶

图12-5　宗教茶艺（印观提供）

图12-6　国外茶艺（孟朝霞提供）

第五节　修习茶艺冲泡技术参数

在茶、水、器都确定的情况下，茶水比、水温、浸泡时间三个技术参数的确定与把握是泡好一杯茶汤的关键。本节重点就修习茶艺的冲泡技术参数进行阐述，生活茶艺的冲泡技术参数将在后面的章节中介绍。

一、茶水比

茶水比就是泡茶器中茶与水的比例，也就是投茶量。量多味浓，量少味淡。投茶量的多少，与茶叶本身内含成分的多少、品饮人数、冲泡次数等有关系。内含成分单薄的茶叶，投茶量应增加；品饮人数多、冲泡次数多宜多投茶，反之，要少投。泡同一款茶，生活茶艺比修习茶艺投茶量略多些。总之，要使茶汤浓淡适宜。

那么，茶与水的比例是如何确定呢？可通过试验把握规律，再根据具体情况做适当调整。

以绿茶为试验材料，准备4只审评茶碗，投入相同的茶叶3克，分别沏沸水50毫升、100毫升、150毫升和200毫升，浸泡4分钟，尝茶汤的滋味，其结果如表12-1所示。

表12-1　不同水量时茶汤的滋味呈现

冲水量（毫升）	50	100	150	200
茶汤滋味	极浓	太浓	甘醇	偏淡

试验表明，1克绿茶，用50毫升开水，能取得较好的冲泡效果，即茶水比1：50合适。用同样的试验方法冲泡红茶、乌龙茶、黄茶、白茶、黑茶和袋泡茶，能获得较好的茶汤滋味，茶与水的比例分别如下：

1. 绿茶、红茶

冲泡绿茶、红茶适宜的茶水比为1：50～1：80。小叶种绿茶、红茶的投茶量高于大叶种的绿茶、红茶；名优红茶、绿茶的投茶量多于大宗红茶、绿茶。

2. 乌龙茶

冲泡乌龙茶适宜的茶水比为1：20～1：30。通常投入1克乌龙茶用水量20毫升左右。日常泡茶时，以外形的紧结程度，来判定投茶量的多少。如果是比较紧结的球形乌龙茶，投茶量是容器的1/4；半球形的乌龙茶，投茶量大致是容积的1/3；松散的条状乌龙茶，投茶量是壶容积的1/2。这是因为啜品乌龙茶重在闻香和品尝滋味，所以，用茶量要比绿茶、红茶量高得多，而用水量却要减少。

3. 黄茶

冲泡黄茶适宜的茶水比为1：30～1：50。黄茶分为黄芽茶、黄小茶和黄大茶，原料嫩度不同，茶水比例不同。以黄小茶莫干黄芽为例，每克茶用水30～40毫升。

4. 白茶

冲泡白茶适宜的茶水比为1：20～1：30。白茶用茶量较大，因为白茶不炒也不揉，茶中内含物质浸出较慢，一般每克茶冲水20～30毫升。

5. 黑茶

冲泡普洱茶适宜的茶水比为1：20～1：30。黑茶的用茶量仅次于乌龙茶。一般说来，品黑茶侧重于尝滋味，其次是闻香气。一般是每克茶冲20～30毫升水。

6. 花茶

冲泡花茶的茶水比与茶坯的茶类一致，以绿茶、红茶、乌龙茶为茶坯窨制的花茶，分别按绿茶、红茶、乌龙茶的茶水比冲泡。

7. 袋泡茶

冲泡袋泡茶适宜的茶水比为1：60～1：70。由于袋泡茶已经切成小颗粒状，茶叶内含物质很容易浸出于水中，多为一次性沏茶，通常每克茶可冲水60～70毫升。

上述投茶量只是一般情况。投茶量多少，还要考虑饮茶者的年龄、性别、地域、习惯等因素。

二、水温

水滋润了茶，给茶第二次生命，水质、水温均与茶汤质量密切相关。关于水质与茶，在其他章节阐述，这里重点说明水温与茶汤的关系。

1. 水温与浸出物质

泡茶水温与浸出物质的速度与量有密切关系。以3克红茶为试验材料，分别采用100℃、80℃、60℃水150毫升，经4分钟浸泡后，其茶汤中的水浸出物含量（以100℃的相对浸出量为100%）如表12-2所示。

表12-2　冲泡水温对茶叶浸出物的影响

水温（℃）	100	80	60
水浸出物（%）	100	70～80	45～65

水温高，茶叶内含物质容易浸出；相反，水温低，茶叶内含物质浸出速度慢。试验表明水温与茶叶内含物质在茶汤中的浸出量呈正相关。用刚烧开的沸水泡茶4分钟，热闻香气，容易辨别茶叶是否有异味，如烟味、霉味、塑料味等；还可以辨别茶汤中是否有酸味、青气、烟味等异味和不足。泡茶水温低，内含物质浸出率低，相对来说，异味、酸青味的挥发量也会减少，若未达感觉阈值，则感觉不到。水温还与香气物质挥发有关。水温高，香气物质挥发在空气中的量会多，鼻中嗅觉细胞易感受到。所以，水温是调控茶汤滋味和香气的有效手段。

2. 水温与物质浸出速度

研究表明，茶叶中不同的内含物质，对浸泡的水温要求不同。茶多酚、咖啡因在高水温下，快速浸出，茶汤呈苦涩味；低水温下，浸出较慢，茶汤苦涩味较低。氨基酸在低水温下即可浸出；随着时间的延长，浸出越多，茶汤呈鲜味。所以，如果想尝绿茶的鲜味，可以用低温或中温泡。当茶汤中呈苦涩味的茶多酚、咖啡因与呈鲜味的氨基酸有一定的量，且比例适当时，茶汤鲜醇爽口，口感协调，并有厚度和浓度。

3. 水温与茶叶原料的嫩度

泡茶水温还与茶的种类与嫩度有关。

① 用中小叶种制成的高级细嫩绿茶、红茶、花茶：水温要比大叶种制成的茶低。一般用80～85℃的开水冲泡。

② 大宗红茶、绿茶、花茶：由于茶叶加工原料老嫩适中，用90～95℃的开水冲泡较为适宜。

③ 乌龙茶（除白毫乌龙茶外）：由于乌龙茶要待新梢即将成熟时才采制，原料并不细嫩，加之用茶量较大，需用刚沸腾的开水冲泡，特别是第一次冲泡，更是如此。白毫乌龙茶，原料相对嫩度好，一般用80～85℃的开水冲泡。

④ 白茶：用90～100℃的开水冲泡。

⑤ 黄茶：原料细嫩的黄茶要求水温低，一般黄芽茶、黄小茶用80～85℃；原料粗老的黄茶要求水温高，黄大茶要用95～100℃开水冲泡或煮饮。

⑥ 黑茶：用烧开的开水冲泡。如果制茶原料比较粗老，而且在重压后使其形成砖状。这种茶即使用刚沸腾的开水冲泡，也难以将茶中的物质浸泡出来，所以，需要先将砖茶捣碎成小块状，再放入壶或锅内，用水煎煮后饮用。

泡茶水温的高低，还与茶叶松紧、芽叶大小有关。一般来说，细嫩、松散、切碎的茶比粗老、紧实、完整的茶浸出速度要快，因此，粗老、紧实、完整的茶比细嫩、松散、切碎的茶泡茶水温要高。

4. 水温与茶叶品质

选择什么样的水温泡茶由茶叶的品质决定。若一款茶的色、香、味、形、叶底品质感官审评的结果达到93分以上，没有明显的弊病，可以选用刚开的水冲泡；若有青、酸、高火、酵气等不足，宜降低水温。

5. 水温的计量

关于泡茶"水温"，确切地说应是"水与茶相遇时"的温度，而不是烧水壶中水的温度。实验表明，水与茶相遇时，不可能保持100℃，因为水壶移动、水注从壶嘴流出的过程中，水都在降温。若是冬天，室温达15℃左右，刚烧开的水，水壶中水的温度一般只有97～98℃，高原地区还达不到这个温度，马上用来冲泡茶叶，水与茶相遇时的温度，最高能达90℃。若向常温的容器注水一次，可降温10℃左右。

一般来说，水要现煮，急火猛烧，在正常大气压下煮开，再降到需要的温度。经过人工处理的桶装矿泉水或纯净水，只要烧到略高于泡茶所需的水温即可。

三、冲泡时间

冲泡时间是指茶叶浸泡的时间，即茶与水相遇后，它们共处的时光。

1. 茶汤滋味的平衡点

浸泡时间与茶汤浓度呈正相关。时间短了，茶汤色淡味寡，香气不足；时间长了，茶汤太浓，汤色过深，茶香也会因飘逸而变得淡薄。这是因为茶叶一经冲泡，茶中可溶解于水的浸出物就会随着时间的延续不断浸入水中。所以，茶汤的滋味是随着冲泡时间延长而逐渐增浓的，并到达一个平衡点。到达平衡点时，茶叶细胞内的可溶物质浓度与茶汤浓度处于动态平衡状态。到达平衡点的具体时间与茶叶品质、投茶量、水温等有关。

2. 内含物质浸出的顺序

如果仔细观察会发现，用沸水冲泡后的茶汤，在不同的时间段，茶汤的滋味、香气是不一样的。这是因为，在同样的水温下浸泡，茶叶中有效成分浸出速度有快有慢。首先浸泡出来的是维生素、氨基酸、咖啡因，然后是茶多酚、多糖等，浸出物含量逐渐增加，一般浸出顺序为：维生素→氨基酸→咖啡因→茶多酚→多糖……不同的茶，浸泡到达可口浓度的时间不一样。由于香气成分的沸点不同、分子量不同，所以，不同浸泡阶段，闻到的茶香不一样。

3. 不同茶类的浸泡时间

① 红茶、绿茶：以玻璃杯泡为例，2克茶叶，用100毫升水冲泡，水与茶相遇时水温为70～95℃（视茶叶嫩度而定）第一泡茶以冲泡3分钟左右饮用为好。若想再饮，则杯中剩1/3茶汤时再续开水。以此类推，可使一杯茶的茶汤浓度前后相对一致。

② 乌龙茶：用茶量较大，泡茶水温高，因此，5克茶，用100毫升水，水与茶相遇时水温85℃，第一泡15秒至45秒（视茶而定）可出汤。第二泡，因为茶叶已经舒展，冲泡时间比第一泡要缩短。第三泡开始可以视茶而定，冲泡时间适当延长5秒、10秒不等。一般紧结的茶叶，延长时间多些，松散的茶叶，延长的时间少些，目的是使每一泡茶汤浓度均匀一致。

③ 黑茶：以普洱茶为例，掰开匀整的5克茶，用100毫升的水冲泡，水与茶相遇时的温度是90℃，第一次冲泡的时间20秒，第二泡缩短到10秒，第三泡延长至15秒，之后每泡延长5秒。

④ 白茶：以白牡丹为例，芽叶完整的5克茶，用100毫升的水冲泡，水与茶相遇的水温90℃，第一泡1分钟，第二泡缩短到30秒，第三泡40秒，第四泡1分钟，第五泡1分20秒。

⑤ 黄茶：以莫干黄芽茶为例，3克茶，用100毫升的水冲泡，80℃水温，第一泡时间为1分，第二泡1分25秒，第三泡50秒，第四泡1分钟，第五泡1分30秒。

⑥ 花茶：1克花茶，冲水50毫升，能取得较好的冲泡效果，即茶水比1：50合适（水温同绿茶）。为了保香，不使香气散失，泡茶时间不宜过长，一般2分钟左右便可饮用。

4. 影响浸泡时间的其他因子

茶类不同，浸泡时间有差异，同一类茶的外形、加工工艺、品种等诸因素也会影响茶汤，具体如表12-3所示。

表12-3　不同类型茶叶需要的冲泡时间

	时间长	时间短
外形	较粗老	细嫩
	紧实	松散
	芽叶完整	芽叶碎
	压紧整块	压紧掰松
加工	杀青老	杀青嫩
	揉捻轻	揉捻重
	不揉捻	揉捻
	焙火轻	焙火重
品种	中小叶种	大叶种

一般来说，紧实的、紧结的茶，第一次被泡开，在之后的一定时间范围内，冲泡时间与茶汤浓度成正相关。浸泡时间的长短由茶类、投茶量、茶叶外形、工艺、品种等综合因素来考量。控制浸泡时间，目的是使茶汤浓度适宜和茶汤温度适饮。

第十三章
泡茶用水

水为茶之母，自古以来人们就知道水对于冲泡好一杯茶的重要性。了解常见饮用水主要类型、特性及其泡茶的品质特点，掌握泡茶用水的基本知识，对我们日常泡好一杯茶和品评茶汤都具有重要的作用。

第一节　饮用水主要类型与标准

　　人类日常生活和饮用的水主要来自陆地上的各类天然水资源以及以此为水源的人工水，在我国，饮用水主要包括生活饮用水和包装饮用水两大类。

一、生活饮用水与标准

　　生活饮用水是指符合相关标准、供人生活和饮用的水，主要包括城市自来水、农村清洁水源水等，一般不能直接饮用，需要经过灭菌、过滤等再加工处理。我国生活饮用水的水质卫生指标主要包括毒理指标、微生物指标、感官及化学成分指标、放射性指标等四方面的标准（GB 5749—2006《生活饮用水卫生标准》），其中在感官上对水的色度、浊度、外观状态和臭、味等有一个基本的要求（表13-1）。采用地表水和地下水为水源的，其水源地水质一般应分别达到地表水环境质量标准和地下水质量标准Ⅲ类以上的基本要求，同时应符合集中式生活饮用水地表水源地补充项目标准限值和特定标准限值，并对一些有毒有机物进行了严格规定，因为这些物质常常会影响饮用水的安全和气味。

表13-1　我国生活饮用水质常规指标及限值（GB 5749—2006）

指标	限值
1.微生物指标[①]	
总大肠菌群（每100毫升MPN或CFU）	不得检出
耐热大肠菌群（每100毫升MPN或CFU）	不得检出
大肠埃希氏菌（每100毫升MPN或CFU）	不得检出
菌落总数（CFU/毫升）	100
2.毒理指标	
砷（毫克/升）	0.01
镉（毫克/升）	0.005
铬（六价，毫克/升）	0.05
铅（毫克/升）	0.01

续表

指标	限值
汞（毫克/升）	0.001
硒（毫克/升）	0.01
氰化物（毫克/升）	0.05
氟化物（毫克/升）	1.0
硝酸盐（以N计，毫克/升）	10 地下水源限制时为20
三氯甲烷（毫克/升）	0.06
四氯化碳（毫克/升）	0.002
溴酸盐（使用臭氧时，毫克/升）	0.01
甲醛（使用臭氧时，毫克/升）	0.9
亚氯酸盐（使用二氧化氯消毒时，毫克/升）	0.7
氯酸盐（使用复合二氧化氯消毒时，毫克/升）	0.7
3.感官性状和一般化学指标	
色度（铂钴色度单位）	15
浑浊度（NTU－散射浊度单位）	1 水源与净水技术条件限制时为3
臭和味	无异臭、异味
肉眼可见物	无
pH	不小于6.5且不大于8.5
铝（毫克/升）	0.2
铁（毫克/升）	0.3
锰（毫克/升）	0.1
铜（毫克/升）	1.0
锌（毫克/升）	1.0
氯化物（毫克/升）	250
硫酸盐（毫克/升）	250
溶解性总固体（毫克/升）	1000
总硬度（以$CaCO_3$计，毫克/升）	450
耗氧量（COD_{Mn}法，以O_2计，毫克/升）	3 水源限制，原水耗氧量>6毫克/升时为5
挥发酚类（以苯酚计，毫克/升）	0.002
阴离子合成洗涤剂（毫克/升）	0.3
4.放射性指标[2]	指导值
总α放射性（贝克勒尔/升）	0.5
总β放射性（贝克勒尔/升）	1

① MPN表示最可能数；CFU表示菌落形成单位。当水样检出总大肠菌群时，应进一步检验大肠埃希氏菌或耐热大肠菌群；水样未检出总大肠菌群，不必检验大肠埃希氏菌或耐热大肠菌群。
② 放射性指标超过指导值，应进行核素分析和评价，判定能否饮用。

二、包装饮用水与标准

包装饮用水是指直接采用地表、地下或公共供水系统的水为水源，经过滤处理、灭菌和包装等加工而成的一类符合人们直接饮用要求的水，其水源应为无任何污染的水源水，符合生活饮用水卫生指标要求。我国包装饮用水主要包括饮用天然矿泉水、饮用纯净水和其他包装饮用水等三大类（GB/T 10789—2015《饮料通则》），其他包装饮用水又分为饮用天然泉水、天然饮用水、矿物质添加水等。这些水都有相应的水质指标要求（表13-2、表13-3），其主要区别在于对水源地及其矿质元素含量的不同要求。如饮用天然矿泉水应采用地下深处自然涌出或钻井采集的含有一定矿质元素、微量元素或其他成分的洁净水源；饮用天然泉水是指直接以地下自然涌出的泉水或钻井采集的地下泉水为水源；饮用天然水则是以水井、山泉、湖泊或高山冰川为水源。另外，因为水源地矿质元素的不同，饮用天然矿泉水具有较多的分类，主要可分为偏硅酸矿泉水、锶矿泉水、锌矿泉水、锂矿泉水、硒矿泉水、溴矿泉水、碘矿泉水、碳酸矿泉水、盐类矿泉水等多种类型。

表13-2　除矿泉水外的包装饮用水感官与主要理化指标要求（GB 19298—2014）

项目		要求		检验方法
		饮用纯净水	其他饮用水	
感官要求	色度/度≤	5	10	GB/T 5750
	浑浊度/NTU≤	1	1	
	状态	无正常视力可见外来异物	允许有极少量的矿物质沉淀，无正常视力可见外来异物	
	滋味、气味	无异味、无异嗅		
理化指标	余氯（游离氯）/（毫克/升）≤	0.05		GB/T 5750
	四氯化碳/（毫克/升）≤	0.002		
	三氯甲烷/（毫克/升）≤	0.02		
	耗氧量（以氧气计）/（毫克/升）≤	2.0		
	溴酸盐/（毫克/升）≤	0.01		
	挥发性酚[a]（以苯酚计）/（毫克/升）≤	0.002		
	氰化物（以CN^-计）[b]/（毫克/升）≤	0.05		
	阴离子合成洗涤剂[c]≤	0.3		
	总α放射性[c]（贝克勒尔/升）≤	0.5		
	总β放射性[c]（贝克勒尔/升）≤	1		
污染物限量指标	铅/(毫克/升)	0.01		符合GB 2762规定
	镉/(毫克/升)	0.005		
	砷/(毫克/升)	0.01		
	亚硝酸盐(以 NO_2^- 计)/(毫克/升)	0.005		

a 仅限于蒸馏法加工的饮用纯净水、其他饮用水。
b 仅限于蒸馏法加工的饮用纯净水
c 仅限于以地表水或地下水位生产用源水加工的包装饮用水。

表13-3 饮用天然矿泉水感官与主要理化指标要求（GB 8537—2018）

	项目	要求	检验方法
感官要求	色度/度≤	10（不得呈现其他异色）	GB 8538
	浑浊度/NTU≤	1	
	滋味、气味	具有矿泉水特征性口味，无异味、无异嗅	
	状态	允许有极少量的天然矿物盐沉淀，无正常视力可见外来异物	
界限指标	锂/（毫克/升）≥	0.20	GB 8538
	锶/（毫克/升）≥	0.20（含量在0.20毫克/升～0.40毫克/升时，水源水水温应在25℃以上）	
	锌/（毫克/升）≥	0.20	
	偏硅酸/（毫克/升）≥	25.0（含量在25.0毫克/升～30.0毫克/升时，水源水水温应在25℃以上）	
	硒/（毫克/升）≥	0.01	
	游离二氧化碳/（毫克/升）≥	250	
	溶解性总固体/（毫克/升）≥	1000	
限量指标	硒/（毫克/升）	0.05	GB 8538
	锑/（毫克/升）	0.005	
	铜/（毫克/升）	1.0	
	钡/（毫克/升）	0.7	
	总铬/（毫克/升）	0.05	
	锰/（毫克/升）	0.4	
	镍/（毫克/升）	0.02	
	银/（毫克/升）	0.05	
	溴酸盐/（毫克/升）	0.01	
	硼酸盐（以B计）/（毫克/升）	5	
	氟化物（以F^-计）/（毫克/升）	1.5	
	耗氧量（以O_2计）/（毫克/升）	2.0	
	挥发酚（以苯酚计）/（毫克/升）	0.002	
	氰化物（以CN^-计）/（毫克/升）	0.010	
	矿物油/（毫克/升）	0.05	
	阴离子合成洗涤剂/（毫克/升）	0.3	
	^{226}Ra放射性/（贝克勒尔/升）	1.1	
	总β放射性/（贝克勒尔/升）	1.50	
污染物限量指标	铅/（毫克/升）≤	0.01	符合GB 2762的规定
	镉/（毫克/升）≤	0.003	
	汞/（毫克/升）≤	0.001	
	砷/（毫克/升）≤	0.01	
	硝酸盐（以NO_3^-）/（毫克/升）≤	45	
	亚硝酸盐（以NO_2^-计）/（毫克/升）≤	0.1	

三、其他概念水

1. 小分子水

"小分子水"是近些年来市场上出现的一种概念水，一般是指由5或6个水分子缔结的水分子团，是区别于常规大分子团水而言的。目前对小分子水的健康作用还存在较大的争议。

2. 美味水

国内外研究已表明，水的口感存在较大的差异，有些水相对更可口。一般认为Ca^{2+}、K^+、SiO_4^{4-}含量与饮用水的美味程度呈正相关，而Mg^{2+}和SO_4^{2-}含量则与饮用水的美味程度呈负相关，已有学者提出了美味水指标（O Index），一般味感较好的饮用水O index≥2。

3. 健康水

水是生命之源，水对于人类健康的重要性不言而喻，世界卫生组织（WHO）对健康用水曾提出过以下七个标准：① 清洁无污染，不含任何对人体有毒有害及有异味的物质；② 水的硬度为30～200（以碳酸钙计）；③ 人体所需的矿物质含量适中；④ 弱碱性，pH 7～8；⑤ 富含一定气体，水中溶解氧不低于每升7毫升及CO_2适度；⑥ 小分子，水分子团核磁共振测得的半幅宽小于100赫兹；⑦ 符合人体生理活动的需要。

第二节　水质特性与茶汤品质的关系

目前人们日常饮用的典型水主要是自来水和纯净水、天然矿泉水、天然泉水和饮用天然水等包装饮用水，其感官品质和硬度、酸碱度、矿化度等水质特性存在较大差异。因水源地水质情况不同，即使是同类型的水，其水质仍存在较大的差异。因此，从某种意义上讲，目前简单的商品饮用水分类并不能准确反映水质的好坏及特性。

一、常见饮用水的感官特性

纯净的水一般为无色、无味、无臭，当其他物质溶入水中，水体的感官品质就会随之发生改变。国内外研究表明，水中矿物质含量对水的口感影响很大，矿物质总量和构成在一定程度可体现水的口感和品质。① 饮用纯净水（包括蒸馏水）。一般纯净水中基本没有其他物质，具有典型的无色、无味、无臭特征，口感一般尚好，水源地较好的纯净水会有一定的甘甜味。② 饮用天然水、饮用天然泉水的口感清爽、滑润，一般都具有一定的甘甜味，口感较好。当然，来自不同水源地的这类水因为矿质元素构成和比例的不同，感官品质也会存在一定的差异。③ 天然矿泉水。多数饮用天然矿泉水较饮用纯净水和饮用天然水、饮用天然泉水的滋味更显丰富，特别是充气（含气）天然矿泉水，刺激性较强，具有较强的咸味、鲜味和酸味。④ 自来水。受水源地的影响较大，品质较优的自来水一般为无色、无味、无臭，甚至会带有少许的甜味，而品质较差的自来水常常带有咸味和漂白粉等消毒液的残留味道（图13-1）。

二、常见饮用水的理化特性

K^+、Na^+、Ca^{2+}、Mg^{2+}、HCO_3^-、SO_4^{2-}、Cl^-、CO_3^{2-}等八大无机离子是水中的主要离子，其含量与构成比例差异会直接导致水的酸碱度、硬度、矿化度等主要理化特性的不同。① 纯净水（包括蒸馏水）。纯净水中基本不含离子，其硬度、矿化度等都接近于零，酸碱度一般为微酸到中性；② 饮用天

纯净水（蒸馏水）	饮用天然（泉）水	天然矿泉水	自来水
·无色 ·无味（略有回甘） ·无臭	·无色、无臭 ·甘甜味 ·口感清爽、滑润	·无色、无臭 ·滋味丰富，有咸味、鲜味和酸味	·差异大 ·常带咸味和漂白粉等味

图13-1　常见饮用水水质特点

然水和饮用天然泉水。大多数天然水和天然泉水的离子含量、硬度、矿化度等都不高，总离子含量一般低于200毫克/千克，硬度多低于80毫克/千克（以CaO计）；③ 天然矿泉水（包括含气矿泉水）。不同类型的矿泉水水质特性存在较大差异，大多数矿泉水的离子含量、硬度、矿化度等都较高，离子含量一般大于100毫克/千克，多数会大于200毫克/千克，硬度多高于50毫克/千克（以CaO计）；④ 自来水。自来水虽然是一种再加工的水，但其水质特性仍受水源地水质的较大影响。通常，自来水的酸碱度一般为中性偏酸或偏碱；我国北方地区的自来水离子含量、硬度、矿化度等一般相对较高，而南方自来水相对较低。几种典型饮用水的主要理化特性见表13-4。

表13-4　几种常见饮用水主要理化特性

水的类型	纯净水	饮用天然水或饮用天然泉水	天然矿泉水	含气矿泉水	自来水
总离子量	接近于零	较低 （一般<200毫克/千克）	较高～高 （一般>100毫克/千克）	较高～高 （一般>100毫克/千克）	较低～较高 （差异较大）
酸碱度	中性偏酸	偏酸～微碱	微酸～偏碱	偏酸	中性偏酸或偏碱
硬度	接近于零	一般较低	一般较高～高	较高～高	较低～较高 （差异较大）
矿化度	接近于零	较低 （一般<200毫克/千克）	较高～高 （一般>100毫克/千克）	较高～高 （一般>100毫克/千克）	较低～较高 （差异较大）

三、常见饮用水冲泡的茶汤品质特点

　　各类包装水和优质水源地水一般不会出现有机物和固体悬浮物等问题，但其中的无机离子构成对冲泡茶汤品质有明显的影响。① 纯净水和蒸馏水。这些水基本不存在无机离子，冲泡的茶汤可基本体现和反映茶叶"原汁原味"的品质特点。② 饮用天然（泉）水。这些水常有一定的离子含量，但因比例不同，存在一定的个性化口感差异，低矿化度天然（泉）水一般具有较好的风味修饰作用，优质的天然（泉）水可以提高茶汤的香气浓郁度和滋味醇和度。③ 天然矿泉水。这些水的无机离子含量通常较高，存在较大的个性化差异，高矿化度的天然矿泉水常常对茶汤风味有较大的修饰或破坏作用，与原茶汤品质差异大，多数会形成较差的色香味品质。④ 自来水。多数大城市的自来水冲泡的茶汤风味会受到较大的影响，通常会出现香气欠纯正、滋味欠醇正等问题。几种水对茶汤滋味品质影响见表13-5（以龙井茶为例）。

表13-5　不同种类水样对龙井茶感官滋味品质的影响

水样	苦味	涩味	鲜味	评语	滋味评分
自来水	5.2±0.3	3.7±0.2	1.7±0.6	尚醇	84.3±0.6
纯净水	5.8±0.2	2.8±0.3	2.2±0.2	尚醇爽	87.7±0.6
蒸馏水	5.7±0.3	2.7±0.2	2.7±0.3	尚清爽	89.8±0.2
天然水1	5.2±0.2	3.0±0.5	3.2±0.3	清醇	90.7±0.6
天然水2	6.2±0.3	1.5±0.0	2.8±0.6	醇尚爽	89.1±0.8
天然水3	4.5±0.5	2.1±0.1	1.1±0.2	醇和	85.3±0.6
矿泉水1	5.2±0.2	4.5±0.0	1.5±0.0	尚清，稍带金属味	83.3±0.5
矿泉水2	5.0±0.0	4.2±0.2	1.8±0.3	尚醇，稍带熟	84.5±0.5
矿泉水3	2.8±0.3	2.2±0.2	0.8±0.2	微咸，尚醇和，带熟	80.0±1.0
矿泉水4	5.2±0.2	3.2±0.2	3.5±0.5	尚醇	87.3±0.6

·苦涩鲜设置为0~10分标准样；审评方法按GB/T 23776—2018进行。

第三节　泡茶用水的基本要求与选用原则

地球上不同地域、不同时间的水质千差万别。日常饮用水风味及其理化特性也各不相同。了解泡茶用水的基本要求和选用原则，对日常泡茶用水的选择和使用有一定的帮助。

一、泡茶用水的基本要求

由于现代人类各种活动的影响，许多水质受到影响或污染，因此，泡茶用水首先应达到安全卫生和基本的"无色、无味"等感官标准要求。在我国应符合GB 5749—2006《生活饮用水卫生标准》，应澄清透亮，无色（色度<15铂钴色度单位），无异臭、异味（不良），无混浊（<1NTU），无肉眼可见物（沉淀）。

二、泡茶用水选用基本原则

不同茶叶、不同需求的人对水的选择也不同，但有个基本的选用原则。在符合基本水质指标要求前提下，泡茶用水一般应"三低"，即低矿化度、低硬度、低碱度。以名优绿茶为例，① 水中的无机离子总量<50毫克/升；② Ca^{2+}+Mg^{2+}<15毫克/升；③ 水体pH<7.0（茶汤pH低于6.5）为佳。因此，对要求不高的人而言，一般以选择纯净水、蒸馏水和低矿化度的天然（泉）水泡茶即可。

第十四章
泡茶用具的选配

欲治好茶，先择好器。古人把茶具称为"茶之父"，可见其对茶的重要性。在历代不同饮茶方式的主导下，茶具呈现不同的形态和功能，但最终都是为了成就一盏完美的茶汤。古人对茶具材质的选择是多元化的，在以陶、瓷、金属为主要材质的基础上，竹、木、牙、角、漆、石等都可以用来制作各类茶具。当代，随着科学饮茶的兴起，茶具的选配更为讲究，针对不同的茶类搭配不同的茶具，根据茶室空间风格配置不同的茶具，已然成为美好生活的标配。

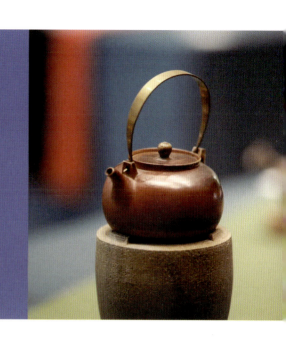

第一节　茶具简史

茶具是历代饮茶方式演变的重要载体，是不同历史时期器物审美文化和材质应用的直观反映。

一、唐以前一器多用

理论上讲，自古人利用茶叶之日起，茶具就应运而生。但在唐代之前，茶具基本上处于一器多用状态，专用且成系列的茶具在唐代才开始出现。

二、唐之后茶具的演变

唐代饮茶方式以煎茶（或煮茶）为主，白居易有一首著名的茶诗《山泉煎茶有怀》，开门见山地提到了唐代的煎茶（图14-1）："坐酌泠泠水，看煎瑟瑟尘。无由持一碗，寄与爱茶人。"陆羽《茶经》"四之器"中专节介绍了24器（也有28种器具之说）。

图14-1　唐 巩县窑黄釉风炉及茶釜

宋代是团饼茶与散茶并行的时代，唐代流行的饼茶继续延续，散茶（又称草茶、江茶）逐渐流行。宋代主流的饮茶方式为点茶。茶末入茶盏内，先注汤调膏，后连续击拂茶匙（或茶筅），令茶汤的沫饽呈现乳花状，汤花停留在盏壁内沿的时间越长，点茶的水平就越高。两宋时期上至王公贵族、文人士大夫，下到平民百姓都热衷于点茶，进而演化为斗茶、分茶。最具代表性的点茶器具为汤瓶（图14-2）、茶匙（茶筅）和茶盏。宋代茶盏的腹部较唐代茶盏更深，以福建建阳生产的建盏最为典型（图14-3）。宋代还出现了茶磨，唐代已有茶臼、茶碾等研磨茶饼或散茶的器具，但北宋中晚期出现了效率更高的茶磨，南宋及元代一直流行（图14-4）。

元代在茶文化发展史上属于过渡期，上承宋、下启明，茶品以团饼茶及散茶为主，同时符合游牧民族习性的兰膏茶、酥签茶（奶茶的一种）也很流行，相关的茶具延续宋代的风格，也有其时代特色。

图14-2　北宋 龙泉窑青釉汤瓶

图14-3　南宋 建窑柿釉撇口盏

图14-4　宋 石茶磨（新安沉船出水）

图14-5　明万历 青花折枝花纹提梁壶

图14-6　明 "用卿"款紫砂壶

　　到了明代，饮茶方式为之一变，散茶成为主流茶叶品类，团茶只在边疆地区持续饮用，与之相应的，茶具也发生了革命性变化，之前流行的茶臼、茶碾、茶磨、茶罗及茶筅皆走下历史舞台，取而代之的则是茶壶和茶杯的组合冲泡方式。由于散茶讲究的是观其形，品其汤，于是景德镇的白瓷及在白瓷基础上发展起来的青花（图14-5）、五彩、斗彩和颜色釉瓷的茶具受到当时人们的喜爱。盖碗在明末清初时出现，并成为清代的主流品饮器。紫砂茶具在明代中期开始出现，以其材质透气性好、可塑性强等优势，成为重要的泡茶器，并一直流行至今（图14-6）。

　　清代的饮茶方式与明代无异，茶具也基本沿袭明代，只是在茶具的材质上更加丰富多彩，景德镇瓷茶具出现珐琅彩、粉彩等新品种（图14-7、图14-8）。

图14-7　清 青花五彩人物纹盖碗

图14-8　清 青花加金彩山水人物纹茶具一组

图14-9 当代 茶具

近现代茶具基本沿着明清茶具的轨迹发展、不断完善。到了20世纪90年代，特别是21世纪以来，随着中国的茶产业大发展，茶具行业也迎来新的发展热潮。主要体现于材质的变化，在传统的陶、瓷、金属、竹木、石等利用基础上，将不锈钢、玻璃以及混合材质用于茶具制作，尤其是以电炉煮水取代以前的炭炉煮水，为泡茶品茶带来较大便利。新型的耐高温材料用于制作煮水壶具，充分地满足了当代人对快节奏泡茶饮茶的需求（图14-9）。

第二节 茶具的种类

茶具种类繁多，琳琅满目。按时代分，大致可分为唐以前茶具、唐代茶具、宋（辽、金、西夏）元茶具、明清茶具及当代茶具；按材质分，可归纳为陶茶具、瓷茶具、石茶具、金属茶具、玻璃茶具、竹木牙角类茶具和其他茶具；按功能分，可分为主要茶具和辅助茶具等。

一、不同时代的茶具

依据历史时代及饮茶方式的不同，茶具大致可分为唐以前茶具、唐代茶具、宋元茶具、明清茶具和当代茶具。

1. 唐以前茶具

在系列化、专业化的唐代茶具出现之前，茶具往往一器多用（兼用）。最早记载茶具的文献出现于汉代，三国时张揖《广雅》中记载巴蜀一带的饮茶方式："荆巴间采茶作饼，叶老者饼成以米膏出之。欲煮茗饮，先炙令赤色，捣末置瓷器中，以汤浇覆之，用葱姜橘子芼之。"这种早期的混煮法简称为"茗粥"，煮茶类似煮羹汤，需加入葱、姜等调味品，这时期的茶具基本上与食具、酒具或水具混用（图14-10）。

图14-10 南朝 青瓷点褐彩莲瓣纹托盘

图14-11　唐 白釉煮茶器一套，包括风炉、茶釜、茶碾及带托茶盏

图14-12　唐 长沙窑绿釉茶镙

2. 唐代茶具

唐代的茶叶品类主要为团茶，也有少量的散茶。唐代的品饮方式称为煎茶或煮茶，茶汤里还需加盐调味。陆羽《茶经·四之器》中系统提到了24种茶器（细分有28种）。唐代最具特色的茶具主要有茶釜（大口釜称茶镙）、茶铛、茶铫、茶碾、茶臼、茶罗、茶盒、茶匙、盐台、茶碗（茶瓯）（图14-11、图14-12）。

3. 宋（辽、金、西夏）元茶具

宋人的饮茶主流方式为点茶。点茶虽始于晚唐，却是宋人的最爱，如宋徽宗赵佶是点茶高手，还独创了"七汤点茶法"，并著有《大观茶论》留世。点茶所需器物则以《茶具图赞》最为典型和直观，审安老人把南宋流行的点茶12种器具以线描的方式呈现出来，给后世留下最好的图像资料（图14-13、图14-14）。

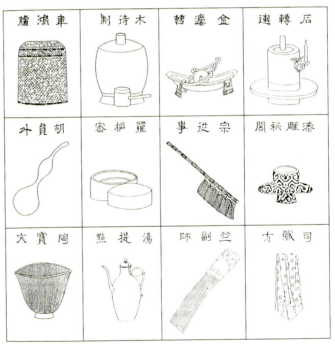

图14-13　南宋 审安老人《茶具图赞》中的12种茶具线描图

图14-14　宋 吉州窑玳瑁纹盏

图14-15 辽 黄釉小碗

图14-16 金 三彩小碗

图14-17 明 紫砂茶叶盖罐

图14-18 明 青花"上品香茶"罐

辽、西夏、金因与两宋处于对峙融合状态，受宋文化影响，辽、西夏、金文化汉化程度较高，上层贵族饮茶风尚较为流行，在出土的壁画中多见茶和酒相辅的主题。茶具形制与宋代大同小异，也基本上以汤瓶、茶盏、茶筅、茶匙、茶碾为主（图14-15、图14-16）。

4. 明清茶具

明洪武二十四年（1391），皇帝朱元璋体恤民情，下令"罢造龙团，惟采茶芽以进"（《御定月令辑要》），唐宋流行的团饼茶成为小众产品，只供边疆地区饮用，而散茶瀹泡法则成为主流饮茶方式。

饮茶方式的改变带动了明代茶具风格的变化。由于茶叶不再碾末冲点，宋代流行的茶碾、茶臼、茶磨等研磨器皆废弃不用，宋代盛极一时的黑釉盏基本退出历史舞台，取而代之的是景德镇的白瓷茶具。明代的茶具以茶壶、茶杯、茶叶罐（图14-17、图14-18）、茶盘为主，并且还出现了用于洗去茶灰尘的茶洗。

清代饮茶方式沿袭明代，以散茶冲泡法为主，与之相呼应，茶具也基本上以壶、杯、罐、盘搭配而成（图14-19、图14-20）。

图14-19 清 青花诗文提梁壶

图14-20 清乾隆 珐琅彩龙凤纹茶盘（广东省博物馆收藏）

图14-21 当代 茶具搭配组合

5. 当代茶具

当代的茶具呈现多元化风格。首先，茶类的多样化让茶具更加丰富，绿茶、黄茶、白茶、乌龙茶、红茶及黑茶六大茶类以及再加工茶，茶类品种丰富，各具特色，相应地对茶具也提出更高的要求。其次，随着科技的发展，材料的应用更加广泛，当代茶具的材质更加多元，花色品种也更加丰富，满足了不同层次人群的不同需求（图14-21）。

二、不同材质的茶具

按材质分，当代茶具基本上可以分为陶质茶具、瓷质茶具、金属茶具（包括金、银、铜、锡、铁等）、玻璃茶具（包括琉璃）、漆茶具、竹木茶具等。

1. 陶茶具

相对于瓷器，陶器烧造的温度不够高，胎土的致密度也不及瓷器，但保温性能好，透气性佳，适合用来冲泡发酵程度相对较高的茶类，如部分乌龙茶、红茶以及后发酵的黑茶。

江苏宜兴是最有代表性的陶质茶具产地之一，明代中期就以制作紫砂壶而闻名，成为名副其实的陶都。由于泥料质地细腻柔韧，黏力强，渗透性好，用紫砂烧制的茶具泡茶既不夺茶香，又无熟汤气，还能较长时间保持茶叶的色、香、味，因此紫砂茶具自明代起即成为人们泡茶的佳选（图14-22、图14-23）。

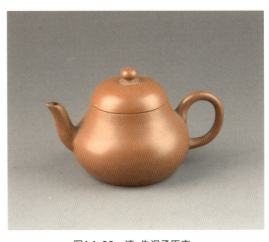

图14-22 清 朱泥孟臣壶

图14-23　紫砂竹节壶

图14-24　贵州牙舟陶茶具

图14-25　景德镇仿清雍正粉彩牡丹纹茶壶

除了宜兴紫砂，广东潮汕枫溪的手拉坯朱泥小壶也颇具特色。清代中叶，受宜兴紫砂壶的影响，广东潮汕地区开始采用当地枫溪所产的陶土，一改宜兴打泥片围身筒和镶泥片的制壶方法，采用手拉坯成形制作朱泥小壶，成为当地的特色工夫茶具，一直使用至今。此外，"潮汕四宝"之一的风炉也是用枫溪的陶土制作的，泥料虽不及朱泥小壶的细腻精致，但实用性很强，不仅在广东一地流行，还行销全国各地及东南亚地区。

我国很多地方都有制作陶器的传统，如采用当地的优质陶土，制作各种造型的生活用具，其特点是陶胎上施釉，色泽鲜亮，受到当地人的喜爱（图14-24）。其他著名陶茶具有云南建水紫陶、四川荣昌的紫陶、广西钦州的坭兴陶等，这些地方生产的陶茶具满足了当地人饮茶所需。平塘县的牙舟陶是贵州特色产品，制陶始于明初。

2. 瓷茶具

瓷茶具是我国茶具的主流产品，因为瓷器釉面光洁易清洗，加上瓷器的胎、釉装饰多姿多彩，造型丰富多变，深受国人的喜爱。按产地，瓷茶具可分为江西景德镇瓷茶具、福建德化瓷茶具、浙江龙泉瓷茶具、湖南醴陵瓷茶具等。此外，随着各地饮茶风尚的流行，一些地方历史名窑也在生产制作仿古瓷茶具和创新茶具，如河南禹县的仿钧窑茶具、河北邯郸的仿磁州窑茶具、福建建阳仿建窑茶具和江西吉安仿吉州窑茶具、河北定州的仿定窑茶具、河南汝州的仿汝窑茶具等（图14-25）。

图14-26 清康熙青花花卉纹铃铛杯

图14-27 当代 青花人物纹杯

景德镇制瓷自五代开始，历宋、元、明、清，一直到当代，茶具是其产品中的重要品类。景德镇瓷茶具的品种以釉下青花及釉上粉彩为主，此外，各种颜色釉（单色釉）瓷也是大家普遍认可的品种。景德镇青花瓷以钴为着色剂，按照花样勾勒出预想的图案，上一层透明釉高温烧制而成，与历史上的青花烧制方法基本相同（图14-26）。所不同的是，古人用柴窑，现代人则普遍采用电窑或液化气窑，大大提高了瓷器烧造效率。但是，从瓷器的釉面滋润度来看，柴窑的产品大大优于气窑或电窑的产品。目前流行的景德镇青花茶具，一种是仿古茶具，以古代瓷器茶具的造型及纹饰为参考，仿制或借鉴古代纹饰进行创造；另一种是在继承传统工艺的基础上开发创制出新品种，无论是茶壶还是茶杯、茶盘，从造型到纹饰，都体现出浓郁的现代气息（图14-27）。

粉彩瓷属于釉上彩的一种，做好的瓷坯先上一层透明釉，入窑高温烧好后，再用粉彩料勾勒绘图案，再低温烧成（图14-28）。粉彩瓷的表现力很强，犹如中国画的渲染，且色彩浓淡皆可，既可富丽堂皇亦可清新秀丽，得到众多茶友的喜爱。不过，由于粉彩釉料中通常会含有少量的铅，长期高温泡茶，对健康不利，因此，建议挑选粉彩瓷茶具时选择粉彩绘画在外壁上的茶具。

颜色釉瓷器也叫单色釉瓷器，我国东汉时出现的成熟瓷器就是单色釉瓷——青瓷，与青瓷同时出现的是黑瓷，一直到北齐（约公元6世纪），白瓷才出现。智慧的陶瓷工匠在不断的实践中，发现胎和釉里的氧化铁含量的不同，釉的呈色会不同。随着科技的进步，工匠们对金属氧化物的配方在传统基础上进一步调整创新，一些新创的单色釉品种瓷器相继出现。单色釉的茶具异彩纷呈，淡雅的天青、天蓝、胭脂红、柠檬黄以及浓艳的霁红、霁蓝、茶叶末，釉色极具特色，尤其是现代茶席布置需要搭配不同的茶类及空间，这些个性鲜明的颜色釉瓷茶具更受到茶友们的青睐（图14-29）。

图14-28 清 胭脂地粉彩团花纹带托盏

图14-29 霁蓝釉茶具一套

3. 金属茶具

历史上用金属制作茶具由来已久。唐代陆羽在《茶经·四之器》中提到用来煮茶的茶镀，以生铁制的为最好。在古人的茶诗中也频频提到"铜铛""铜碾"等金属茶具。明清两代，以锡为材质制作茶叶罐最为当时人推崇，甚至把锡器与紫砂器相媲美（图14-30）。

到了现代，金属茶具也比比皆是，如用铁壶煮水，用金壶或银壶煮水、泡茶也成为一些茶人的选择。

4. 玻璃茶具

我国古代称玻璃为"颇黎""琉璃"，"其莹如水，其坚如玉"，并认为它与水晶一样，将其视为珍宝，是稀罕之物。到了近代，随着西方技术的传入，玻璃成为工业化制品，产量大增。玻璃茶具素以质地透明、光泽夺目、形态多样而受人青睐。用它泡茶，尤其是冲泡各类名优茶，茶汤鲜亮的色泽，叶芽上下浮动之美一览无余，别有风味。

玻璃茶具价廉物美，最受消费者的欢迎。其缺点是易破碎，比陶瓷茶具烫手（图14-31）。

5. 漆茶具

我国是世界上最早利用漆树并制作漆制品的国度，考古学家在河姆渡文化遗址中发现了7000年前的漆碗，先民已经利用漆液制作容器以增加器物的强度。战国时期漆器在贵族层面大量使用，在博物馆中可以看到大量精美的漆制品。唐代漆器工艺有所发展，嵌螺钿和平脱技艺成为特色。宋代，一色漆流行，剔漆工艺成熟。元代更是出现了张成、杨茂这样的漆器名家。明清两代漆器集历代工艺之大成，有罩漆、描漆、描金、堆漆、填漆、雕填、螺钿、犀皮、剔红、剔犀、款彩、戗金、百宝嵌之别。

现在，漆器制品特别是漆茶具依然受到国人的喜爱。漆茶托更是因实用受到茶人的追捧。现在较著

图14-30 清 锤胎徽章银茶具一套（广东省博物馆藏）　　　　　图14-31 玻璃公道杯

名的漆茶具有北京雕漆茶具，福州脱胎漆茶具，江西鄱阳、宜春等地生产的脱胎漆器等，均别具艺术魅力，其中尤以福州漆器茶具最具特色。犀皮漆制作的茶盘流光溢彩，富于变化，成为茶席布置的重要搭配（图14-32）。

6. 竹木茶具

中国人巧思，能利用自然界随处可见的材料加工制作成生活必需品。竹子是南方多见之物，而树木则南北各地常见，用竹和木制作茶具亦是传统。最常见的是木茶盘或木茶托，因竹、木系材料隔热而成为很好的防烫承盏之物。

云南少数民族喜欢用竹制作茶杯、茶壶，且竹子自带清香，与茶香融合在一起，自然而然地成为当地人的日用之物。

四川成都的瓷胎竹编茶具非常独特。用细如发丝的竹丝围绕瓷茶具外壁进行手工编织，根根竹丝依茶具成型，所有的竹丝接头都藏而不露，浑然一体，宛若天成。

用竹子制作各种辅助茶具也是茶人首选，如竹茶则、竹茶针、竹茶夹等（图14-33）。

三、不同功能的茶具

以功能区分，现在的茶具大致可分主要茶具和辅助茶具。主要茶具包括煮水器、备茶器、泡茶器、饮茶器；辅助茶具包括茶盘、茶巾、茶夹等。

（一）主要茶具

1. 煮水器

水是泡一杯好茶的关键之一，烧一壶好水，对水的质量、煮水器和煮水方式等都有一定的要求。

图14-32　明　剔犀漆盏托

图14-33　竹茶具

图14-34　铜质煮水壶

煮水器包括热源和煮水壶两部分。当代的煮水器常见的为陶质提梁壶配陶质酒精炉或炭炉、电热炉，不锈钢壶配电炉（电热丝不在壶内），玻璃壶配酒精炉或电磁炉等。通常认为，煮水壶适宜的材质排名为陶、瓷、玻璃、银、不锈钢、锡、铁、铜（图14-34）等。

2. 泡茶器

茶壶是重要的泡茶器。泡茶时，茶壶大小依饮茶人数多少而定。茶壶质地多样，目前使用较多的是紫砂壶和瓷茶壶。

盖碗又叫"三才杯"，也是不错的泡茶器，其特点是操作方便，适合泡绿茶、乌龙茶、花茶。历史上，盖碗是品饮器，一手拿着茶托子，一手打开盖子刮开茶沫品茶，如著名的四川盖碗茶。随着品茗杯的流行，用于品饮的盖碗渐渐演变成泡茶器，因此，出汤效果好不好、手持烫不烫手成为选择盖碗的两个指标。市场上各种釉色的盖碗琳琅满目，可供选择的余地很大（图14-35）。

图14-35　景德镇仿清青花乾隆御制诗盖碗

3. 盛汤器

茶杯、茶碗、茶盏、茶盅都可以用来盛茶汤，也有人喜欢直接用茶壶、盖碗等泡茶器饮茶。盛汤器对茶汤的影响主要表现在两个方面，一是器具颜色对茶汤色泽的衬托；二是器具材料对茶汤滋味和香气的影响。

茶杯的种类很多，大茶杯通常为长圆筒形（图14-36），包括有盖或无盖、有把或无把、有内胆或无内胆，可用来直接冲泡名优茶；茶盅和品茗杯则用来盛放茶壶、盖碗中冲泡好的茶汤。

茶盅又叫公道杯，用于盛放从泡茶器中沥出的茶汤，有把或无把，最常见的材质为玻璃和各种花色的陶瓷。

茶碗、茶盏容积稍大，可泡茶、可饮茶，以仿古造型与釉色为多。

4. 备茶器

备茶器包括茶叶罐、茶荷和茶匙、茶则。

茶叶罐是用来储存茶叶的有盖小罐，材质通常为陶（图14-37）、瓷、铁、锡、竹等。

茶荷主要用来盛放将要冲泡的干茶，以供主人和客人一起观赏茶叶外形、色泽，还可把它作为置茶入壶或杯时的用具，以竹、木、陶、瓷、锡、羊角等制成。

茶匙、茶则是从贮茶器中拨取、展示干茶的工具，有时茶匙与茶荷搭配使用。茶匙为长柄、圆头、浅口小匙。茶则用于从茶叶罐中量取茶叶。

图14-36　青花千手观音杯

图14-37　民国　竹黄刻人物纹茶叶罐

（二）辅助茶具

辅助茶具是相对主要茶具而言，在茶事活动中起到辅助泡茶、饮茶等的茶具，包括茶盘、茶巾、茶夹、茶针、计时器、桌布、桌旗等。

第三节 茶具的选配

茶具的选配应主要考虑茶类和空间两个因素。

现代人品茗讲究科学性与艺术性相得益彰，因此，茶具的选配也要两者兼顾，基本上应遵循两个原则：按不同茶类选配不同的茶具，以及按不同的空间选配不同的茶具。

一、依茶类选配茶具

我国茶区分布广，茶类丰富，按制作工艺不同，大致可分为绿茶、白茶、黄茶、乌龙茶、红茶和黑茶。不同的茶类其色、香、味、形等特点不一，所需的温度及冲泡方法也各不相同，根据冲泡茶叶的特点选择茶具，才能更好地展现茶的特性。

1. 绿茶

冲泡绿茶，常用的泡茶器具是玻璃杯，一则可以欣赏绿茶在杯中自然舒展的姿态；二则透明的玻璃杯映衬着浅绿色的茶汤，让人赏心悦目。不过，随着茶器的多元化发展，优质的陶与瓷器冲泡绿茶，成为当下越来越普遍的选择。能真正泡出绿茶风味的器具，当推陶与瓷器。

2. 青茶、白茶和黄茶

黄茶、青茶通常用瓷盖碗冲泡。对于白茶和有年份的老白茶，建议用紫砂壶冲泡或者用陶壶煮饮，更有一番风味。传统上，福建闽北喜欢用瓷盖碗冲泡岩茶，而闽南以及邻近的广东潮汕则用孟臣壶（小朱泥陶壶）来泡工夫茶，台湾地区则是两者兼用，各有特色。

3. 红茶

红茶可分为工夫红茶、小种红茶和红碎茶。工夫红茶和小种红茶适合用瓷盖碗冲泡。红碎茶一般会用袋泡或加滤网，适合用瓷壶冲泡。

4. 黑茶

黑茶属于后发酵茶，冲泡时需要高水温以激发其内含物质的浸出。紫砂透气性好，保温性能佳，有助于黑茶内含物质的持续释放，因此，人们通常会选择紫砂壶来冲泡黑茶，尤其是有年份的黑茶。

二、按空间选配茶具

随着人们物质生活水平的提高，人们更加追求美好的精神生活。茶不仅仅停留在"柴米油盐酱醋茶"的物质层面，已然成为"琴棋书画诗酒茶"品质生活的需求。茶空间应运而生，东方生活美学在茶空间内得到充分展现。不同风格的茶空间，需要与之相适宜的茶具。茶具选配时需考虑到空间的色调、家具风格等因素。

第十五章
习茶应会

本章是茶艺修习的基础。
习茶应会的内容包括仪容仪态、行茶基础动作和奉茶基础动作。本章以图文
形式描述主要基础动作，详细内容可参见《习茶精要详解》。

第一节　仪容仪态

仪容是习茶者发式、服饰、肌肤和表情之总和。

习茶者以素颜或淡妆为宜，可适当修饰仪容。男士宜着长裤，长袖或短袖。女士的衣服不宜过于宽大，上衣收腰或系一根腰带，袖子为短袖、七分袖或长袖，袖口应小，不宜太宽大。女士不穿无袖衣服。裙子长度宜盖过膝盖，手指、手腕不戴饰品，若戴襟挂、项挂，以小而精为宜。习茶者仪容干净、整洁、简约、朴素、端庄即可。

仪态是指习茶者的举止、姿态。习茶之人，站如松、行如风、坐如钟，大方、优雅、稳重、自然，不做作，不矫情，体现茶人的精、气、神。

一、仪容

1. 发型

男士留短发，发式整洁，不蓄胡须。女士留长发者可将长发盘起来或绞成辫子，不宜长发披肩。

2. 双手

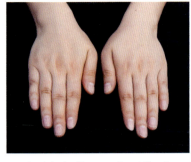

双手不留长指甲，指甲修平，手腕、手指上不戴饰品，以防划伤器具。

3. 表情

面部表情安详，平和，放松。

二、站姿

1. 女士站姿

身体中正，挺胸收腹，目光平视，下巴微收，表情放松安详，双肩平衡放松，手臂自然下坠。双手自然放松，四指并拢弯曲，在虎口交叉放在腹前，右手上左手下，离开腹部半拳距离。腰以上领直，腰以下松沉，双脚脚跟并拢，脚尖自然分开。脚跟、臀部、后脑勺在一条直线上。

2. 男士站姿

四指并拢在腹前虎口交叉，左手上右手下，离开腹部半拳距离，或双手五指并拢中指对裤腿中缝，其余同上图女士站姿。

要领

① 身体中正，不僵不硬
② 神聚精足

三、入座、坐姿与起身

1. 左侧入座

站于凳子的左侧，脚尖与凳子的前缘平。左脚向正前方一小步。右脚跟上，与左脚并拢。右脚向右一步，重心移至右脚上。左脚跟上，与右脚并拢，身体移至凳子前。双手五指并拢成弧形，掌心向内，女士将一下后背的衣裙，边将边坐下（男士直接坐下）。坐下后双手自然放松，右上左下放大腿根部。后背挺直，臀部外边缘坐在凳子二分之一至三分之二处。

2. 右侧入座

站于凳子右侧，脚尖与凳子的前缘平。右脚朝正前方一小步。左脚跟上，与右脚并拢。左脚向左一步。重心移至左脚上。右脚跟上，与左脚并拢，身体移至凳子前。双手五指并拢，掌心向内，女士将一下后背的衣裙，边将边坐下（男士直接坐下）。

3. 男士端盘左侧入座

双手端盘，身体站于桌后凳子左侧，身体中正，挺胸收腹，目光平视。
左脚向前一小步。右脚跟上，与左脚并拢。右脚向右一步，重心移至右
脚上。左脚跟上，与右脚并拢，身体移至凳子前方。坐下，同时放下茶
盘。双手收回，平放于大腿上。行礼。

4. 女士端盘入座

❖左侧入座

身体靠近凳子，脚尖与凳子前缘平。左脚在右脚前交
叉。右膝顶住左膝窝，身体重心下移成蹲姿。双手向
右推出茶盘，轻轻放于泡茶桌上。

双手、左脚收回，成站姿。左脚向前一步。右脚跟
上，与左脚并拢。右脚向右一步，左脚并上，身体
移至凳子前。双手将一下后背衣裙。坐下。

❖右侧入座

面对品茗者，身体靠近凳子，脚尖与凳子前缘平。右脚在左脚前交叉，左膝顶住右膝窝，身体重心下移成蹲姿。双手向左推出茶盘，放于泡茶桌上。双手、右脚收回，成站姿；右脚向前一步，左脚跟上，与右脚并拢；左脚向左一步，右脚跟上，与左脚并拢，身体移至凳前；双手捋一下后背衣裙；坐下。

5. 女士坐姿

上身姿态如站姿，双臂自然下坠，两手虎口交叉，右手在上，左手在下，或双手五指并拢，放于大腿根部。臀部外边缘处于凳子二分之一到三分之二处，双膝并拢，双脚自然下坠并拢或前后分开至舒适的位置。如坐于桌前，也可以双手半握拳，与肩同宽轻搁于桌面上。

6. 男士坐姿

双腿略分开，与肩同宽，脚尖朝前。双手半握拳，与肩同宽或略比肩宽，轻搁于桌面上或五指并拢平放于大腿上。后背挺直，臀外部边缘坐在凳子三分之二处。

要领
① 气下沉，臀部牢牢贴住凳子
② 腰部放松，以使上身可灵活转动

7. 离座

❖右出

坐姿起立。右脚向右一步。左脚跟上，两脚并拢。左脚向后退一小步。右脚跟上，两脚并拢。

❖左出

坐姿起立。左脚向左一步。右脚跟上，两脚并拢。左脚后退一小步。右脚跟上，两脚并拢，立于原入座前的位置。

四、行姿与转弯

1. 女士行姿

双手虎口交叉于腹前，右手上左手下，右脚开步，行走的步幅小，频率快，上身正，不摇摆，给人以"轻盈"之感。

2. 男士行姿

右脚开步，步幅适当，频率快，双手小幅度前后摆动，上身正，不摇摆，给人以"雄健"之感。

3. 向左转

以左脚跟为中心，左脚左转90°，身体转90°。右脚跟上，与左脚并拢。

4. 向右转

以右脚跟为中心，右脚右转90°，身体转90°。左脚跟上，与右脚并拢。

要领

① 直线行走，直角转弯
② 稳重而精神饱满

五、蹲姿

蹲姿仅适用于女士。下蹲时，上身姿态与站姿同。

1. 右蹲姿

上身中正挺直，膝关节弯曲，身体重心下移，右脚在前，左脚在后不动、脚尖朝前，右脚与左脚成45°角，左膝盖顶住右膝窝。

要领

① 身体中正，重心下移

② 一膝盖顶住另一膝盖窝，身体才不会摇摆

2. 左蹲姿

上身中正挺直，膝关节弯曲，重心下移，左脚在前，右脚在后不动、脚尖朝前，左脚与右脚成45°角，右膝盖顶住左膝窝。

六、习茶礼

1. 鞠躬礼

❖男士站式鞠躬礼

双脚并拢，双手中指贴裤中缝，以腰为中心，背、后脑勺成一条直线，上半身前倾15°，稍做停顿，回复到站姿。此为平辈之间行礼。若是向长辈行礼，则前倾30°。

❖男士坐式鞠躬礼

坐姿，以腰为中心，上身向前倾10°。

❖女士站式鞠躬礼

双脚并拢，双手松开，贴着身体向下移至大腿根部，手带着上半身，前倾15°，背、后脑勺成一条直线，稍做停顿，身体缓缓站直，带着手回复到站姿。此为平辈之间行礼。若是向长辈行礼，手紧贴大腿，移至大腿中部，身体前倾30°。

要领

　　女士手臂下坠成一弧形，切忌肘外翻或外撑

2. 揖拜礼

双脚略分开，右手握拳，左手包于外，双臂成弧形向外推，身体略前倾。揖拜礼一般男士适用。

3. 奉茶礼

❖男士奉茶礼

奉前礼。正面对品茗者，双手端茶盘，以腰为中心，身体前倾，行鞠躬礼，茶盘与身体的距离不变，随身体重心下移略下移。奉中礼。弯腰奉茶，伸出右手，五指并拢，手掌与杯身成45°角，示意"请用茶"。奉后礼。奉茶毕，左脚后退一步，右脚跟上，与左脚并拢，再行鞠躬礼，示意"请慢用"。

❖女士奉茶礼

奉前礼。正面对品茗者，双手端茶盘，以腰为中心，身体前倾，行鞠躬礼，茶盘与身体的距离不变，随身体重心下移略下移。奉中礼。蹲姿奉茶，伸出右手，五指并拢，手掌与杯身成45°角，示意"请用茶"。奉后礼。奉茶毕，左脚先后退一步，右脚跟上，与左脚并拢，再行鞠躬礼，示意"请慢用"。

要领
① 以腰为中心，后背、后脑勺成一条直线
② 茶盘与身体的距离不变，不要把茶盘推开、举高或放低
③ 正面面对品茗者

4. 注目礼

布具完泡茶前，习茶者正面对着品茗者，正坐，略带微笑，平静、安详，目光平视，注视品茗者，与品茗者交流，意为："我准备好了，将用心为您泡一杯香茗，请您耐心等待。"

5. 回礼

奉茶者行礼时，品茗者应欠一下身体，或点一下头，或说一声"谢谢"，或用右手食指和中指弯曲，用指节间轻扣桌面，代表"叩首"之意。

要领

　　凡是受了对方的礼，必须回礼。对方用什么礼，最好回同样的礼。但有时条件不允许，也可以简化

第二节　行茶基础动作

　　一套修习茶艺至少由几百个基础动作连贯起来完成。习茶基础动作有叠茶巾、翻杯等简单动作，也有温杯、取茶置茶等复杂动作，每一个动作都含有一定的技术和技巧，既要符合人体工程学原理，又要美观、大方、舒适。泡茶的每一个动作都体现习茶者的基本功，熟练掌握基础动作后，才能进入行茶练习。

一、叠茶巾

　　茶巾分为两种，一种是用来擦拭器具底部、外部的有色、方形的全棉织品，称之为受污；另一种是用来擦拭器具内部与口部的白色全棉织品，称之为洁方。

1. 叠受污

❖四叠法

从下向上折，下边与中线齐，成四分之一折。从上向下折，上边与中线齐，折叠四分之一。以中线为轴再对折，折痕一边对着品茗者，有缝一边对着习茶者。

❖八叠法

从下向上折，下边与中线齐，折叠四分之一。另一边向中线再折叠四分之
一。两长端都向中线折，成正方形，以第二次对折的中线为轴，再对折。折
痕一边对着品茗者，有缝一边对着习茶者。

❖九叠法

一侧向内三分之一折。另一侧向内三分之一折。长端再向内三分之一折。再对折。折痕一边对
着品茗者，有缝一边对着习茶者。

2. 叠洁方

三分之一折。再对折。折痕一边对着品茗者，有缝一边对着习茶者。

二、温具

1. 温玻璃杯

❖温杯

注入沸水三分之一杯。右手中指和大拇指握住玻璃杯底部，其余手指虚握成弧形。左手五指并拢，中指尖为支撑点，顶住杯底边。右手手腕转动，杯口先向习茶者身体方向侧斜，水倾至杯口，眼睛看着杯口。

右手手腕转动，杯口向右旋转。右手手腕转动，杯口从右侧向前转。

杯向左转，水在杯内沿杯口内均匀滚动，眼睛不离开杯口。杯回正，水沿杯口转360°。身体中正，头不偏，双肩平。双手移至水盂上方，准备弃水。

❖右弃水

双手捧杯，移至右侧水盂上方，左手换方向，托住玻璃杯。左手不动，右手手腕转动，杯口向下45°，缓缓往外推杯，水流入水盂中。

右手手腕快速回转，收回茶杯。在受污上压一下，吸干杯底的水。茶杯放回原处。

❖左弃水

双手捧杯，移至水盂上方，左手换方向，托住玻璃杯。左手不动，右手手腕转动，杯口向下倾斜45°，缓缓往外推杯，水流入水盂中。

右手手腕快速回转，收回。在受污上压一下，吸干杯底的水，放回原处。

要领

① 右手握杯，始终不放开杯子，直至弃水完毕

② 双手、肩关节、腕关节放松，肘关节下坠

③ 专注，温杯过程也是静心过程

④ 身体中正，双肩平，气沉，神专注

2. 温盖碗

❖温盖碗

盖碗开盖，右手拇指、食指、中指持盖纽，无名指、小指自然弯曲，从碗面6点位置往右侧3点位置沿弧线移动盖子，紧贴碗身，将碗盖插于碗身与碗托之间。提水壶，移近身体。

手掌心贴住壶梁，作为支撑，同时调整壶嘴方向。注水至碗的三分之一处。放下水壶。右手持碗盖，从3点往12点沿弧线移动，再往碗口处移动，盖住碗身，与开盖的移动弧线形成一个"圆"。

大拇指与中指向上托住盖碗的翻边，食指压住碗盖，固定住盖碗。左手五指并拢，手掌掌心成斗笠状，"虚"托在碗底。双手持碗，身体中正，手臂自然弯曲成抱球状，双肩平，气沉，心静。

双手手腕转动，碗口向右压。双手手腕转动，碗口向前压。双手手腕转动，碗口向左压。双手手腕转动，碗口再向里压，水沿碗口转360°，碗回正。

❖右弃水

左手掌轻托碗底，右手食指与拇指持纽移开盖，左边碗壁与盖沿留一条缝。右手持碗，移至右侧水盂上方。右手连同手臂缓慢往上提，水流入水盂中，肘关节下坠，手臂在一垂直平面上。

回正，沿弧线收回盖碗，在受污上压一下，吸干碗底的水，放回原处。

❖左弃水

左手掌轻托碗底，掌心为空，右手食指放下。双手持碗，移至左侧水盂上方。左手松开，从碗底往上移动护盖。

左手揭开碗盖。碗盖与碗口成45°角。左手持盖不动，右手持碗沿碗盖内壁逆时针弃水。弃水毕，略停顿2～3秒。

双手手腕转动，碗口对碗盖似有"吸引力"，同时回止。收回，在受污上压一下，吸干碗底的水，放回原处。

⑧ 要 领

① 左掌为"虚"托，否则会烫手
② 温杯时，双手手腕转动而非手指转动
③ 右弃水时，肘关节与腕关节、手臂在一垂直平面上，肘在腕下，不外翻

3. 温盅

❖ 温盅

双手捧玻璃盅至胸前。左手五指并拢，中指支撑托住盅底边，右手握盅。若是传热较慢的陶质盅，右手握盅，左手五指并拢，掌心托住盅底。双手持盅，手臂自然弯曲成抱球状，双肩平，气沉，心静，目光专注。右手腕转动，盅口向里压，目光注视着盅。

右手腕转动，盅口从内向右压转。目光始终注视茶盅。右手腕转动，盅口从右向前压转。

右手腕转动，盅口从左再向里压转。回正，目光仍注视茶盅。

右手移盅至水盂上，右手连同手臂缓慢往上提，水流入水盂中，肘关节下坠，右手臂在一垂直平面上。弃水毕，略停顿，盅回正。收回茶盅，在受污上压一下，吸干盅底的水（没有水也要做这个动作），放回原处。

要领

① 玻璃盅或瓷质盅等易传热的器具易烫手，温盅的水不宜多，一般不超过三分之一盅

② 左手中指抵住盅底边缘，不易烫手

4. 温品茗杯

（1）方法一——温稍大的品茗杯（品茗杯容积100毫升左右）

❖温杯

右手拇指与中指握杯，食指、小指、无名指弯曲，虚护杯。左手五指并拢，掌心成"斗笠状"，虚托品茗杯。双手持杯，手臂自然弯曲成抱球状，双肩平，气沉，心静。杯口先向里侧，水压到杯口，目光注视杯口。双手手腕转动，杯口转向右。

双手手腕转动，杯口转向前，目光不离开杯口。双手手腕转动，杯口向左转。双手手腕转动，杯口转向里，水沿着杯口转360°，回正。身体中正，头不偏，双肩平。

❖右弃水

右手持杯，移至右侧水盂上方。右手连同手臂缓慢向上提，手腕、肘在一个垂直平面上，水流入水盂中，肘关节下坠。弃水毕，略停顿，杯子回正。杯收回，在受污上压一下，吸干杯底的水，放回原处。

（2）方法二——温常用品茗杯（品茗杯容积70毫升左右）

❖温杯

右手取洁方。换左手持洁方，右手取品茗杯。

双手交叉，左手包于右手外，右手虎口成弧形，护杯，左手虎口夹住洁方并挡护品茗杯，手臂自然弯曲成抱球状，双肩平，气沉，心静。杯口先向里侧，水压到杯口，目光注视杯口。右手手腕转动，杯口转向右。

右手手腕转动，杯口转向前，目光不离开杯口。右手手腕转动，杯口转向左。右手手腕转动，杯口转回向里，水沿着杯口转360°，回正。身体中正，头不偏，双肩平。

❖右弃水

双手移杯至水盂上方。弃水。弃水毕，略停顿。杯回正，稍停顿。

放回杯托上。换右手持洁方，放下。

（3）方法三——温小品茗杯（品茗杯容积30毫升左右）

杯中注入沸水，双手食指与拇指端杯，中指顶住杯底。双手拿起杯，同时放入另一个品茗杯中。大拇指往外推，使品茗杯转动一圈，取出，在受污上压一下，放于原位。

要领

① 品茗杯与其他器具相比体积较小，注意手指不要碰到杯口

② 弃水入盂后，杯子先回正，再收回

③ 温品茗杯的时间，一般是茶叶的浸泡时间，可长可短，根据具体情况而定

166

5. 温茶筅

右手取茶筅，大拇指与食指持茶筅柄，其余手指自然稍弯，掌心为空。从碗面的3点位置将茶筅放入茶碗中，左手五指并拢，护住碗身。

右手调整持茶筅的方向，手心朝里。右手护立茶筅。

右手持茶筅，在碗中前后划"1"字。茶筅向左逆时针方向转，在茶碗中逆时针画一个圆。

右手持茶筅，从6点钟位置取出，立起。放回原处。

要领

① 右手持茶筅，掌心为空
② 从碗面的3点钟位置放入，6点钟位置取出

6. 温末茶碗

❖温碗

提起水壶,注水三分之一碗。双手捧起茶碗。左手掌心托碗底,右手虎口成弧形护碗身。

双手手腕转动,从里至右、至前、至左,再回至里,逆时针旋转一圈。

❖左弃水

左手持碗,虎口张开,拇指与四指持碗口与碗底,弃水于水盂中,碗口与桌面垂直。回正、收回茶碗,在受污上压一下,吸干碗底的水渍。

双手捧碗,放回原位。

要领

① 双手捧茶碗,举轻若重
② 双手手腕转动,而非身体转动或手指转动

7. 温茶壶

右手持壶（已注入三分之一壶开水）。左手中指抵住壶底边，肩关节放松，肘关节下坠，双手抱球状，放松，静心。手腕转动，茶壶向里侧。

手腕转动，茶壶向右转。手腕转动，茶壶向前转。手腕转动，茶壶向左转。

手腕转动，茶壶往里侧倾斜，左手中指仍抵住壶底边。茶壶回正。弃水。

茶壶在受污上压一下，吸干壶底的水。茶壶放回原处。

要领

① 右手中指勾住壶把，食指压壶纽，固定住壶盖，但不能压住气孔

② 左手中指支撑壶底边缘

三、翻杯

1. 翻玻璃杯

右手手腕放松，五指并拢，握住杯底，护住杯身，中指不超过杯身的二分之一，肘关节下坠，不外翻。左手托住杯底，手心相对。双手护杯，身体中正，头不偏，双肩放松，平衡。右手手腕向左转动，顺势翻正茶杯，放回。

要领

① 右手五指下垂护住杯身，肘关节不外翻

② 身体中正

2. 翻品茗杯

❖女士翻杯

右手单手持杯，虎口成弧形，手腕松开，手指自然下垂，肘关节下坠，不外翻。

取杯至胸前。右手手腕转动，翻杯，同时，左手手掌、手臂成弧形，挡住杯子。

右手手腕转动至杯口水平时，左手往里收至胸前，左手的运行轨迹好似画了个"竖圆"，右手放下品茗杯。

❖男士翻杯

右手单手持杯，手腕松弛，手指自然下垂，肘关节下坠，不外翻。右手手腕转动，翻杯，放下茶杯。

四、开、合茶叶罐盖

1. 瓷罐开、合盖

❖瓷罐开盖

手掌心捧茶叶罐身，双手食指与拇指固定罐盖，向上顶，再转动茶叶罐，再往上顶，松开罐盖。

右手托罐盖，往胸前收，用右手中指拨动，使罐盖口向上，向内、沿半圆弧线轨迹放于桌上。

❖瓷罐合盖

右手取罐盖，用手指拨动，使罐盖口向下。向外沿半圆弧线轨迹盖于罐上，与开盖的弧线轨迹形成一个"圆"。

手掌心捧茶叶罐身，手双食指与拇指固定罐盖，向下压，转动茶叶罐，再向下压，盖严，适当用力，避免发出响声。左手将茶叶罐放回原位。

2. 竹罐开、合盖

手掌心捧茶叶罐身，双手食指与拇指固定罐盖，向上顶，再转动茶叶罐，再向上顶，松开罐盖。

右手托罐盖，向胸前收，用右手中指拨动罐盖，使罐盖口向上，沿向内、半圆弧线轨迹，将盖放于桌上。左手放下罐身。

❖竹罐合盖

左手护罐身，右手翻罐盖。左手握罐，右手取盖，同时向中间移动。

轻轻盖上盖子。食指、拇指向下压。将茶叶罐放回原处。

要领

① 打开时，盖子向内沿弧线移动；合上时，盖子向外沿弧线移动，开、合盖形成一个圆形轨迹

② 松开罐盖后，右手顺势取盖，注意右手的握法

五、取茶、置茶

1. 茶瓢取茶、置茶

本法适用于取紧结、紧实、体积小的茶，左右手可以根据需要互换握茶瓢与茶罐。

❖取茶

左手握茶罐，右手手心朝下，虎口成圆形，掌心为空，取茶瓢。茶瓢水平移至茶罐口，头部搁在罐口，右手掌从茶瓢尾部滑下，手心朝上，托住茶瓢。

茶罐侧向身体，罐口向里，右手持茶瓢，从茶罐上空隙插入。左手握茶罐向外侧，罐口向外，茶瓢尾部同时往外，于是茶瓢中盛满茶叶。

左手手腕转动，罐口转向右侧，右手握茶瓢随茶罐转到右侧。右手托茶瓢，取出茶叶。

❖置茶

将取出的茶叶置于泡茶器中。茶叶罐回正，右手取茶瓢，茶瓢头部搁在罐口，右手掌从茶瓢尾部滑上，手心朝下，放下茶瓢。

2. 茶匙取茶、置茶

本法适用于取松散、体积大的茶叶或末茶（茶粉）。

左手握茶罐。右手持茶匙，拇指与食指固定茶匙，其余手指自然弯曲，掌心为空，手为放松状态。左手将罐口偏向右侧、罐身平，右手用茶匙拨茶叶入泡茶器。

回正茶罐。放回茶匙。置茶完成。

3. 茶匙取末茶

左手取末茶罐，移至身前。左手握茶罐，右手开盖，盖口朝下，置于席面上。右手取茶匙。转换成似握铅笔状持茶匙。左手移罐至茶碗9点钟位置上方。

茶匙从茶罐12点位置靠罐壁向下伸入茶粉中。将茶匙靠罐内壁向上取茶粉。取茶粉置于茶碗中心。

将茶匙在茶碗3点位置处轻敲一下，使粘在茶匙上的茶粉落入碗中。

茶罐回正，茶匙放回。盖上茶罐盖。

4. 茶荷取茶、置茶

本法适合放一泡茶的量，茶需事先称好。

（1）右手握茶荷

❖取茶

左手握茶叶罐，右手握茶荷向上翻。左手倾斜茶叶罐、右手持茶荷。左手前后转动茶罐，倾倒茶叶。倾完即停，回正茶罐，放下。

❖置茶

将茶荷中的茶叶置入泡茶器中。

（2）左手握茶荷

❖取茶

左手捧取茶叶罐。开盖。换右手握茶叶罐，左手取握茶荷。

茶荷向上翻，右手倾斜茶叶罐。倾茶毕，放下茶叶罐。

❖置茶

腰转动，带着身体转向右，茶荷移至茶壶上方，成45°角向上抬，让茶入壶。置茶毕，放下茶荷。

罐交至左手。右手取盖，合盖。合好盖，放下茶叶罐。

5. 茶匙与茶荷组合取茶、置茶

本法适用于给两个以上茶杯置茶，从茶叶罐中取出总的茶叶量，再均匀分入各杯中。

❖取茶

左手握茶罐，右手持茶匙，茶匙尾部顶在手掌上，虎口成圆形。左手将茶罐向右侧放平，右手持茶匙拨茶叶入茶荷，取茶量视杯的个数及茶杯容量而定。

取茶毕，左手回正茶叶罐。

茶叶罐合盖，放回茶罐。

❖置茶

右手手心朝下拿起茶荷，左手也手心朝下，双手提起茶荷。左手从茶荷左边往下滑托住茶荷，掌心为空。右手从茶荷右边往下滑，双手向上托住茶荷，掌心为空。

茶荷向内偏45°，左手滑下托茶荷中部。右手取茶匙，双手移至玻璃杯上方。茶荷出口对准第一个茶杯。右手持茶匙。

分几次将一杯所需的茶量拨入杯。第一杯置茶毕，双手移至另一杯上方，再拨茶入杯。

要领

① 取茶时以不损伤茶叶为原则

② 手托茶荷时，掌心为空，虎口成弧形，有利于茶荷调整方向

③ 让茶匙"松口气"，持茶匙时手放松，别死死握住

178

六、赏茶

1. 长茶荷赏茶

右手手心朝下，虎口成弧形，握住茶荷。左手手心朝下，虎口成弧形，握住茶荷。左手从上滑到下托住茶荷，手心朝上，虎口成弧形。随后右手从上滑到下托住茶荷，手心朝上，虎口成弧形。

双手托住茶荷，自然弯曲成抱球状，双肩放松，肘关节下坠，腰带着身体向右转，然后腰带着身体从右转向左，从右向左请品茗者赏茶，目光注视品茗者。

身体回正。左手从下往上滑，握茶荷。右手从下往上滑，握茶荷。赏茶毕，放下茶荷。

2. 圆茶荷赏茶

右手手心朝下，虎口成弧形，握住茶荷。左手手心朝下，虎口成弧形，握住茶荷。左手从上滑到下托住茶荷，手心朝上，虎口成弧形。右手从上滑到下托住茶荷，手心朝上，虎口成弧形。

双手转动，可将茶荷大口对着品茗者。双手自然弯曲成抱球状，双肩放松，肘关节下坠，腰带动上身向右转，从右边开始请品茗者赏茶，目光注视着品茗者。身体回正。

 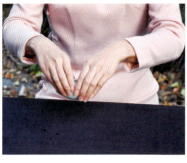 

左手从下往上滑，握茶荷。右手从下往上滑，双手握茶荷。赏茶毕，放下茶荷。

（要）（领）

① 从右至左赏茶时，是腰带动身体转动，而非双手移动

② 手掌心始终为空

七、摇香

1. 玻璃杯摇香

双手五指并拢，捧起玻璃杯至胸前。手腕转动，杯口先转向里侧。

手腕转动，杯口向右转。手腕转动，杯口向前转。手腕转动，杯口向左转。

杯口由左向里转。手腕转动，杯口向里转，缓慢摇香一圈。再快速转动两圈，茶杯回正，摇香完成。

要领

① 捧起茶杯时，双手虎口相对形成圆

② 双臂成抱球状

③ 手腕转动而非手指转动、身体转动，手指始终不离开玻璃杯

2. 盖碗摇香

双手捧盖碗至胸前。左手四指并拢与拇指成开口向右的"U"形，四指指尖托住碗底，大拇指护住碗边下方。右手食指压住碗盖，手臂自然弯曲成抱球状。

杯口先向里压。 手腕转动，杯口向右转。 手腕转动，杯口向左转。

手腕转动，杯口向里转。再快速转动两圈，盖碗回正。左手掌托碗底，掌心为空，右手持盖，往外推，留出一条缝隙，可以闻茶香。盖碗回正。

要领

① 左手指尖托碗底，大拇指托碗边下方

② 手腕转动碗才转动，非手指转动，也非身体转动

八、提水壶

1. 男士提水壶

❖方法一

右手四指并拢，手心朝上，托住水壶提梁，肘关节下坠，肩关节放松，虎口夹住提梁，靠手腕转动来调整水壶的方向，注水。左手半握拳，与肩同宽搁在桌面上。

❖方法二

右手四指并拢，手心朝下，握住水壶提梁，肘关节下坠，肩关节放松，注水。

2. 女士提水壶

❖方法一

右手四指并拢，手心朝下，握住水壶提梁。掌心为空。肘关节下坠，肩关节放松。水壶平移靠近身体，右手下滑，掌心紧贴提梁，手腕转动，调整水壶的方向，注水。左手半握拳，与肩同宽搁在桌面上。

❖**方法二**

右手四指并拢，手心朝下，握住水壶提梁，肘关节下坠，肩关节放松。水壶平移靠近身体，水壶不动，右手右侧半边手掌下压，掌心紧贴提梁，手腕转动，调整水壶的方向，左手持受污托住水壶底部，注水。

要领

① 手掌紧贴提梁，可以借助手掌的力量，而不只用手指的力量

② 肩关节、腕关节放松，可使水壶灵活调整方向

③ 切忌抬肘

九、注水

注水有四种方法，分别为斟、冲、泡、沏，其中冲水法又分高冲、定点冲两种。

注水法		特点
斟		稳稳地注水
冲	高冲	一次冲水，高处收水，水的冲力较大
	定点冲	由高到低上下三次或一次，水的冲力大
泡		水的冲力小，茶汤柔和
沏		水的冲力更小，注水温柔

斟水法适用于

① 注少量的水，温润一下茶叶

② 对水温要求不高的茶叶

③ 原料比较细嫩的茶叶

1. 斟水法

手提水壶，往盖碗里注水，水流均匀，沿着碗壁逆时针旋转一圈或几圈，注水至需要的量时收水。

2. 高冲法

手提水壶，对准泡茶器中心从最高处往下注水，水流均匀，注水至需要的量时在高处收水。

高冲法适用于

① 原料比较成熟的茶叶
② 外形比较紧结或卷紧的茶叶
③ 需要快速出汤的茶叶
④ 用壶作为泡茶器，以便高冲时水不外溅

3. 定点冲法

右手提水壶，对准玻璃杯9点与12点之间位置的杯壁。从高处往下注水，水流均匀，注水至需要的量时在低处收水，使茶叶在杯内上下翻滚，以使茶汤浓度上下均匀。上述动作重复三次，茶叶会在容器内快速上下翻滚，以使茶的可溶物质快速溶出，茶汤浓度上下一致。

定点冲法适用于

① 需要快速出汤
② 需要均匀茶汤浓度

4. 泡法

泡法适用于

① 原料细嫩的茶叶
② 需要茶汤口感柔和

手提水壶，从高处往下注水，水流均匀，水注紧贴着容器的壁逆时针旋转一圈，注水至需要的量时，在高处收水。

5. 沏法

右手提壶，左手持碗盖成45°角，水流先慢慢淋在碗盖内壁上，再慢慢流入盖碗中。

沏法适用于

① 使用盖碗泡茶
② 需要快速使水温下降
③ 原料细嫩的茶叶

十、点茶

在装有茶粉的茶碗中注入少量热水，茶与水的比例为1∶50。右手取茶筅，从茶碗3点位置入碗，左手虎口成弧形，护住碗。右手手腕放松，略提茶筅，离开碗底，快速前后画"1"。

前后画"1"，一直到茶沫浓、细、密。从茶碗的6点位置沿碗壁取出茶筅，置于原位。

十一、取、放器具

1. 双手端取

双手虎口成弧形，端起茶巾。收到胸前。放于右侧（或左侧）。

2. 双手捧取

❖水壶

双手提水壶，右手为实，左手为虚，左手五指并拢护茶壶。先移至胸前，再移至右侧，放下水壶。

要领

① 双手取放，轻取轻放，举重若轻
② 虚实结合，身体中正

❖茶罐

双手五指并拢，捧起茶罐，移至胸前。再从胸前移至左侧，放于茶桌上，右手为虚护。

❖玻璃杯

双手捧起玻璃杯。移至胸前。转换成温杯或摇香的手法。

第三节　奉茶与饮茶基础动作修习

　　奉茶与饮茶是一组习茶者与品茗者互动的动作，如习茶者奉茶与品茗者受茶，习茶者行礼与品茗者回礼。习茶者的每一个动作都表达对品茗者的尊重、体贴和诚意，品茗者也用心品尝这杯由习茶者用心冲泡的茶汤，心与心借一杯茶进行交流。

一、奉茶

1. 品茗者坐于桌前，托盘奉茶

端茶盘于胸前，右脚开步，走至品茗者正前方。转身面对品茗者。行奉前礼，品茗者回礼。礼毕回正。左手托茶盘，右手端杯。男士弯腰将茶杯放至品茗者伸手可及处。

女士右蹲姿，左手托茶盘，右手端杯。

伸出右手，五指并拢，手掌与杯成45°角，示意"请"，行奉中礼。品茗者回礼。奉中礼毕，起身，左脚后退一步，右脚跟着并拢。行奉后礼，意为"请慢用"。

　(要)(领)

①　面对面正面奉茶，切忌侧面对着品茗者

②　男士重心降低，弯腰即可，切忌下蹲

③　女士蹲姿要稳，重心以低于品茗者为宜，切忌蹲"马步"

2. 品茗者站立，托盘奉茶

品茗者站立，奉茶者不用下蹲，或略弯腰鞠躬即可。

端茶盘于胸前，走至品茗者正前面。奉茶者行奉前礼，品茗者回礼。左手托茶盘，右手端茶杯和托。将茶杯端至品茗者手上。习茶者行奉中礼，示意"请"或"请用茶"。端茶盘，左脚往后退一步，右脚跟上。行奉后礼，轻声说："请慢用"。

3. 品茗者围坐圆桌，托盘奉茶

左手托盘，蹲姿，重心下移。右手端杯，端杯至左边品茗者伸手可及处。伸出右手，示意"请用茶"，品茗者回礼。

起身。端盘到胸前。换右手托盘，蹲姿。左手端杯。端杯至右边品茗者伸手可及处。伸出左手，示意"请"，品茗者回礼。起身。后退，奉茶毕。

要领
① 身体中正，下蹲时重心下移，稳重
② 可省略奉前礼和奉后礼

二、品饮

1. 盖碗品饮法

（1）女士盖碗品饮法

右手端取盖碗，交至左手，左手食指与中指成"剪刀状"托底，拇指压住碗托。右手取盖至鼻前，深吸一口气，闻香。

右手持盖，盖于碗上，靠里侧留一小缝。右手手腕转动，虎口向内，小口品饮。饮毕，放下盖碗。

要领

① 左手托起碗托，以免烫手

② 肩放松，双肘下坠

③ 品饮时，虎口朝里，挡住嘴

（2）男士盖碗品饮法

❖ 方法一

右手端碗。由右手将碗交给左手。右手取碗盖，移至鼻前时深吸一口气，闻香。

碗盖向外推，靠里留出一条小缝。右手大拇指压盖，手指托碗底，固定盖碗。

右手端碗托底，左手半握拳，与肩同宽搁于桌上。小口品饮。

要领

① 动作大气，轻提轻放
② 双肩放松，双肘下坠
③ 品饮时用虎口挡住嘴

❖方法二

双手端碗。将盖碗移至身前。右手取盖。闻香。盖上碗盖，左侧留一条缝。右手食指扣住碗盖，拇指、中指端茶碗，其余手指自然并拢。

右手端起茶碗，虎口朝里。小口品饮。

2. 品茗杯品饮法

❖无柄品茗杯品饮

双手端杯托。将茶杯移近。右手五指并拢端杯，食指高于杯口，起遮挡的作用。端起茶杯，先观汤色。再小口品饮，虎口略朝里，以对方正面看不到嘴为度。品饮茶汤后，闻杯底香。

❖有柄小杯品饮

茶杯柄在品茗者的右手边。双手端杯。将茶杯移近。右手端起杯。观茶汤色。

小口品饮。闻杯底香。

要领

品茗者若是"左撇子"，杯柄朝品茗者的左手边

❖双杯（闻香杯、品茗杯）品饮法

右手端小品茗杯，倒扣在闻香杯上，手心朝下。换成手心朝上，食指与中指夹住闻香杯，大拇指压住品茗杯，固定，手腕垂直上下快速翻转，闻香杯倒扣在品茗杯上，转成手心朝下。

左手护杯，放于杯托靠右侧（品茗杯原位）。左手护杯，右手向里转动（逆时针）闻香杯，轻轻往上提起。右手掌握闻香杯，左手抱右手，由远及近三次闻茶香。将闻香杯放回杯托左侧（原位）。右手端杯，先观汤色。虎口略朝里，小口品饮。

要领

① 切忌对闻香杯、品茗杯吐气
② 肘下沉

三、收盘

❖男士收盘

双手握住茶盘短边中间，茶盘靠身体左边，茶盘面与身体平行，茶盘最低一角离身体一拳距离。茶盘靠身体右边亦同。

❖女士收盘

双手握住茶盘对角，置于身体右边，茶盘面与身体平行，茶盘最低一角与身体一拳距离。茶盘放于身体左边亦同。

要领

① 男士双手握住茶盘短边中间，女士握对角，双手一上一下

② 茶盘最低一角在身体的外侧，不在手上，也不在身体前，以防有水流下，淋湿衣服或手

③ 茶盘与身体平行

④ 从泡茶桌的右边入座，茶盘收于身体左边；若是从泡茶桌的左边入座，茶盘收于身体右边，以避免与泡茶桌碰撞。男士、女士同样

第十六章
三套修习茶艺

绿茶玻璃杯泡法、红茶瓷盖碗泡法、乌龙茶紫砂壶泡法为三种常用的冲泡方法，要求掌握绿茶、红茶、乌龙茶三类茶的冲泡技术参数和冲泡流程；掌握玻璃杯、瓷盖碗、紫砂壶三类不同质地、不同器型的茶具的使用方法，目的是泡出高质量的绿茶、红茶、乌龙茶茶汤。通过这三套茶艺的练习，可练就茶艺的基本功。因此，茶艺竞赛常将这三套茶艺列为规定茶艺，考核每一位选手基本功掌握的程度。详细内容参见《习茶精要详解》。

第一节　绿茶玻璃杯泡法

绿茶可用杯泡、壶泡、碗泡，器具的材质可以选用玻璃、陶、瓷等，器形可以为杯、碗或盖碗、壶等。名优绿茶因外形秀美、芽叶成朵，具较强观赏性，可选用三个透明的玻璃杯冲泡。大部分绿茶可用下投法来冲泡。

一、准备

准备工作包括习茶者自身从外至内的准备、器具清洁完备和场所布置整洁等。习茶者身体清洁、妆容整洁、心情平静放松是准备的重点（每套修习茶艺习茶者自身准备工作基本相同，不再重复）。

把洗净、擦干的茶具摆放在茶盘中，称之为备具；把茶盘中的茶具布置到席面上，称之为布具。每一件器具在茶盘中和席面上都有固定的位置，那是它们的"家"。

备具　三个玻璃杯倒扣在杯托上，放于茶盘右上至左下的对角线上，水壶放在右下角，水盂放在左上角，茶叶罐放于中间玻璃杯的前面，茶荷叠放在受污上，放于中间玻璃杯的后面。器具清单见表16-1。

表16-1　绿茶玻璃杯泡法的器具

器具名称	数量	质地	容量或尺寸
玻璃杯	3	玻璃	直径7厘米，高8厘米，容量220毫升
玻璃杯托	3	玻璃	直径11.5厘米，高2厘米
茶叶罐	1	玻璃	直径7.5厘米，高14厘米
水壶	1	玻璃	直径15厘米，高16厘米，容量1400毫升
茶荷	1	竹制	长16.5厘米，宽5厘米
茶匙	1	竹制	长18厘米
受污	1	棉质	长27厘米，宽27厘米
水盂	1	玻璃	直径14厘米，高6厘米，容量600毫升
茶盘	1	木质	长50厘米，宽30厘米，高3厘米

备具

二、流程

上场→放盘→行礼→入座→布具→行注目礼→温杯→取茶→赏茶→置茶→润茶→摇香→冲泡→奉茶→收具→行礼→退回

1. 上场

身体放松，挺胸收腹，目光平视，上手臂自然下坠，腋下空松，小臂与肘平，茶盘高度以舒服为宜，离身体半拳距离，右脚开步。

2. 放盘

右蹲姿，右脚在左脚前交叉，身体中正，重心下移，双手向左推出茶盘，放于茶桌上。

3. 行礼

行礼，双手贴着身体，滑到大腿根部，头背成一条直线，以腰为中心身体前倾15°，停顿3秒钟，身体带着手起身成站姿。

4. 入座

入座，右脚向前一步，左脚并拢，左脚向左一步，右脚并拢，身体移至凳子前，坐下。

5. 布具

从右至左布置茶具，先移水壶，双手捧壶表恭敬。移茶荷，放于茶盘后。移受污，放于茶盘后。移茶罐，沿弧线移至茶盘左侧前端。移水盂，沿弧线移至茶盘左侧，放于茶罐后，与茶罐成一条斜线。翻杯，右上角杯为第一个。

布具完毕。三个品茗杯在茶盘对角线上；受污与茶荷放于茶盘后，以不超过茶盘左右长度线为界；茶叶罐与水盂在左侧，在茶盘的宽度范围内；水壶置于茶盘右侧中间。

6. 行注目礼

正面对着品茗者，坐正，略带微笑、平静、安详，用目光与品茗者交流，意为"我准备好了，将用心为您泡一杯香茗，请您耐心等待！"

7. 温杯

温杯，注水至三分之一杯，逐一温烫三个茶杯。

8. 取茶

取茶，用毕茶匙搁于受污上，茶匙头部伸出。

9. 赏茶

赏茶，腰带着身体从右转至左，目光与品茗者交流，意为："这是制茶人用心制作的茶，我将用心去泡好它，也请您用心去品味它。"

10. 置茶

置茶，逐杯置茶，每杯约2克。

11. 润茶

润茶，斟水，逆时针注水至第一个杯子的四分之一处，要求注水细匀连贯。

197

12. 摇香

摇香慢速旋转一圈，快速旋转两圈，逐杯摇香后放回原处。

13. 冲泡

用定点冲泡法注水，第一个杯冲水至三分之二处，调整壶嘴方向，第二、第三个茶杯冲水。

14. 奉茶

端盘至品茗者前，行礼、奉茶。

15. 收具

从左至右，器具返回的轨迹为"原路"，最后一件从茶盘里移出的器具最先收回，并放回至茶盘原来的位置上。先收水盂，之后收茶罐、受污、茶荷、水壶，放回茶盘原位端盘起身。

16. 行鞠躬礼

左脚后退一步，右脚并上，行鞠躬礼。

17. 退回

端盘退回。

三、收尾

收尾工作在水房里完成，不属于演示的内容，但也是修习的重要部分，必不可少。把用过的器具洗净、擦干，再将奉茶的三个玻璃杯收回，清洗、沥干，放入贮藏间对应的柜子内，把场所收拾干净，布置如初。

有始有终，做好收尾工作，也为后面的习茶者做好准备。

四、提示和叮嘱

（一）提示

修习型绿茶玻璃杯泡法的关键点为：取茶量、水温和冲泡时间三个参数的精准调控。

1. 取茶量

以每杯2克茶计算，茶荷取茶的量应是6克，并均匀分入三个玻璃杯中。

2. 冲泡的水温

一般是用刚煮开的水，若是夏天可以直接冲入玻璃壶内使用，若是冬天，玻璃壶下面需放个保温器。水温以85℃以上为宜。

泡茶水温选择85℃并不是担心沸水烫伤茶叶，而是为品茗者着想。品茗者品茶时，茶汤的最佳温度是45～55℃，玻璃杯作泡茶器，又作品茗杯，直接奉茶给品茗者品尝，中间没有使用茶盅这个环节，茶汤温度无法快速下降，所以，尽量不用水温太高的开水。

奉给品茗者的应是一杯浓度和温度都适宜，可口又暖心的茶汤！

3. 冲泡时间

绿茶一般需要泡2、3分钟，茶叶中物质浸出才有一定的量，所以，通常分两次注水，第一次斟少量水，温润一下茶叶，然后摇香，让茶叶充分舒展。摇香的重点在把握摇香的速度，以茶叶条索紧结程度确定摇香的速度，茶叶紧结则摇香缓慢，茶叶松散则摇香快速。第二次注水时，让茶叶在杯中上下翻滚，可以用一次定点冲泡法，也可以用三上三下定点冲泡法，目的是使茶汤浓度上下一致，也有利于散热。

（二）叮嘱

1. 适时续水

当奉给品茗者的玻璃杯中茶汤还剩三分之一时，可续水，绿茶一般可续两次水。

2. 当心烫手

玻璃杯传热快，容易烫手，握杯时尽量握住杯底较厚的部分，用中指和拇指握住杯底，其余手指自然弯曲，虚护。握住杯子的右手在行茶过程中始终不放开，直至将其放于固定的位置上，安顿好后，才依依不舍地松手。

3. 一心一意

温杯过程中，要求杯子倾斜，热水温到杯口，杯子旋转360°，热气环绕杯内旋转一圈，犹如一片白云飘过，很静、很美！但难度有点大，需非常专注，不小心水会外溢或温烫不到杯口。掌握动作要领，专注、放松，反复练习，心会慢慢安静下来，才能聚精会神。

4. 放松与坚持

大多数初学者认为冲泡绿茶比较简单，听老师讲解和看老师演示也不难，但往往自己动手练习时发现有点难，与原来的预期不一致，于是有些初学者会产生畏惧心理，有的人甚至想修改动作和流程，按自己的方式去做。这种想法和做法阻碍了进入师门的脚步，仿佛一只脚跨进门槛里面，另一只脚留在门槛外面，往门内探了一下头，又退出来了。我们都知道万事开头难，只要按动作要领一个动作、一个动作做到位，并按流程连贯起来，多练习几遍，慢慢就找到感觉了。

慢慢练，欣赏、享受练习的过程吧！

第二节　红茶瓷盖碗泡法

红茶可以用盖碗、杯、壶等冲泡，器具质地以陶与瓷为主，细嫩的工夫红茶也可以用玻璃器具。该套茶艺以小叶种工夫红茶为例，选用瓷盖碗、盅与品茗杯，内壁均为白色，可观汤色，外表红色，与红茶的暖色调协调一致。

一、准备

备具　三个品茗杯倒扣在杯托上，形成"品"字形，放于茶盘中间，其余器具左右两边均匀分布。茶盘内右下角放水壶，右上角放水盂，茶荷叠于受污上，放于茶盘中间内侧，茶盅、盖碗、茶叶罐依次放于左侧。各器具在茶盘中均为固定位置。器具清单如表16-2。

表16-2　红茶瓷盖碗泡法的器具

器具名称	数量	质地	容量或尺寸
盖碗	1	瓷质	高5.5厘米，直径10厘米，容量150毫升
茶盅	1	瓷质	直径6厘米，高7厘米，容量150毫升
品茗杯	3	瓷质	直径7厘米，高4厘米，容量70毫升
杯托	3	木质	直径8厘米
茶叶罐	1	竹制	直径5.5厘米，高7厘米

器具名称	数量	质地	容量或尺寸
茶荷	1	竹制	长11厘米，宽5厘米
水壶	1	陶质	高12厘米，直径8厘米，容量500毫升
受污	1	棉质	长27厘米，宽27厘米
水盂	1	瓷质	直径12厘米，高8厘米，容量400毫升
茶盘	1	木质	长50厘米，宽30厘米，高3厘米

备具

二、流程

上场→放盘→行礼→入座→布具→行注目礼→取茶→赏茶→温碗→弃水→置茶→润茶→摇香→冲泡→温盅→温杯→弃水→沥汤→分汤→奉茶→收具→行礼→退回

1. 上场

端盘上场，右脚开步，目光平视，身体放松、舒适，上手臂自然下坠，腋下空松，小手臂与肘平，茶盘与身体有半拳的距离。

2. 放盘

右蹲姿，双手向左推出茶盘，放于桌面中间位置。双手、右脚同时收回，成站姿。

3. 行鞠躬礼

行鞠躬礼，双手松开，紧贴着身体，滑到大腿根部，双手臂成弧形，头背成一条直线，以腰为中心身体前倾15°，停顿3秒钟，身体带着手起身成站姿。

4. 入座

入座。

5. 布具

从右至左布置茶具。移水壶，双手捧壶表恭敬，放于右侧茶盘旁。双手捧水盂，移至水壶后，与水壶成一条外"八"字线。移茶荷，放于茶盘后。移受污，放于茶盘后。

移茶罐至茶盘左侧前端。移盖碗至茶盘右下角。移茶盅至茶盘左下角，与盖碗、品茗杯在茶盘中形成一个大的"品"字形。依次翻杯。

6. 行注目礼

坐正，面带微笑，用目光与品茗者交流，意为"我准备好了，将为您泡一杯香茗，请耐心等待。"

7. 取茶

茶叶罐从左手换至右手，左手拿起茶荷，右手转动取茶。

8. 赏茶

双手托茶荷，手臂成放松的弧形，腰带着身体从右转至左。

9. 温碗

注入三分之一碗热水，温碗。

10. 弃水

弃水。

11. 置茶

置茶。

12. 润茶

右手提水壶，转动
手腕逆时针注水至
四分之一碗。

13. 摇香

摇香，慢速逆时针
旋转一圈，快速旋
转两圈。

14. 冲泡

定点冲泡，往茶盅
里注水至六分满。

15. 温盅

温盅的水依次注入
3个茶杯。

16. 温杯

温杯的速度视投茶量、水温而定，水温高、茶量多速度宜快，反之，速度宜慢，要灵活掌握。

17. 弃水

弃水，杯底在受污上压一下，以吸干水渍。

18. 沥汤

沥汤。

19. 分汤

分汤。

20. 奉茶

端盘行奉前礼。

品茗者回礼。

将茶杯放至品茗者伸手可及处，行奉中礼。

品茗者回礼。

左脚往后退一步，右脚并上，行奉后礼，品茗者回礼。

转身，移动品茗杯至均匀分布，移步至其他品茗者对面再奉茶。

21. 收具

从左至右收具，器具返回的轨迹为"原路"，最后移出的器具最先收回，并放回至茶盘原来的位置上，依次收回茶盅、盖碗、茶罐、受污、茶荷、水盂、水壶。

22. 行鞠躬礼

行礼。

23. 退回

退回。

三、收尾

品茗杯收回，所有器具与用具都清洗干净，整理好。若有后续的习茶者，交于同习者；若本次习茶完成，器具放于柜子内固定的位置，以便下次再用。

收尾工作结束，才是一次习茶结束！

四、提示和叮嘱

（一）提示

修习型红茶瓷盖碗泡法的关键点为选择合适的茶具，以及投茶量、冲泡时间与水温三个参数的精准调控。

1. 选择合适的器具

红茶汤色红，器具内壁以白色最能衬托红茶的汤色。陆羽《茶经·四之器》中，将邢瓷与越瓷做了比较，"若邢瓷类银，越瓷类玉，邢不如越一也；若邢瓷类雪，则越瓷类冰，邢不如越二也；邢瓷白而茶色丹，越瓷青而茶色绿，邢不如越三也……"越瓷青，"青则益茶"，邢瓷白，显"茶色丹"，陆羽所描述的器具是针对当时生产的蒸青团饼绿茶而言。而对于红茶，则相反，白瓷衬汤色，青瓷不衬汤色。所以，红茶的品茗杯一般选择内壁白色的瓷杯，或透明的玻璃小杯，其他色泽的品茗器均不如白色能衬托茶汤的颜色美。

2. 投茶量、冲泡时间与水温等冲泡参数设定及行茶中的灵活调控

红茶的原料有大叶种和中小叶种。大叶种红茶如滇红，内含物质丰富，投茶量应适当减少，冲泡时间缩短，茶水比为1∶60～1∶70，冲泡时间1分钟，水温95℃左右为宜。小叶种红茶如祁门红茶，茶叶细嫩、紧结，投茶量可适当大些，冲泡的时间适当延长，以茶水比为1∶40～1∶50，冲泡时间2、3分钟，水温85℃左右为宜。在行茶流程设计上，冲泡滇红时，温品茗杯可以在冲泡前完成，茶叶浸泡的时间适当缩短；冲泡祁红时，温品茗杯可在冲泡后完成，茶叶浸泡的时间适当延长，目的是使茶汤浓度适宜。

若是遇到因发酵过度带有酸味的红茶或因发酵不足带青气的红茶，水温不宜太高，略开盖，浸泡时间也不宜过长。

（二）叮嘱

修习茶艺演示时，一般只冲泡一次，茶叶可溶成分只浸出一部分，因此，可以继续用生活茶艺方法冲泡，分享茶汤。浸泡时间第二泡可以缩短，第三泡起适当延长，红茶一般可泡3～5次，直至将绝大部分能溶解于水的成分浸出，不能浪费茶叶。

第三节　乌龙茶紫砂壶双杯泡法

乌龙茶大多用小壶泡或盖碗泡。小壶双杯是指一把小壶、几组品茗杯和闻香杯。小壶质地可以是陶、瓷、金属等，选用收口、深腹的壶以聚香；品茗杯以内壁白色为佳，便于观汤色；闻香杯为圆柱状、稍高、收口，用来闻香。

该套紫砂器具与流程适合颗粒状乌龙茶的冲泡，如安溪铁观音、台湾的冻顶乌龙等。

一、准备

事前生好炭炉，或电炉打开煮水开关，或酒精炉点火，放于右边备茶台上或放于右边桌面上，水壶先放于炉上煮水，奉茶盘放在左侧桌面上。称铁观音5克，放入茶罐，备用。

备具 五个品茗杯与五个闻香杯倒扣，分三排，摆成倒三角形放于茶盘中间前部，杯托倒扣，叠放于受污上，放在茶盘中间内侧，茶荷扣在左上角，茶罐放于左下角，茶壶放于右侧中间。器具清单如表16-3。

表16-3 乌龙茶紫砂壶双杯泡法的器具

器具名称	数量	质地	容量或尺寸
紫砂壶	1	陶质	直径8厘米，高8厘米，容量160毫升
闻香杯	5	陶质	20毫升
品茗杯	5	陶质	25毫升
杯托	5	陶质	长10.5厘米，宽5.5厘米，厚0.8厘米
双层茶盘	1	竹制	长45厘米，宽28厘米，高7厘米
茶叶罐	1	竹制	直径7.5厘米，高10厘米
茶荷	1	竹制	长11厘米，宽5厘米
水壶	1	银质	直径14厘米，高12厘米，1200毫升
煮水器（炉）	1	/	直径15.5厘米，高10厘米
受污	1	棉质	长27厘米，宽27厘米
奉茶盘	1	木质	长28厘米，宽9厘米，高3厘米

备具

二、流程

上场→放盘→行礼→入座→布具→行注目礼→取茶→赏茶→温壶→置茶→冲泡→淋壶→温杯→分汤→奉茶→示饮→收具→行礼→退回

1. 上场

右脚开步。走至桌子旁，面向品茗者。

2. 放盘

左蹲姿，重心下移，双手向右推出茶盘，放于桌面。

3. 行礼

行礼，停顿3秒钟，身体带着手起身成站姿。

4. 入座

入座。

5. 布具

从右至左布置茶具。移茶壶至茶盘右下角。取、翻茶托，移至茶盘后右侧。移受污、茶罐、茶荷。翻品茗杯，五个品茗杯摆放似五个花瓣。翻闻香杯，五个闻香杯摆放似五个花瓣。

6. 行注目礼

行注目礼，
目光与品茗
者交流。

7. 取茶

取茶。

8. 赏茶

赏茶。

9. 温壶

温壶，将温壶的水依
次注入5个闻香杯和5个
品茗杯。

10. 置茶

置茶。

11. 冲泡

冲泡。

12. 淋壶

淋壶。两手端起靠近身体的两个闻香杯，将茶汤淋于壶身上。再分次端起中间两个和最远处一个闻香杯，淋壶后放回原位。

13. 温杯

温杯。

14. 分汤

分三巡依次将茶汤注入闻香杯至七成满。左手取杯托，右手取对应位置的品茗杯与闻香杯放在杯托上。左手握杯托，放于奉茶盘左前。

15. 奉茶

行奉前礼，品茗者回礼。　　　行奉中礼，品茗者回礼。　　　行奉后礼。

16. 示饮

向右边、左边示意：我们可以品茶了。放下杯托，将品茗杯扣在闻香杯上。手腕转动，从手心朝上，快速翻转至手心朝下。

转动闻香杯，往上提。先观汤色，再用品茗杯小口品饮。

17. 收具

收具，器具返回的轨迹为"原路"，最后移出的器具最先收回。

18. 行礼

行礼。

19. 退回

退回。

特别说明

若是气温比较低，如冬天或初春，茶汤温度容易下降，汤温低于体温时，口感偏凉，所以，奉茶前，可以先把闻香杯扣在品茗杯上，以防汤温太低。具体操作如下：

杯托放于茶盘上。先取闻香杯，放于杯托上，再取品茗杯倒扣于闻香杯上。手心朝上，向上提到一定的高度，翻转。

左手护杯，放下，饮用前再转动提起闻香杯。

三、收尾

收尾工作同上一节。善始善终，养成习惯。

四、提示和叮嘱

（一）提示

修习型乌龙茶紫砂壶双杯泡法的关键点为水温、投茶量和冲泡时间三个冲泡参数的精准调控。

1. 水温

颗粒状乌龙茶以刚煮开的水冲泡，高温冲泡有利于茶香的挥发和茶叶内含物质的浸出。

2. 投茶量

160毫升的小壶，投茶量5克左右。用茶荷取茶法，可以事先称好5克茶，放入茶罐。

3. 冲泡时间

颗粒状的乌龙茶外形卷曲、紧实，吸水后茶叶才舒展，茶叶内含物质溶出所需的时间会比外形松散的茶略长，所以，从茶与水相遇时计时，第一泡30~45秒出汤，第二泡时间缩短至15~30秒，第三泡开始适当延长，需30~45秒。

如上所述，投茶量与水温成为两个不变的要素，仅浸泡"时间"为可变的要素，那么要调控茶汤的浓度就变得容易多了。

另外，若是发酵偏轻、有青气的颗粒状乌龙茶，第一泡出汤后，宜启盖留缝，以散发青气，避免浊汤。

（二）叮嘱

1. 冲泡次数

茶的冲泡次数以茶的内含物质的丰厚程度及茶量的多少而定，乌龙茶一般可泡七次以上。演示结束时，茶叶内尚有大量的可溶性内含物，因此，可以继续冲泡，用茶盅盛汤再次分汤给品茗者。第二泡缩短浸泡时间，第三泡起，每一泡适当延长时间以使茶汤浓度均匀。

2. 初学者不必气馁

一套茶艺是由分解动作连贯而成。动作是基础，每一个动作有舒适性、美观性等要求；流程应符合科学性、逻辑性，如行云流水般流畅；好茶汤才是终极目标。动作、流程、茶汤三者相互之间密切关联，三者同样重要。初学者往往记着这个动作，忘了下一个动作，记住流程又忘记了茶汤浓度的控制。其实，这些都是每一个初学者都会经历的过程。

习茶是由身知到心知、再由心知到身知的过程。每一次练习，内心有所感知，"有体贴别人的心了""内心更静了"这就是最大的进步！

第十七章
生活茶艺基础

生活茶艺与修习茶艺、营销茶艺等不同，生活茶艺侧重茶在日常生活中的运用。本章重点阐述生活茶艺的概念，明确好茶汤的标准，分析影响茶汤的因素，探究生活茶艺的冲泡技术参数，介绍常用的十大冲泡法。"茶汤质量比拼"是茶艺竞赛中模拟生活场景，考核选手生活茶艺水平的重要模块，本章将详细分析竞赛中如何调控茶汤质量。

第一节　生活茶艺概述

生活茶艺侧重茶在生活中的运用，有其自身的特征、冲泡方法与技巧。

一、生活茶艺的概念和特征

明晰生活茶艺的概念与特征，有利于我们在日常生活中"用"好茶，泡出"好茶汤"，享受茶带给我们的美好感受。

1. 生活茶艺的概念

生活茶艺是指人们在日常生活中，遵循一定的礼仪规范，运用技术和技巧，进行茶汤冲泡和品饮的艺术。生活茶艺的概念包括茶席布设、科学实用的沏茶技艺和规范的待客礼节等。其核心技艺是通过对茶水比、水温、浸泡时间等技术参数的合理设计，使茶汤的香气、滋味适合品饮者的需求，从而令饮茶者达到身体的舒适和精神的愉悦。在这个过程中，遵守礼仪规范是基础，科学呈现茶汤品质是核心，主宾双方获得内心的和谐与精神的审美愉悦是根本。

2. 生活茶艺的特征

生活茶艺被广泛应用于人们日常饮茶生活中，有三个主要特征：实用性、规范性、审美性。

（1）实用性

与修习茶艺相比，生活茶艺强调茶艺在日常生活中的实践与运用，侧重实用性，茶席布设，礼仪运用，语言表达等都需要符合人们饮茶生活的习惯。泡茶人应亲切自然，茶席茶具简约朴素，冲泡流程科学合理，以发挥茶性为主，最终以"沏一杯好茶"为实用目的。

（2）规范性

在尊重各地、各民族饮茶习俗的基础上，生活茶艺需要遵循茶艺的规范性，这里的规范性主要体现在人们对茶叶的科学认知，遵守茶艺的基本操作规范，通过冲泡技术参数的合理设计，呈现不同茶叶的最佳风味。

（3）审美性

生活茶艺是一种具有生活审美情趣的饮茶艺术，侧重于茶汤的呈现与审美。但是"美不自美，因人而彰"，人们在日常生活中，以饮茶生活作为审美对象，在长期自觉的体验和积累中，养成良好的修养和品格，从而拥有艺术化的生活。

我们在追求茶带给我们愉悦健康的同时，实践对美好生活的向往，体验现实生活中的美感，真切地享受饮茶的情趣。

二、"好茶汤"的要求

需明确"好茶汤"的要求是什么？何以评判，这杯茶是否泡得好？无论是什么类型的茶艺——生活茶艺、营销茶艺、修习茶艺及演示茶艺，对于同一款茶，对"好茶汤"的要求是一致的。一般我们可以从以下七个方面来体验或感知一杯好茶汤。

1. 汤色明亮

六大茶类茶汤的色相跨度比较大，红、橙、黄、绿，茶汤颜色没有优劣之分，与相应茶类的特征符合即可。汤色是否明亮是分辨茶汤优劣的标准之一。汤色亮，给人以愉悦感；汤色混浊，给人以不明朗感。

2. 滋味浓淡适宜

滋味浓淡适宜是指：口感协调，不苦不涩，有一定的厚度。水或淡茶不苦不涩，但没有厚度，不能称之为汤，汤需要有一定的稠度。茶叶中的茶多酚呈苦涩味，咖啡因呈苦味，氨基酸呈鲜味，这些呈味物质溶解在茶汤中，并有一定的量，且比例适当，口感才鲜、醇、厚、协调。

3. 香气高扬、持久、有层次感

充分发挥出茶应有的香气，并聚集于茶器中，尽量不让茶香飘散在空气中。每泡茶汤中含香丰富，饮后才齿颊留香。有些茶的香气是复合型的，专业用语为"馥郁"，"馥郁"意为多种香的复合，且香气浓郁。在冲泡的过程中，由于香气成分挥发的温度、分子量大小不同，茶香会分离，如我们泡优质红茶时，花香、甜茶、蜜香、果香等香型在不同的冲泡阶段呈现，这就是香气的层次感。

4. 茶叶的个性明显

同一茶类中不同的茶叶有其共同的特性，更有不同的个性。比如西湖龙井与碧螺春同属绿茶，外形、香气、滋味皆不同，若两杯茶汤能明确体现西湖龙井和碧螺春的特征，说明泡出了茶的个性。又如绿茶类的安吉白茶、中黄系列品种的缙云黄茶、龙游黄茶等，这些茶氨基酸含量高达6%～9%。氨基酸的浸出对水温要求不高，而茶多酚和咖啡因的浸出需要高水温。因此，若用中温或低温泡这些茶，茶汤中氨基酸与茶多酚的比例会更为协调，茶汤的鲜味比较明显，也更突出了茶的个性特征。

5. 茶汤温度适宜

茶汤温度往往被我们忽视。茶叶感官审评标准中，品茶汤最合适的温度为45～55℃，不烫也不冷。低于45℃，汤感偏冷；高于55℃，汤感偏热；超过63℃，明显感觉太烫，不能入口，也容易烫伤味蕾细胞。直接吞咽温度太高的茶汤或其他食物，会损伤食道黏膜，长期的高温刺激可能引起食道的不良病变。所以，一般奉给品茗者的茶汤，应浓度和温度均适宜。品茗者不需要等待，即可直接饮用。

6. 每一杯茶汤的浓度基本一致

如果有一款茶，可以泡5泡，每一泡分为6杯，共计30杯。"每一杯的浓度一致"是指这30杯茶汤的浓度要求基本一致。经国家级周智修技能大师工作室团队实验研究，六大茶类的代表性茶样若均泡5次，基本上有共同的浸出规律（见后文）。根据这个规律，可以通过调控浸泡时间，使每一杯茶汤的浓度基本一致。

7. 芽叶沉于杯底

选用透明的容器泡茶，尽量让芽叶展开，沉于杯底。若见芽叶浮于水面，多数人认为茶没有泡好。如果用不透明的容器，就没有这个问题。

三、影响茶汤的因素

影响茶汤的因素包括物质因素、技术因素、操作因素、神态因素。物质因素是基础，是形成茶汤的关键。茶叶品质高低、水质优劣、器质与器形、煮水的热源这四者对茶汤有决定性的影响。

此外三个因素：技术因素包括水温、茶水比、浸泡时间，技术因素的调控能有效发挥和表达茶叶本身品质水平；操作因素主要是指注水、沥汤、分汤、刮沫等泡茶工序；神态因素是指泡茶人的注意力是否集中。操作因素与神态因素是辅助因素，对茶汤优劣有影响，但不起决定作用。物质因素与技术因素才是对茶汤品质起决定作用的主要因素。

（一）物质因素

明代许次纾《茶疏》中说："茶滋于水，水藉乎器，汤成于火，四者相须，缺一则废。"茶、水、器、火是影响茶汤的物质因素。

1. 茶

选择本身质量上乘的茶叶，并对茶叶品质水平了如指掌，已经向泡出"好茶汤"靠近了一步。

2. 水

水影响茶汤品质包括两个方面，第一是水质，第二是煮水。

（1）水质

日常生活中，可饮用的水有纯净水、饮用天然水、天然矿泉水、自来水等，但用来泡茶不一定都

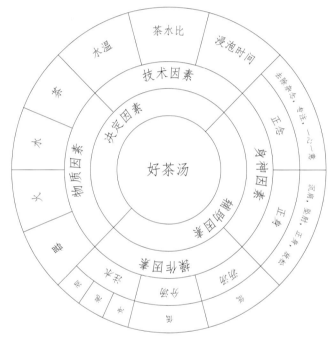

图17-1　影响茶汤的因素

适宜。古人大多从感官视角来判别水质，认为"清、轻、甘、洁、冽、活"的水适宜泡茶。现代科学技术，可以分析水中的阳离子（钠、钙、镁、钾）、含氧量、含二氧化碳量以及测定水的pH、硬度、电导率等。尹军峰等研究表明，泡茶用水的选择的条件为：

① 符合饮用水的基本指标。

② 符合三低要求：低矿化度、低硬度、低碱度。溶解性固体总量（TDS）<100毫克/升，溶解性固体总量能达（TDS）<50毫克/升则更佳，钙、镁离子<10毫克/升，水pH6.5～7.0。

③ 水中含有一定量的天然氧气和二氧化碳。水中含氧量高，茶汤活；水中二氧化碳含量高，茶汤爽。

（2）煮水

煮水古代又称为候汤或汤辨。古人特别重视候汤。陆羽《茶经·五之煮》中指出："其沸如鱼目，微有声为一沸；缘边如涌泉连珠，为二沸；腾波鼓浪，为三沸，已上水老不可食也。"煮水应急火猛烧，煮至二沸。唐代时，用釜或茶铛煮茶，可见鱼目、连珠和腾波鼓浪，用视觉可以判断煮水的程度。

到了宋代，用汤瓶煮水，用茶筅在盏中点茶。那如何候汤？苏东坡有诗云："蟹眼已过鱼眼生，飕飕欲作松风鸣。"当听到"松风"声音时，此水点茶恰到好处。古人特别强调水不能煮老，"过则汤老而香散，决不堪用"。因此，宋徽宗在《大观茶论》中说："凡用汤以鱼目、蟹眼连绎并跃为度，过老则以少新水投之，就火顷刻而后用。"

3. 器

我国茶器的创造，体现人们的智慧、技艺与情感。茶器文化是茶文化的重要组成部分，随着茶文化的发展而发展。茶器历史悠久，种类繁多。以质地分，有陶、瓷、玻璃、石、漆、铁、铜、银、金等；以形状分，有碗、杯、盅、壶、托、瓶、盘、承等。瓷茶具有龙泉青瓷、德化瓷、青花瓷、青白瓷、汝瓷、钧瓷等；陶茶具有宜兴紫砂、建水紫陶、钦州坭兴陶、重庆荣昌陶等。现在的茶具传承了古代的工艺和审美，又融入现代的创新思想和技艺，品种可谓琳琅满目，各具特色。选择什么茶具来泡茶，对于初学者来说并非易事。

生活中，常用的茶器具主要有三类，陶、瓷和玻璃。陶、瓷茶具的作胎原料、烧成温度不同，一般瓷器的烧成温度高于陶器。陶器的气孔率、吸水率比瓷器高，而传热瓷器比陶器快速。具体见表17-1：

表17-1　陶与瓷的特性

特性	陶	瓷
作胎原料	黏土	瓷石或瓷土
温度	700～1200℃	1200℃以上
气孔率	12.5%～38%	4%～8%
吸水率	8%以上	0～0.5%
传热	慢	快

玻璃茶具传热快，易碎，易烫手，但透明，可欣赏茶的汤色和叶底。玻璃茶具与陶瓷茶具比较，玻璃茶具能直观表现茶的香气和滋味；陶瓷茶具能充分展现茶的优良品质。瓷茶具和陶茶具相比，茶具质地、胎的厚薄、器形、釉质和色彩、气孔率、传热速度等均对茶汤的滋味、香气、汤色产生影响。具体选用什么器具，可以从三个方面做比较研究：① 煮水器是否对水质有改善；② 泡茶器是否有益香气和滋味的呈现；③ 盛汤器是否衬汤色、护香气、护汤温。煮水器、泡茶器、盛汤器是影响茶汤的主要器具。

4. 火

明代许次纾认为："火必以坚木炭为上；然木性未尽，尚有余烟，烟气入汤，汤必无用。"唐代陆羽也认为，煮水最好用木炭，其次为硬柴。有油腥味的木炭和含油脂的木柴，都不适合煮水。

现代人以电、气作为热源，用茶壶煮水方便、快捷，但是少了几分古人的情调和闲适。若条件允许，不妨学古人炭炉煮水，增添趣味，又益茶汤。

（二）技术因素

技术因素是调控茶汤的关键。投茶量，即茶水比影响茶汤浓度；泡茶水温，影响物质浸出速度和香气的挥发；浸泡时间，影响茶汤的浓度。

（三）操作因素

泡茶操作步骤如布具、温杯、翻杯、置茶……有几十个之多，与茶汤密切相关的操作，主要包括注水、沥汤、分汤等。注水分斟、沏、泡、冲四种方法。这四种方法，使茶受水的冲击力不同，水对茶的冲力越大，内含物质浸出越多。

沏是先将水注到壶盖或杯盖、碗盖上，再让水流入容器内，茶受的冲击力最小；泡是水注沿容器边缘流入容器中，茶受的力较小；冲是水注对准容器中心直冲茶上，与沏、泡相比，茶受的冲击力最大，加速了茶中物质的浸出。此外，水注的高低、粗细，也影响茶受的力，水注越高、越粗，茶受力越大。上下起伏注水比定点注水更有利于茶叶内含物质的浸出。

沥汤和分汤主要影响茶汤的香气和茶汤温度。沥汤、分汤，一般要求沿容器边缘注入，不宜太高，以防香气失散。

（四）神态因素

泡茶者内心平静，神态自如，心无杂念，专注；身体放松，身正、肩沉、肘坠；动作稳重、舒适、灵活、流畅。这样才能精准把握茶量、水温与浸泡时间，减少误差，泡出理想的茶汤。

四、冲泡技术参数

第十二章详细介绍了修习茶艺的冲泡技术参数。生活茶艺与修习茶艺的功能不同，冲泡技术参数也不相同。对于同一款茶，生活茶艺与修习茶艺，冲泡的水温是一致的。生活茶艺一般要求出汤快，不宜等待太久，浸泡时间短。而修习茶艺需要完成一定的动作流程，浸泡时间相对略长。为了达到同样的"好茶汤"的目的，生活茶艺的投茶量比修习茶艺的投茶量多。冲泡技术参数对比如表17-2。

表17-2　生活茶艺与修习茶艺冲泡参数比较

	修习型茶艺	生活茶艺
水温	一致	一致
时间	长	短
茶量	少	多
次数	一次	多次

1. 生活茶艺冲泡技术参数

泡茶过程中有三个变量：茶水比、水温、浸泡时间，如果三个变量都在变，我们就很难调控。如果把茶水比、水温固定，成为不变量，只有浸泡时间一个变量需要控制，那么泡茶就变得容易。经国家级周智修技能大师工作室团队，对六大茶类的代表性茶样（白牡丹、莫干黄芽、龙井茶、工夫红茶、凤凰单丛、六堡茶）冲泡技术参数研究发现：若六款茶分别泡五泡，并要求每一款茶每一泡的茶汤浓度基本一致，茶水比和水温两个变量固定，六款茶的浸泡时间存在同样的规律——即第一泡浸泡时间确定后，第二泡缩短，第三泡开始，每一泡适当延长。至于具体延长的时间，由茶本身特性、茶量等而定，每一款茶都不同。具体见表17-3。

表17-3 六大茶类代表性茶样冲泡技术参数

茶类	白茶	黄茶	绿茶	红茶	乌龙茶	黑茶
茶名	白牡丹	莫干黄芽	龙井茶	工夫红茶	凤凰单丛	六堡茶
泡茶要素	5克 90℃ 100毫升	3克 80℃ 100毫升	3克 63℃ 100毫升	4克 80℃ 100毫升	5克 75℃ 100毫升	5克 90℃ 100毫升
第一泡时间	1′	1′25″	1′20″	45″	1′10″	40″
第二泡时间	30″	50″	1′	25″	55″	10″
第三泡时间	40″	1′	1′35″	40″	1′	15″
第四泡时间	1′10	1′30″	1′50″	1′30″	1′20″	20″
第五泡时间	1′30″	2′10″	2′30″	2′20″	2′	25″

2. 技术参数的说明

对上表中的技术参数，有三个问题需要说明：

（1）关于浸泡水温

表中正常大气压下，沸水注入容器时，由于热量散发，容器吸收热量，水与茶相遇时的温度一般会降到90℃或以下。因此，表中水温最高为90℃，而不是100℃。凤凰单丛有天然的花香、蜜香，是茶中珍品，但茶叶中酯型儿茶素含量比其他茶偏高，酯型儿茶素呈苦涩味，浸出的量与水温呈正相关，实验表明，用75～80℃冲泡，凤凰单丛茶香浓郁，滋味醇爽而不苦。所以凤凰单丛只用了75℃水温，而不是100℃。龙井茶冲泡没用85℃的水，而用63℃的水。一般情况下，优质绿茶氨基酸含量较高，用63℃的水冲泡，氨基酸与茶多酚在茶汤中的比例协调，茶汤的鲜度比较明显。

（2）关于参数

表中的六种茶的参数，是针对当时的六款茶样得出的实验结果。茶样的等级、整碎、品种、工艺、烘焙的程度均会影响茶汤的滋味和香气，因此，此表参数仅作为泡茶参考，对于具体的一款茶，可以做适当的调整。

（3）关于洗茶

生产符合安全卫生条件，出厂时符合标准的茶产品，不需要洗茶。

五、操作流程

生活茶艺与修习茶艺的显著区别是简与繁，生活茶艺省略仪式化和程式化的步骤，但两者的核心是一致的，即泡好一杯茶汤。生活茶艺主要操作步骤为：温器→置茶→温润泡→冲泡→出汤→分茶→奉茶→品饮→第二次冲泡→出汤……

六、微瑕茶的泡法

微瑕茶是指有小弊病的茶。冲泡一款几近完美的茶，比冲泡有小弊病的茶容易得多。色香味俱佳的茶，可用刚开的水泡，可用中温水泡，也可以用低温水泡，同一款茶可以泡出不同的风味。

生青、烟、焦、老火、高火、异味、杂味、酸、酵气、浓、涩、苦等是茶叶常见的品质弊病。对于存在品质弊病的不完美的茶，泡茶时要尽量避免或弱化茶汤中出现这些弊病。有酸味、酵气、生青味的茶，可适当降低水温，令茶叶的弊病不明显；有烟、焦、火味、异味杂味的茶，前1~3泡，水温可适当降低，并开盖，让不良气味挥发，当茶的真香呈现时，加盖、加温冲泡。

七、应避免的错误操作

既要泡出好茶汤，又要招待好品茗者，并非一件容易的事。泡茶者需要全身心投入，有娴熟的技艺和渊博的知识储备，言语、礼仪得当，让品茗者舒适、放松地品饮一杯好茶汤。泡茶时，尽量避免一些错误操作。

1. 避免交叉洗杯

日常生活中，有许多品茗者备有自己的茶杯，茶汤从公道杯分到个人杯，安全卫生，符合公德。茶艺师换茶时，往往会把品茗杯用开水冲洗一下，以免串味。这时要避免把甲客人茶杯中洗杯的水倒入乙客人的茶杯，再把乙客人茶杯中的水倒入丙客人的茶杯……这就是交叉洗杯，应避免。

2. 避免每泡不沥干

若每泡不沥干，留在容器里的茶汤量的多少、浸泡的时间都成为变量，接下来的参数很难掌握，也不利于茶汤质量的稳定。

3. 避免温杯托

盖碗或品茗杯大多配有杯托。温杯托对于提高茶汤品质没有实质性帮助，相反，如杯托中沾水，易吸附容器，操作不当时，杯托会掉下，发出不雅的声音。

4. 避免受污与洁方不分

茶巾一般分为受污和洁方，受污擦抹桌面、杯底的水，洁方可以擦茶杯口、碗口等，两者一污一洁，不要混用。

5. 避免开盖泡茶

开盖时，可以观察茶汤汤色，但同时，茶香挥发在空气中，人吸入鼻腔的量减少，浪费很多。关于加盖闷熟茶叶或闷酸茶叶的说法，科学依据尚不够充分。

第二节 十大烹茶法

泡茶可简可繁，生活中常常去繁求简。泡茶方法有多种，本节介绍杯泡法、同心杯泡法、常温泡法、保温杯泡法、盖碗泡法、壶泡法、煮茶法、点茶法、大缸泡法、冰泡法等十种烹茶法。

一、杯泡法

杯泡法是日常生活中较常用的方法，操作简便。投入适量的茶叶，再注入适量的热水，冲泡一定的时间，即可以随杯饮用。倘若是透明的玻璃杯，则可以清晰地看到芽叶在水中的优美形态。明代张源《茶录》中说："投茶有序，毋失其宜。先茶后汤，曰下投；汤半下茶，复以汤满，曰中投；先汤后茶，曰上投。春、秋中投，夏上投，冬下投。"表明了古人已经有根据季节的变化来调整茶叶冲泡方法的习惯。而今，人们通常根据茶叶的外形特征来确定上、中、下投的泡法。以绿茶为例，一般适合上投法的茶叶外形较为细紧、卷曲、重实，显毫，如碧螺春、都匀毛尖等。适合下投法的茶叶则多为扁形、兰花形或颗粒型，体积较大，如西湖龙井、太平猴魁等。外形介于上投和下投之间的绿茶，则多用中投

图17-2　玻璃杯泡法

图17-3　同心杯泡法

图17-4　常温泡法

图17-5　保温杯泡法

法进行冲泡（图17-2）。

二、同心杯泡法

同心杯具有分离茶汤的作用，能够很好地把握茶汤的浓度。同心杯的杯身中另配有一个独立存在的过滤内胆，内胆的四周分布有均匀的小孔。将茶叶置于内胆中，并往内胆中冲入适量的热水，使茶叶充分舒展至适宜的茶汤浓度，取出内胆即可将茶叶和茶汤分离。待杯子中的茶汤基本饮尽后，再将内胆重新放置于杯中，进行第二次冲泡、第三次冲泡……较茶水不分离的杯泡法，同心杯泡法的投茶量宜增加（图17-3）。

三、常温泡法

所谓"常温泡法"，是用常温的水直接冲泡茶叶。此时茶叶的内含物质浸出较慢，投茶量可以适当增大，投茶量一般为用沸水冲泡的2倍，并应延长泡茶的时间。研究表明，与茶汤苦涩味息息相关的茶多酚、咖啡因等物质，在低水温条件下浸出很慢；而呈鲜味的氨基酸等物质在低水温时即可浸出。常温泡法有利于调节茶汤中的氨基酸与茶多酚、咖啡因的比例，提升茶汤的鲜爽味，降低苦涩感（图17-4）。

四、保温杯泡法

保温杯内壁主要有高硼硅玻璃和不锈钢两种材质，具保温功能，在高温状态下，茶叶中的内含物质，如茶多酚、咖啡因、茶氨酸会源源不断地浸出，长时间浸泡会造成茶汤过浓，产生所谓"熟汤味"。但只要掌握了一定的冲泡技巧，也可以泡出可口的味道（图17-5）。

以冲泡西湖龙井茶为例，控制投茶量、降低水温，茶水不分离。西湖龙井茶水比例适宜在1∶190左右，这样泡出来的茶汤浓淡相宜，苦涩度低，滋味鲜醇。水温的控制也是关键。采用二段冲泡法，第一段润茶时要用开水，确保干茶芽叶得到浸润、充分舒展，利于滋味物质、香味物质的析出；浸润

图17-6　盖碗泡法

图17-7　壶泡法

泡后，第二段冲泡，如是冬天，可以采用80～95℃的水；如是夏天，水温应该控制在60～65℃。春夏两季选用高硼硅玻璃保温杯；秋冬两季，以不锈钢的保温杯为宜。

五、盖碗泡法

盖碗可以作为泡茶器，也兼具品饮功能，同时蕴含着"天人合一"的中国传统哲学思想，是具有中国特色的饮茶器具。上面的盖能够有效地保留香气，下方的托有助于隔热，方便持饮，美观而实用（图17-6）。

对于各类茶品，盖碗都可以作为主泡器，控制好茶水比、冲泡温度和冲泡时间等技术参数，将泡好的茶汤沥至公道杯，茶水分离，再进行分茶，根据茶叶品质的不同，细嫩的茶叶可以冲泡3～5道茶汤，成熟度较高的原料制成的茶叶可以冲泡7、8泡，甚至更多。

六、壶泡法

壶作为常用的泡茶器具之一，深腹收口，保温性能好，加盖后聚香，能够更好地呈现各类茶的风味及品质特征，特别是汤中含香优于其他器形的泡茶器具（图17-7）。

陶质的茶壶形态质朴，透气而不夺香，适合各类茶的冲泡。冲泡不发酵或轻微发酵的茶时，一般选用身筒低矮、壶口较大、胎体较薄的壶具；冲泡半发酵或全发酵的茶，则选用身筒较高、壶口较小、胎质较厚的壶具。在冲泡时，高水温、急冲水，可以激发出茶叶的香气，茶汤中的浸出物相对较多，滋味较醇厚。相反，较低的水温缓冲，泡出来的茶汤滋味相对淡薄，香气低沉。

七、煮茶法

"初沸则水合量，调之以盐味……第二沸出水一瓢，以竹箸环激汤心，则量末当中心而下，有顷，势若奔涛，溅沫以所出水止之，而育其华也。"陆羽《茶经》中详细记述了唐代极其考究的煮饮方式。这种始于先秦，完善于唐代的"煮茶法"在当今虽未得到沿用，但人们也据此探索出了一种更为简便而又实用的煮饮方法（图17-8）。

图17-8　煮茶法　　　　　　　　　　　　　　　　　图17-9　点茶法

　　煮茶的关键在于水和器的选择、对投茶量和煮茶时间的把控。考虑到品饮的安全性，建议选择高温烧制的陶瓷壶、玻璃壶、质量较好的银器作为煮茶器。一般来说，自然存放、有一定年份的白茶和黑茶可用煮茶法，能更好地展现其醇厚的口感和陈醇的香气。

　　以寿眉为例，投茶量依人数而定，一般茶水比为1∶80左右。先将山泉水煮沸，再投入茶煮3～4分钟，即可沥汤，茶水分离，不可文火慢炖。第二泡煮5分钟左右，此时茶叶中的内含成分已基本浸出，口感也恰到好处。

八、点茶法

　　"点茶"早在宋代便已成为一种风靡整个社会的"斗茶"方式，人们在"不斗不欢"中自得其乐。无论是北宋蔡襄的《茶录》，还是宋徽宗赵佶的《大观茶论》，都详细记录了当时的点茶程序和茶汤审美的意趣。然而，这种"点茶"方式在现今已经难寻踪影，取而代之的是一种融合了现代茶科技与行茶方式的新型"玩茶"方法——七汤点茶法（图17-9）。

　　七汤点茶法所用的茶粉基于原料的不同，也可以归为六大类，其中以绿茶粉使用最多。点茶的关键不仅在于掌握好水温、投茶量、注水方法和次数，更在于持茶筅击拂的手法。击拂时速度由快到慢，使得茶粉与空气、水充分调和。所谓"七汤"即沿用了赵佶的点茶理念，先调膏，再注水，称之为"第二汤"，"第二汤自茶面注之，周回一线，急注急上"，之后从"第三汤"一直加至"第七汤"为止，形成丰富、细腻、绵长、柔滑的沫饽。

九、大缸泡法

　　大缸泡法适于品饮者较多的场合，根据缸的大小，可以同时为数十人甚至数百人提供可口的茶汤。大缸泡法，即使用稍大一些的茶缸（玻璃碗、瓷碗、陶碗等均可）来泡茶，茶水不分离，品饮者可以用

图17-10 大缸泡法

汤匙将泡好的茶汤舀入茶盅或者直接分茶至小品茗杯品饮的一种泡饮茶方式。这种冲泡方式在日常生活中多见于冲泡细嫩的绿茶，想得到爽口甘鲜的茶汤，要求冲泡者把控好冲泡参数，投茶量通常需减少一半。由于茶缸大且敞口，水温下降速度快，要求注水时的水温在90℃以上，使茶叶内含物质更好地溶出。缸内清澈明亮的茶汤，优雅"舞"动的茶叶，扑面而来的茶香，为饮茶增添了情趣（图17-10）。

十、冰泡法

炎炎夏日中需要一丝清凉慰藉身心，因此，冰泡法逐渐受到越来越多年轻人的追捧。这种"泡"茶方法并不是用冰水来冲茶，而是利用冰块来"浸泡"茶叶。茶叶选用细嫩的绿茶、红茶或者发酵相对较轻的乌龙茶为佳，冰泡茉莉花茶、桂花龙井等也别有一番风味。将茶叶先放入盛有冰块的容器中，投茶量为通常的2倍，待冰块慢慢地融化，茶叶中的滋味和香气随之慢慢释放。若想观察冰泡过程中茶叶形态的变化和茶汤色泽之美，则可以选用透明的玻璃茶器（图17-11）。

图17-11 冰泡法

第三节 茶汤质量调控

我们已经对生活中如何泡好一杯茶的技术与技巧进行了深入学习，本节将介绍如何把茶汤质量调控技能应用于茶艺竞技中，从而提高选手的茶汤质量调控能力。

一、什么是茶汤质量

不同茶叶、不同冲泡技术参数、不同冲泡者所呈现的茶汤均不同。茶汤的质量反映了泡茶者对于所冲泡茶品的理解程度、对泡茶流程的熟练程度以及对冲泡参数运用调节的能力，是泡茶者知识水平、冲泡技能、个人素质的综合体现。茶汤质量既是泡茶者练习的基础要求，也是习茶者追求的终极目标。习茶者通过茶叶知识的不断积累、泡茶技艺的不断练习提高、泡茶方法的不断改进，最终目标是呈现茶叶最佳水平的茶汤品质。简单地说，就是"泡出一杯好喝的茶"。

二、竞赛中的茶汤质量调控

近年来，在国家级茶艺竞赛中常常设立"茶汤质量比拼"赛项，选手应如何调控茶汤质量呢？

（一）涉及茶汤质量调控的环节

自2016年第三届全国茶艺职业技能竞赛起，"茶汤质量"分数的占比有所提高。在规定茶艺、自创茶艺、茶汤质量比拼等所有技能操作赛项中均涉及考察选手"茶汤质量"调控的能力。可以说，想要取得好的竞赛成绩，茶汤质量调控能力是关键。

（二）茶汤质量调控赛项

"茶汤质量比拼"赛项首次出现于2016年第三届全国茶艺职业技能竞赛个人赛中。经过第三届、第四届两届竞赛的检验和推广，本赛项不断完善并得到了广泛认同。中国茶叶学会于2019年8月1日发布的T/CTSS 3—2019《茶艺职业技能竞赛技术规程》中指出：茶汤质量比拼（quality competition of tea infusion）是以冲泡一杯高质量的茶汤为目的，考量参赛者冲泡茶汤的水平、对茶叶品质的表达能力以及接待礼仪水平的一种茶艺比赛形式。这是茶艺竞赛中考量选手基本功的赛项，不仅要求选手具备扎实的茶叶基础知识、掌握茶叶审评技能、熟练运用茶叶冲泡技巧、充分展示个人仪态和表达能力，还要求选手具备强大的心理素质和灵活的临场应变能力，是对选手冲泡技能水平的综合考量。2020年12月举办的中华人民共和国第一届职业技能大赛茶艺项目中也包含茶汤质量比拼的赛项。

（三）如何进行茶汤质量比拼

茶汤质量比拼模拟了生活中饮茶场景，从茶汤质量、礼仪、仪容、神态、说茶及冲泡过程等方面对参赛者进行综合考量。比赛所用的茶样为绿茶、白茶、黄茶、乌龙茶、红茶、黑茶等六大基础茶类。

检录后抽茶样签，选手需要从写有六大茶类的茶样签中抽取一个签，比如抽到"绿茶"签，即代表选手将冲泡绿茶。随后选手需从六大茶类的茶样中挑选出签号所示的正确茶样，这是项目顺利完成的前提。如果选错茶叶，仅保留冲泡过程分。

（四）茶汤质量调控的关键步骤

1. 精确分析茶样的品质特征

首先，选手需从六款茶样中准确地挑选出该茶类茶样，用标准的感官审评器具，按GB/T 23776—2018中柱形杯审评法进行感官审评，正确判断茶样的外形、汤色、香气、滋味、叶底的优点与缺点。

要泡好一杯茶，首先要了解和分析所泡茶样的品质特征，这是泡好一杯茶的基础。柱形杯审评法如P65所述。

2. 科学设计茶样冲泡参数

在掌握茶样品质优缺点的前提下，扬长避短，设计冲泡水温、茶水比、浸泡时间等冲泡技术参数，做到心中有数。

3. 科学择水与备器

茶样准备时，选手根据设计的冲泡参数称取适量茶样。在器具选择上，选手要根据裁判人数确定品茗杯个数（要多一杯留给自己，以便于冲泡的过程中实时掌握茶汤变化情况），再由品杯总容量确定所选主泡茶器的容量。冲泡用水也需要精心准备，例如，抽选到需要低水温冲泡的茶样，就不能提着刚烧开的水壶直接进入比赛间，可以适当兑一些冷水调节温度。

4. 精准把握泡茶过程中的参数

茶汤质量比拼赛项中，选手进入竞赛间后，与裁判同席而坐，模拟日常生活中与亲友轻松、舒适品茶的场景，要求选手冲泡三道色、香、味特性显著，浓淡适合，汤量适量，温度适宜的茶汤。

在前面茶样熟悉的环节中，我们已经设计好了该茶的冲泡参数，但在操作过程中往往会出现偏差，影响了最后茶汤滋味的呈现，因而如何精准把握冲泡参数是关键。

（1）茶水比

此参数在茶、水、器准备时通过容器的选择和茶样的称取已经确定，也是最容易精准把控的冲泡参数。

（2）冲泡水温

如抽取的茶样需用沸水冲泡则比较简单，每一泡待水壶中的水加热沸腾后立即使用即可；如设计冲泡水温较低，则可通过细水线、高冲水或茶盅凉水等方式降低水温。

（3）浸泡时间

此参数是竞赛中相对最难掌控的，需要通过流程的精准设计及平时的练习积累方可实现。首先根据审评结果设计好每一泡茶的浸泡时间，再通过温杯、赏茶、闻香、品饮、观叶底、茶品介绍等步骤来控制浸泡时间。比如第一泡茶计划冲泡45秒，就可通过45秒的温杯动作来精准控制。所以选手平时要多加练习，对自己动作的节奏、用时做到心中有数。

5. 竞赛中的细节决定成败

① 汤量适量：奉给裁判的茶汤，汤量要适宜，一般以品茗杯七分满为宜，且每一位裁判的茶量要相同。如发挥失误茶量不均匀，选手可将茶量最少或最多的那杯留给自己。

② 温度适宜：不同温度的茶汤，入口时的滋味感受大相径庭。刚刚冲泡好的茶汤不建议直接奉给裁判，可以通过温杯洁具、赏茶或者说茶等步骤给凉汤留出一些时间。

③ 忌弃汤：选手要看人泡茶，按品茶人数准备相应的茶汤量，倒弃多余茶汤是选手冲泡技能不佳的体现。

④ 关注布具与收具：茶汤质量比拼还考察选手做事的条理性及平时泡茶习惯，要注意器具摆放和拿取顺序以及干湿区分。布具与收具并非赛项考察重点，应通过合理的设计尽量缩短布具与收具的过程，为冲泡留足时间。

第四节　绿茶生活茶艺

在日常生活中为远道而来的客人奉上一杯绿茶，似乎已成为"客来敬茶"最常见的形式。冲泡绿茶可选用浅色盖碗或同心杯，如只有一个人饮茶不需要分茶，用玻璃杯或同心杯冲泡为好。等级高低不同，原料老嫩不同的绿茶，泡茶水温也不同，一般名优绿茶用80～85℃水温冲泡，大宗绿茶用85℃以上水温冲泡，无瑕疵的绿茶也可以用沸水冲泡。与其他茶类相比，绿茶较不耐泡，特别是条形名优绿茶，一般冲泡2至3道。

一、器具选配

泡茶器：玻璃直筒杯、瓷质或玻璃同心杯、盖碗、瓷壶、带滤网茶盅均可。

盛汤器：瓷质或玻璃材质茶盅，瓷质或玻璃材质的品茗杯。

泡茶用水：天然饮用水或纯净水。

选配器具：受污、茶则、茶匙及架、水盂、花器等（图17-12）。

图17-12　备具

二、冲泡参数

以冲泡名优绿茶为例：

泡茶基本要素					
茶	水	器	茶水比	冲泡水温	冲泡时间
特级明前龙井	天然饮用水或纯净水	瓷壶、茶盅、瓷品茗杯	1：33	80℃	第一泡40秒
					第二泡30秒
					第三泡60秒

三、冲泡步骤

1. 温具

温烫瓷壶、茶盅和品茗杯。

2. 投茶

将茶叶投入瓷壶，闻汤前香。

3. 冲泡

可先冲少量水温润泡；再加入热水至七分满，热水均匀地淋在叶片之上。

4. 出汤分茶

将壶中的茶汤沥至茶盅，再分斟至品茗杯。

5. 奉茶

向客人奉茶，一杯留给自己。

6. 品饮

主客一同品饮茶汤，观色、尝味、闻杯底香，交流感受。

7. 续泡

冲泡2～3道，重复步骤3～6。

8. 整理复原

及时清理茶器，保持席面清洁。

第五节 红茶生活茶艺

红茶可以选用多种方法冲泡。袋泡红茶和速溶红茶一般采用杯泡法；红碎茶及红茶片、红茶末一般采用壶泡法，便于茶汤与茶渣的分离；工夫红茶和小种红茶可以用盖碗冲泡，也可以用瓷壶冲泡。细嫩的红茶出汤快，味道鲜甜，宜用75～85℃水温冲泡；粗壮的红茶出汤慢，滋味浓醇，耐冲泡，可用85～95℃的水温冲泡。外国人饮用红茶，习惯在茶汤中添加牛奶和糖，有的喜欢将茶汁倒入有冰块的容器中，并加入适量蜂蜜和新鲜柠檬，制成清凉的冰红茶。

一、器具选配

泡茶器：瓷质盖碗、同心杯、瓷壶均可。

盛汤器：茶盅、内部白色的瓷质或玻璃材质的品茗杯。

泡茶用水：天然饮用水或纯净水。

选配器具：水盂、茶则、茶罐、杯托、炭炉等（图17-13）。

图17-13　备具

二、冲泡参数

以冲泡工夫红茶为例：

泡茶基本要素					
茶	水	器	茶水比	冲泡水温	冲泡时间
一级祁门红	天然饮用水或纯净水	瓷盖碗、茶盅、瓷品茗杯	1：25	80℃	第一泡45秒
					第二泡25秒
					第三泡40秒
					第四泡90秒

三、冲泡步骤

1. 温具

温烫盖碗、茶盅和品茗杯。

2. 投茶

将茶叶投入盖碗，闻汤前香。

3. 冲泡

先以少量热水温润泡；再加入热水至七分满，热水均匀淋在叶片之上。

4. 出汤分茶

将盖碗中的茶汤沥至茶盅，再分斟至品茗杯。

5. 奉茶

向客人奉茶，一杯留给自己。

6. 品饮

一同品饮茶汤，闻汤香、观色、尝味、闻杯底香，交流感受。

7. 续泡

冲泡4道，重复步骤3～6。

8. 整理复原

及时清理，保持席面清洁。

第六节　乌龙茶生活茶艺

制作乌龙茶原料以一芽三四叶居多，成品外形紧结重实，干茶色泽青褐，香气馥郁，有天然花香味；汤色金黄或橙黄，清澈明亮，滋味醇厚，鲜爽回甘。不同的乌龙茶各具特殊的韵味，如武夷岩茶具有"岩韵"，铁观音具有"音韵"，冻顶乌龙具有"风韵"等品质风格。冲泡乌龙茶水温相对较高，一般用85～95℃水温，以助于乌龙茶香气挥发。乌龙茶耐冲泡，一般高品质乌龙茶冲泡5～7道后，香气依旧持久。冲泡乌龙茶除需高水温，投茶量也较多，因此乌龙茶茶汤容易过浓，既简单又快捷地泡好乌龙茶的关键，是茶水及时分离。

一、器具选配

泡茶器：瓷质盖碗、紫砂壶、同心杯、带滤网茶盅均可。

盛汤器：茶盅、瓷质或紫砂材质的品茗杯。

泡茶用水：天然饮用水或纯净水。

选配器具：茶罐、茶匙、水盂、受污、盖置等（图17-14）。

图17-14　备具

二、冲泡参数

以冲泡闽北乌龙为例：

泡茶基本要素					
茶	水	器	茶水比	冲泡水温	冲泡时间
大红袍	天然饮用水或纯净水	白瓷盖碗、茶盅、瓷品茗杯	1:20	90℃	第一泡45秒
					第二泡30秒
					第三泡40秒
					第四泡55秒
					第五泡1分15秒
					第六泡1分35秒
					第七泡2分钟

三、冲泡步骤

1. 温具

温烫盖碗、茶盅和品茗杯。

2. 投茶

将茶叶投入盖碗，闻汤前香。

3. 冲泡

加入热水至七分满，热水均匀淋在叶片之上。

4. 出汤分茶

将盖碗中的茶汤沥至茶盅，再分斟至品茗杯。

5. 奉茶

向客人奉茶，最后一杯留给自己。

6. 品饮

主客一同品饮茶汤，闻汤香、观色、尝味、闻杯底香，交流感受。

7. 续泡

冲泡7道，重复步骤3～6。

8. 整理复原

及时清理，保持席面清洁。

礼仪

篇

第十八章
传统礼仪要义

古代中国，礼无所不在，礼已形成一个博大的知识体系，是人们的道德标准和行为准则。

传统礼仪的不少内容在现代生活中仍有所体现。随着人们对优秀传统文化复兴的渴求，出现了不少礼仪实践者。现在亟需对传统礼仪删繁就简，进行合乎当代世情的改革，以完善当今时代的礼仪文化建设。

第一节　古代礼仪的基础知识

儒家教育特别注重礼，"兴于诗，立于礼，成于乐"，颜渊颂孔子说："博我以文，约我以礼。"我们先来认识探究礼的起源、内涵和特征等内容。

一、何谓"礼"

东汉许慎《说文解字》对礼的解释为："礼，履也，所以事神致福也。从示从豊，豊亦声。𥘆，古文礼。"又说："豊，行礼之器也。从豆，象形。"

礼，原是"豊"字，用祭祀器具来象征礼，后加"示"加以区别。繁体字的礼字写作"禮"，左边是示（《说解字文》：神事也），右边即表示把祭献品放在豆一类的容器里供奉给神。现在将"禮"简化为"礼"，是对甲骨文"𥘆"的楷体化，是一个人跪在神的面前进行祈祷的形象。

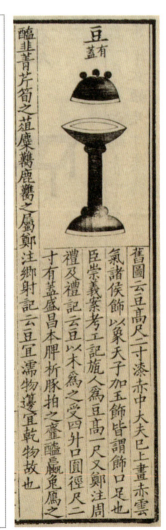

图18-1　《说解字文》解"豆"　　　图18-2　"豆"图

（一）礼的起源

礼的起源具有多重性，不可能是单一的。

1. 祭祀说

东汉许慎以"事神致福"来解释"礼"字，已有此意。最初的祭祀以向神灵献食为主要手段。《礼记·礼运》称："夫礼之初，始诸饮食。"郭沫若说："'礼'是后来的字，在金文里面我们偶尔看见有用'豐'字的，从字的结构上来说，是在一个器皿里面盛两串玉具以奉事于神，《尚书·盘庚篇》里面所说的'其乃贝玉'就是这个意思，大概礼之起，起于祀神，故其字后来从示，其后扩展而为对人，更其后扩展而为吉、凶、军、宾、嘉的各种仪制。"

2. 习俗说

民国刘师培曾言："上古之时，礼源于俗。"吕思勉《经子解题》也说："礼原于俗。"不少现代学者持此说。杨宽认为冠礼源于原始氏族社会已有的成人仪式。

3. 天道、人情说

礼的起源具有形而上和形而下的双重根据。"夫礼，先王以承天之道，以治人之情，故失之者死，得之者生。"（《礼记·礼运》）"礼以顺天，天之道也。"（《左传·文公十五年》）

古人尤其是强调礼根于人情。《礼记·问丧》说："人情之实也，礼义之经也，非从天降也，非从地出也，人情而已矣。"《礼记·坊记》云："礼者，因人之情，而为之节文，以为民坊者。"司马迁《史记·礼书》曾申言："缘人情而制礼，依人性而作仪。"

饮食男女是最大的"人情"，所以说"夫礼之初，始诸饮食"（《礼记·礼运》），言谈举止，体现的也是"人情"。《礼记·曲礼》："修身践言，谓之善行，行修言道，礼之质也。"

4. 交往形成论

"交往"说，是指礼源于人类原始的交往。杨向奎受到法国莫斯《礼物》一书"全面馈赠制"的启发，创立此说。礼由货物交易开始，演变到周孔时代，已去掉商业属性。

交往论，是从人的社会属性角度出发。人是社会性的存在，在交往的过程中，必求合宜得体，以获得他人的认可。在人际互动中，形成了一套礼俗。

5. 圣人制定说

先秦诸子多主张此学说。

一种观点认为，礼是圣人始创之。荀子就说："古者圣王以人之性恶，以为偏险而不正，悖乱而不治。"因此而"为之起礼义、制法度"（《荀子·性恶》），如伏羲创婚娶之礼（《世本·作篇》）。

一种观点认为，圣人是在已有礼俗的基础上，将礼俗制度化。如周公在已有礼俗基础上制礼作乐，将礼的原则和要求予以阐明。

总之，礼的起源很早，自炎黄时代发端，历经尧舜禹、夏商朝的演变，到了周公制礼作乐，礼制逐步系统化，并趋于完备，成为后世的典范。

（二）礼的内涵

先秦学者的研究已经触及了"礼"的概念所包容的多个层面：有以确立、维护社会等级秩序为核心内容的价值观念、道德规范，还有与之相适应的典章制度、行为方式。

传统儒家对礼的定义有三种：

1. 礼为自然法

礼者，理也。《礼记·仲尼燕居》中有："礼也者，理也。"《礼记·乐记》："礼也者，理之不可易者也。""礼者，天地之序也。"《礼记·礼运》记载："夫礼必本于天，动而之地，列而之事，变而从事，协于分艺。"礼本于天道，具有形而上的依据。可谓"自然法"。

2. 礼是体现自然法的规则体系

礼者，履也。班固《白虎通·情性》中："礼者，履也，履道成文也。"《素书》中："礼者，人之所履也，失所履，夙兴夜寐，以成人伦之序。"

礼作为规则分两种，礼法和礼俗。礼法人人必须遵守，具有约束力；礼俗是习惯法，是圣人"因俗制礼""则天垂法"的产物。

3. 礼为礼仪

礼，体也。《礼记·礼器》载："礼也者，犹体也。体不备，君子谓之不成人。"礼是君子之体，具备礼仪修养才是成人。

这里需辨析一下礼和仪。《史记·礼书》有句互文："缘人情而制礼，依人性而作仪。"就是讲礼和仪，都是根于人情、人性。但是两者是有区别的。"仪，度也。度，法制也。"（《说文解字》）仪，侧重于具体的仪容、仪态，"揖让周旋"。礼，是天地之大经，仪之中天然包含着礼的精神，而礼的表现，也离不开仪。

（三）礼的作用

《礼记·曲礼》："夫礼者，所以定亲疏、决嫌疑、别同异、明是非也。"礼，是用来确定亲疏，决断嫌疑，区别同异，明辨是非的。礼渗透到人们社会生活的各个方面，成为社会一切活动的准则。

清代凌廷堪认为，礼具有两项基本功能，修身之本和治世之要。"礼，身之干也。"（《左传·成公十三年》）"礼，国之干也。"（《左传·僖公十一年》）

1. 修身之本

一方面，礼具有端正人的思想的功能。"夫人之所受于天者，性也；性之所固有者，善也；所以复其善者，学也；所以贯其学者，礼也。"如果舍弃了"礼"而空谈所谓的"复性"，就"必如释氏之幽深微眇而后可"（凌廷堪《复礼》）。因此说，"道德仁义，非礼不成。"（《礼记·曲礼》）

2. 治世之要

另一方面，礼又具有建构和稳定社会秩序的功用。"圣人知其然也，因父子之道而制为士冠之礼，因君臣之道而制为聘觐之礼，因夫妇之道而制为士昏之礼，因长幼之道而制为乡饮酒之礼，因朋友之道而制为士相见之礼。"（凌廷堪《复礼》）

《礼记·礼运》谓小康社会即是"礼义以为纪""禹、汤、文、武、成王、周公由此其选也。此六君子者，未有不谨于礼者也。以着其义，以考其信，着有过，刑仁讲让，示民有常。如有不由此者，在执者去，众以为殃，是谓小康。"

（四）礼的特征

1. 礼重践履，求诸礼始可以复性

礼重在实践。"礼者，履也，履道成文也。"（班固《白虎通义·情性》）"礼者，身当履而行也。"（《白虎通义·礼乐》）"礼，名由践履而生也。"（《春秋左传正义》）礼的实践性是非常鲜明的。无论是经礼，还是曲礼，都需要在实践中完成，否则便算不上是礼了。

2. 礼需怀诚敬之意

《礼记·礼器》载："经礼三百，曲礼三千，其致一也，未有入室而不由户者。"无论何种礼仪，都要存"诚敬"之意，就像入室内必须经过门户一样。

敬，是人际交往和国与国之间交往的准则。"敬，礼之舆也。"（《左传·僖公十一年》）

《中庸》《大学》重"诚"，《大学》有"诚意""慎独"的概念。

孔子以敬作为修养方法。以"敬身为大"（《礼记·哀公问》），自敬其身，才能内外兼修。至于"居处恭，执事敬"（《论语·子路》）"言忠信，行笃敬"（《论语·卫灵公》）"修己以敬"（《论语·宪问》）"君子庄敬日强，安肆日偷"（《礼记·表记》）"敬以直内，义以方外"（《周易·文言》）等句中，"敬"为谨慎的意思。

宋代程颐据此发挥为内心涵养功夫。"所谓敬者，主一之谓敬""只整齐严肃则心便一，一则自无非僻之干。"（《朱子小学外编》）朱熹也讲主敬，强调"居敬""持敬"，"持敬是穷理之本"，王阳明则解主敬为诚意。

3. 礼以合义，以中庸、适宜合度为宜

中国古代社会结构是"差序格局"，是由己向外推形成的同心圆的社会关系。"每人均有其社会生活中的位置及角色"，使其处在合理的地位，是谓"礼"，是谓礼尚适宜。无论是个人礼仪还是社会礼仪，都是受制于差序格局、角色位置，并服务于这个传统秩序。

（1）礼以义起

"礼以义起"也是先秦孟荀以至汉儒的共识。凌廷堪说，圣人因五伦之道而制定相关礼仪。因此，"自天子以至于庶人，少而习焉，长而安焉。"甚至断定"礼之外别无所谓学也"。

"礼也者，义之实也，协诸义而协，则礼虽先王未之有，可以义起也。"（《礼记·礼运》）因为礼本身根于人情，一旦时异势变，有不合宜的，即可进行变革、调整，或者新创。

（2）中庸原则

中庸思想影响深远。《论语·雍也》载："中庸之为德也，其至矣乎。"程颐云："不偏之谓中，不易之谓庸。中者，天下之正道；庸者，天下之定理。"朱熹推衍云："中者，不偏不倚，无过不及之名；庸，平常。"一般来说，中庸是指德行而言，中和是指性情而言，不过中庸之中，实兼中和之义。

在中庸思想的指导下，"无过不及""不偏不倚"成为做事、礼仪的标准，以适宜合度。孔子评《关雎》："乐而不淫，哀而不伤。"《左传》云："君子曰：'酒以成礼，不继以淫，义也。'"（淫：过度，过分）君子的言行、礼仪需处处适宜合度。

（3）适宜合度

"礼，时为大，顺次之，体次之，宜次之，称次之。"（《礼记·礼器》）礼，以合天时为最重要，其次是顺伦序，又其次是体现区别，又其次是必须适宜，又其次是必须相称。"礼者，履也，其所践履，当识时要故，礼所以顺时事也。"（《左传·成公十六年》）

例如，《仪礼·士相见礼》中有，士相见时，"凡言，非对也，妥而后传言。与君言，言使臣；与大人言，言事君；与老者言，言使弟子；与幼者言，言孝弟于父兄；与众言，言忠信慈祥；与居官者言，言忠信。"应根据不同的对象，讲不同的话。这是适宜原则的运用。

二、礼学重要发展阶段和代表人物

礼学由周孔奠基，形成礼治文化传统。汉代独尊儒术，形成三纲五常之说。宋人援佛入儒，形成了新宋学，而以性理之学为大宗，是谓理学。元朝之后，传统的"礼治"变成了"礼教"，影响中国长达千年。明清时期，是礼教大为盛行的时期。八股取士，必依朱熹《四书集注》立说。后有王阳明心学兴起，以心解礼。家庭礼制趋于完善，还出现了宗族乡约化现象。

1. 周孔奠基

周公所制的"礼"是一种道德和宗法的统一体。这套以维护宗法等级制为中心的礼制，跟以"亲亲""尊尊"为基本原则的礼治相互配合，不仅有道德规范，又有法律规范，不少规定具有法律效力。礼成为维护宗法等级制的工具（图18-3）。

孔子思想以"仁"为思想核心、以"义"为准绳、以"礼"为行为规范，要求形成"父子有亲、君臣有义、夫妇有别、长幼有序、朋友有信"的伦理秩序。讲究等级名分，提倡孝、弟、忠、信的道德礼仪以及"君君臣臣、父父子子"的等级秩序（图18-4）。

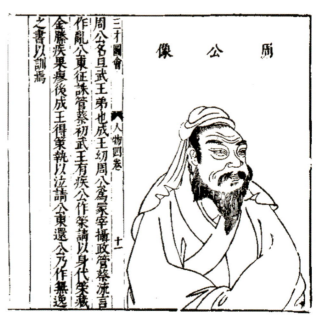

图18-3　周公像

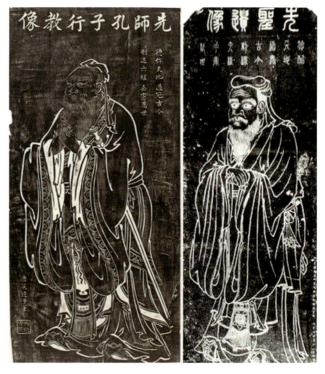

图18-4　孔子行教像。左为曲阜孔庙版，右为衢州孔庙版

2. 朱熹《文公家礼》影响深远

朱熹礼学是其宏大的理学体系的重要组成部分。为应对佛家、道家的挑战，朱熹强调儒礼的实践特质及其在日常生活中的应用实践。

朱熹制定的《文公家礼》（图18-5），内容分为通礼、冠、昏、丧、祭五部分，大抵自《仪礼》《礼记》节录诠释，根据当时社会习俗参考古今家礼而成。其书指导"家礼"从"贵族之礼"向"庶民之礼"的转化，对宋元以来的中国乃至整个东亚社会产生了深刻的影响。

3. 凌廷堪"以礼代理"

凌廷堪以《仪礼》为礼学之本经，撰《礼经释例》。凌廷堪的礼学重视践履，超越乾嘉朴学的局限性。批判宋以来儒者义理之学，认为他们以私意释经，援佛入儒，偏离了原始儒学的方向。他提出只有复"礼"，即"以礼代理"，才能回归到真正的儒家之学。

图18-5　《文公家礼》，宋刊本

第二节　"三礼"之学

我国古代的礼学典籍，最重要的为"三礼"，即《周礼》《仪礼》《礼记》三部礼学著作。钱玄先生认为三礼之学，即研究上古文化史之学。中国的礼，实际上是儒家文化体系的总称。

三礼是中国传统礼乐文化的重要的理论形态，是官方经学的重要组成部分，得到了历代统治者的高度重视。

一、《周礼》

三礼之中，《周礼》居首。《周礼》在汉代最初名为《周官》，始见于《史记·封禅书》，西汉末刘歆始改其名。

《周礼》是古老系统的官制记录。以王为中心，王以下设有天、地、春、夏、秋、冬六官，体现了古老的时空观念。《周礼》共分为六篇，即《天官·冢宰》《地官·司徒》《春官·宗伯》《夏官·司马》《秋官·司寇》以及《冬官·考工记》。《周礼》对每一官职均先叙述官名、爵等、人数，再分别说明各自的职权范围。

后来的吏、户、礼、兵、刑、工六部官制都是依据《周礼》的六官而发展形成的。《周礼正义》是清代学者孙诒让对《周礼》考证疏解的经典之作，对我们研读《周礼》极具参考价值（图18-6）。

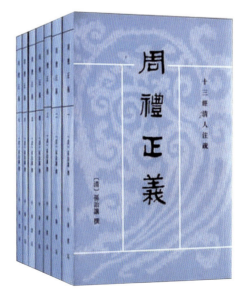

图18-6　《周礼正义》书影

二、《仪礼》

《仪礼》简称《礼》，有时也被称作《礼经》或者《士礼》。《仪礼》一般认为成书于东周时代，《史记》和《汉书》均认为《仪礼》是孔子采辑当时各诸侯国的礼仪制度加以整理而成的。

现存《十三经注疏》本《仪礼》共有十七篇，主要内容为：士冠礼、士昏礼、士相见礼、乡饮酒礼、乡射礼、燕礼、大射仪、聘礼、公食大夫礼、觐礼、丧服、士丧礼、既夕礼、士虞礼、特牲馈食礼、少牢馈食礼、有司彻。《仪礼》是一部贵族礼仪专书，其教育对象是贵族子弟。书中可以看到很多教化的痕迹。

三、《礼记》

《礼记》原本是《仪礼》的"记"，就是对经文的解释、说明和补充，阐明礼的作用和意义，《礼记》因此得名。这种记文多累世相传，非一人一时所作。《礼记》推崇礼治，有不少格言警句，语言精美。《礼记》最晚取得经的地位，却后来居上成为礼学大宗。

《礼记》中不少名篇深深地影响了后世。朱熹将《礼记》的《大学》和《中庸》与《论语》《孟子》合在一起，称为"四书"，后成八股取士的必考内容。

第十九章
古代个人礼仪基础

我国先秦时期形成了极具特色"容礼"文化，成为后世个人礼仪的基础。

第一节　容礼要义

容礼，又叫作颂礼。颂，通容。

《中庸》有："礼仪三百，威仪三千。"《礼记·礼器》有："经礼三百，曲礼三千。"孔子云："礼经三百，可勉能也，威仪三千，则难也。"（《孔子家语·弟子行》）礼仪、礼经、经礼是同一概念，指的是人们在生命历程中，由家族、乡党和邦国举行的仪典。家族礼仪，有成人礼、婚礼、丧礼、祭礼。乡党礼仪有乡饮酒礼、乡射礼。邦国礼仪有聘礼、觐礼等。

具体的礼规范收录于《礼记·曲礼》中。曲礼即威仪，"曲"指细小的杂事，"曲礼"指的是具体而细小的礼仪规范。朱熹认为古经有《曲礼》之篇，惜其佚。孙希旦认为"此篇所记，多礼文之细微曲折，而上篇尤致详于言语、饮食、洒扫、应对、进退之法。"《曲礼》中有不少生活礼仪，是容礼的重要组成部分。通过曲礼，可养成"威仪"。

曲礼定礼仪之基础，经礼行礼仪之大端。

一、容礼简史和重要文献

首先要考察容礼的历史，其次要搜集容礼的文献，以利于我们深入研究容礼。

1. 容礼简史

殷商时期，就有容礼，还有容台。"古者有容礼，有容台，容其仪，台其地也。"（《礼说》）春秋时期，诸侯国有"和容"官职，如晋羊舌大夫就担任过。

孔子从小就好容礼："为儿嬉戏，常陈俎豆，设礼容。"还曾"适周问礼"。孔子少时学礼从对礼容和礼器的陈设开始（图19-1）。

先秦的礼学传到汉初，主要有高堂生的《士礼》（又叫《礼经》，即《仪礼》）十七篇。又有容礼的传承，传承者为鲁国徐生。《史记·儒林列传》中说：而鲁徐生善为容。孝文帝时，徐生以容为礼，官大夫，传子至孙徐延、徐襄。

鲁徐生善容礼成为其家学。后裔和传人多有以容为礼官大夫的。

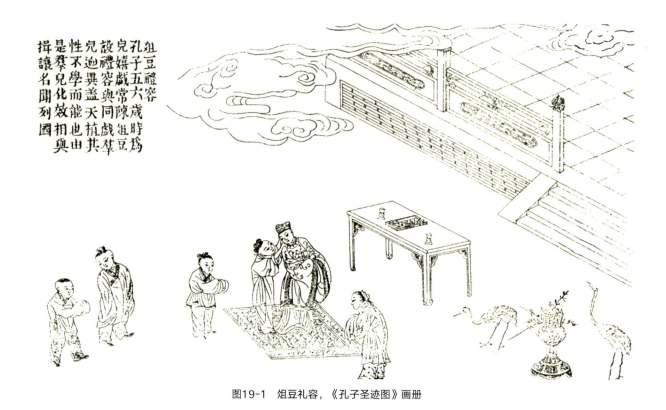

图19-1　俎豆礼容，《孔子圣迹图》画册

除了中央设置礼官大夫，地方上还设有"容史"，相当于春秋的"和容"，为郡国属吏，礼乐祭祀时，掌礼制仪容。容史学礼，多到鲁徐氏、张氏门下学习。

汉代较为完整的容礼传承体系，到了东汉就衰落了。宋人振兴传统礼仪，庶民之礼兴起，以家礼为要，容礼包括于其中，而专门讲习者则很少。

2. 重要文献

古人留下了大量的容礼文献，亟待我们创造性地继承弘扬。重要的容礼文献有：

先秦：如《礼记》中的《曲礼》《少仪》《内则》，《管子·弟子职》等，还有《论语·乡党》一篇记载了孔子容貌威仪、起居动静之详情。

汉代：如《贾子新书·容经》，此文源自古容礼，对容礼的各个条目做了具体的说明。陈仁锡曰："贾生妙处似从仪礼得来。"

宋代：朱熹编《童蒙须知》；朱熹与其弟子刘清之合编《小学》；王日休《王虚中训蒙法》；张伯行《养正类编》卷之五。

明代：方孝孺《幼仪杂箴》，见于《逊志斋集》卷一；屠羲时《童子礼》，浅显明白，容易推行，对后世颇有影响。

清代：陈宏谋编《养正遗规》；张伯行纂辑《养正类编》等，收集了大量蒙学资料。

二、容礼的特征和作用

容，仪也。容礼，就是对个人仪表、仪态做出规定，包括容貌情色、行立坐卧、视听言动以及服饰等方面的内容。容礼是修身的重要内容，一般从幼童时期开始培养，至老不衰其仪。

（一）容礼的特征

容礼的特征大体上有以下几个方面。

1. 动静结合、内外相宜

容礼要求动静结合、内外相宜。首先，静态的外观（仪表）和动态的行为（仪态）需结合起来。其次，外在的表现和内在的教养也要配合起来。以礼为准绳，做到“非礼勿视，非礼勿听，非礼勿言，非礼勿动。”（《论语·颜渊》）

2. 存诚敬之意、有庄严之容

《礼记·曲礼》开头说：毋不敬（肃），俨（通“严”）若思，安、定辞，安民哉。意为凡事不要不严肃认真，神情庄重若有所思，说话态度安详、言词确定，这样就可以使民众安定了。这三句话是容礼的总原则，还被提高到“安民”的高度。

3. 有恭敏顺从之意

在行为举止中需存恭敏顺从之意，学会尊敬师长，多“卑己尊人”之言行。

《弟子规》云：“或饮食，或坐走，长者先，幼者后。长呼人，即代叫，人不在，己即到。称尊长，勿呼名，对尊长，勿见能。路遇长，疾趋揖，长无言，退恭立……”这段话多归纳自《曲礼》《少仪》等，突出体现谨慎恭敬之仪态。

4. 以适宜为度，根据位阶、场合、对象而调整仪态

身体各部位皆要求应礼的节度而呈现不同的仪态，古书称之为“为容”。例如祭容主敬，“事亡如存”，祭祀者因思念亲人，自然展现出温婉之容。而不是一味地“威严、庄敬”“严威俨恪，非所以事亲也，成人之道也。”

《新书·容经》载孔子礼遇子贡，便是根据父母、兄弟、妻子对象的不同，而施以不同的仪态和称呼。“故身之倨佝，手之高下，颜色声气，各有宜称，所以明尊卑，别疏戚也。”（图19-2）

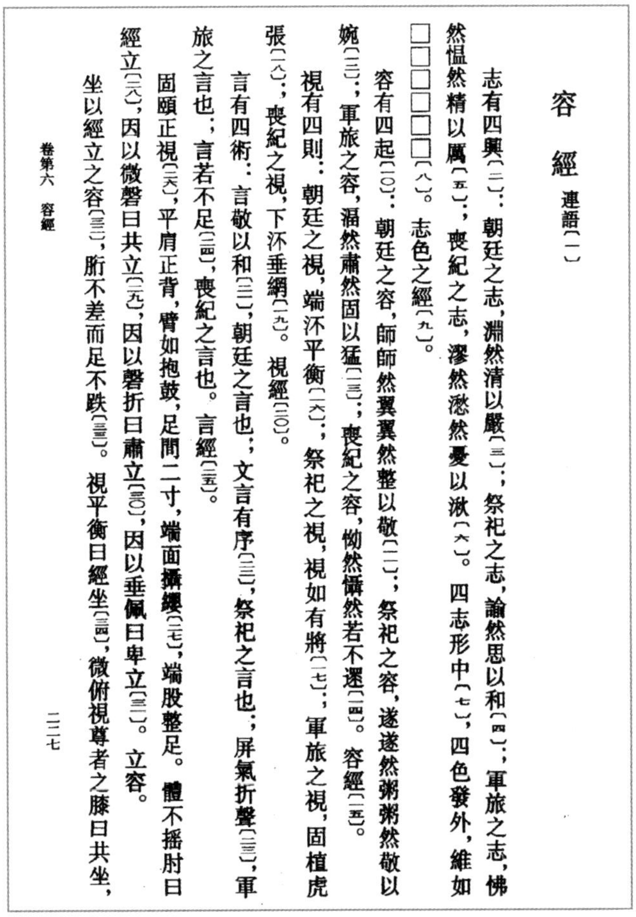
容經　連語〔一〕

志有四興〔二〕：朝廷之志，淵然清以嚴〔三〕；祭祀之志，諭然思以和〔四〕；軍旅之志，怫然愠然精以厲〔五〕；喪紀之志，漻然憖然憂以湫〔六〕。四志形中〔七〕，四色發外，維如□□□□□〔八〕。志色之經〔九〕。

容有四起〔一〇〕：朝廷之容，師師然翼翼然整以敬〔一一〕；祭祀之容，遂遂然粥粥然敬以婉〔一二〕；軍旅之容，湢然肅然固以猛〔一三〕；喪紀之容，怮然懾然若不還〔一四〕。容經〔一五〕。

視有四則：朝廷之視，端沂平衡〔一六〕；祭祀之視，視如有將〔一七〕；軍旅之視，固植虎張〔一八〕；喪紀之視，下沂垂綱〔一九〕。視經〔二〇〕。

言有四術：言敬以和〔二一〕，朝廷之言也；文言有序〔二二〕，祭祀之言也；屏氣折聲〔二三〕，軍旅之言也；言若不足〔二四〕，喪紀之言也。言經〔二五〕。

固頤正視〔二六〕，平肩正背，臂如抱鼓，足間二寸，端面攝纓〔二七〕，端股整足。體不摇肘曰經立〔二八〕，因以微磬曰共立〔二九〕，因以磬折曰肅立〔三〇〕，因以垂佩曰卑立〔三一〕。立容。

坐以經立之容〔三二〕，胻不差而足不跌〔三三〕。視平衡曰經坐〔三四〕，微俯視尊者之膝曰共坐，

卷第六　容經　　二二七

图19-2　贾谊《新书·容经》书影

仪态还必须适宜得体、有礼有节、“过犹不及”。这是中庸原则的运用。例如，无论怎样孝顺的孝子，礼仪规定三日后要进食，“无以死伤生，毁不灭性”。

在有的场合，笑是失仪的。“父母有疾……笑不至矧，怒不至詈，疾止复故。”（矧：齿根）“临丧不笑。”“执绋不笑。”（绋：引棺下葬的大绳子）“故君子戒慎，不失色于人。”（《礼记·曲礼》）

（二）容礼的作用

容礼是礼仪的基础。若想重建传统礼仪，一定不能忽视容礼的学习。

1. 学好容礼是学礼的基础

"不学礼，无以立。""凡人之所以为人者，礼仪也。"（《礼记·冠义》）学礼的基础是学好容礼。"礼仪之始，在于正容体、齐颜色、顺辞令。容体正、颜色齐、辞令顺而后礼仪备，以正君臣、亲父子、和长幼，君臣正、父子亲、长幼和而后礼仪立。"（《礼记·冠义》）仪容为基础，礼仪方严整。

容礼是经礼的基础。在有的经礼中，还会特意安排程序强调容礼的重要性。譬如冠礼中要三次加冠，每次都要正其仪态，并换上相应服饰，使受冠礼者体验"成人"的重大意义。

2. 容礼是礼仪成立的关键

孔子说："礼云礼云，玉帛云乎哉？乐云乐云，钟鼓云乎哉？"（《论语·阳货》）曾子说："君子所贵乎道者三：动容貌，斯远暴慢矣；正颜色，斯近信矣；出辞气，斯远鄙倍矣。笾豆之事，则有司存。"（《论语·泰伯》）在礼容和礼器之间，无论钟鼓玉帛，还是笾豆之事，孔子和曾子都首选容礼要目。

《礼记·檀弓》记载曾子与子贡"修容"而令一众景仰的故事，可以看出容礼有时有巨大的威力。

3. 容礼影响气质

张载说："变化气质。孟子曰：'居移气，养移体'，况居天下之广居者乎！居仁由义，自然心和而体正。更要约时，但拂去旧日所为，使动作皆中礼，则气质自然全好。"（张载著《经学理窟·气质》）

4. 容貌端庄方为君子

要做真儒，成为正人君子，必须首先正身、静心，用九容、九思修身养性，端庄容貌、陶冶情操。

第二节　容礼条目和常用礼仪

容礼有哪些必修的条目，又在哪些常用礼仪中需特别注意呢？

一、基本要求

根据《新书·容经》，容礼有四个要素，志、容、视、言，在不同的活动、场景中，如在朝廷、祭祀、军旅、丧纪中，必须有相应的表现，所谓"志有四兴""容有四起""视有四则""言有四术"。要求"四志形中，四色发外"，心志和容色要统一。

容礼是整体呈现的，细目有"九容""九思"。

九容是对人的外表、容貌提出的九项要求。《礼记·玉藻》云：君子之容舒迟，见所尊者齐遬（齐、遬sù同义，迅疾之意）。足容重，手容恭，目容端，口容止，声容静，头容直，气容肃，立容德，色容庄。

九思是人心中应牢记并经常反思的九项原则。《论语·季氏》："君子有九思：视思明，听思聪，色思温，貌思恭，言思忠，事思敬，疑思问，忿思难，见得思义。"

两者配合起来，才能达到容礼的真正要求。

容礼由外在的仪表和内在的仪态两方面构成，外在的服饰、体貌、神态等，是行礼者首先要修饰的，衣冠鞋袜保持洁净整齐，具有诚敬的态度、端庄的神貌，打扮、情态还需要适宜得体。在仪表恰当得体基础上，方可论及仪态。

二、立、坐、行、卧

在立、坐、行、卧等基本行动中的容礼要求如下。

1. 立容

关于"立容"，古籍中有诸多记载：

《礼记·玉藻》：立容德。

《礼记·曲礼》：立如齐（通"斋"）。

《礼记·曲礼》：游毋倨，立毋跛。

《礼记·玉藻》：立容辨（通"贬"）卑毋谄（同"谄"）。站立时要显出谦卑而又不谄媚的样子。

《新书·容经》：固颐正视，平肩正背，臂如抱鼓，足间二寸，端面摄缨，端股整足。体不摇肘曰经立，因以微磬曰共（恭）立，因以磬折曰肃立，因以垂佩曰卑立。

站立是最重要的容礼，其他仪态都是建立在立容基础上。经立、恭立、肃立、卑立4种仪态，在礼仪演习中经常用到。

2. 坐容

关于"坐容"，古籍中亦有诸多记载：

《礼记·曲礼》：坐必安，执尔颜。

《礼记·曲礼》：坐如尸（"尸"指祭祀时代替神灵端坐在祭祀台上的人）。坐应端正。

《新书·容经》：坐以经立之容，胻（jiǎn，小腿近大腿处）不差（齐）而足不跌（交叉）。视平衡曰经坐，微俯视尊者之膝曰共坐，俯首视不出寻常之内曰肃坐，废首低肘曰卑坐。

（图19-3）

图19-3　东晋 顾恺之《女史箴图》静恭自思（大英博物馆藏）

3. 行容、趋容

古籍中关于"行容"和"趋容"的记载甚多：

《礼记·玉藻》：足容重。

《新书·容经》：行以微磬之容，臂不摇掉，肩不上下，身似不则，从然而任。趋以微磬之容，飘然翼然，肩状若流，足如射箭。旋以微磬之容，其始动也，穆（通"缪"，缭绕）如惊倏；其固复也，旎（丝缠绕）如濯丝（清洗丝絮）。

图19-4 《说文解字》"走"字

趋是小步、碎步地走。《说文解字》："疾行曰趋，疾趋曰走。"（图19-4）其中跸旋，即盘旋，指周旋进退之礼。

《童蒙须知》：若父母长上有所召唤，却当疾走而前，不可舒缓。

《礼记·曲礼》：毋践屦，毋踏席，抠衣趋隅。不要踩着别人的鞋，不要践踏别人的座席，要提起衣裳走到席角去登席。

几种情况下需不趋。《礼记·少仪》：执玉、执龟筴（龟甲和蓍草）不趋。堂上不趋。城上不趋。

4. 卧容

关于"卧容"，古籍中也有一定记载：

《论语·乡党》中有"寝不尸"，孔子说，睡觉不像死尸一样直躺着。

《礼记·曲礼》中说"寝毋伏"，睡觉时不要伏着身子。

《论语·乡党》中有"寝不语"，睡眠时不要讲话，需平复心情，保持安静以入眠。

睡觉时应以右侧卧为宜。人体的重要器官，特别是心脏，都是偏左侧的，因此睡眠时若靠右侧卧，不会压到心脏，呼吸也顺畅。

三、视、听、言、动

《论语·颜渊》中有"非礼勿视，非礼勿听，非礼勿言，非礼勿动"。视听言动，主要是指五官、面部的仪容仪态。包括目容、听容、口容、言容、声容、头容、气容、色容等。

1. 目容

关于"目容"，古籍中记载诸多。

《礼记·玉藻》：目容端。

《论语·季氏》：视思明。

《论语·尧曰》：君子正其衣冠，尊其瞻视，俨然人望而畏之，斯不亦威而不猛乎？衣冠端正和目光端凝配合一起，虽然威严却不凶猛，令人敬畏。

《幼仪杂箴》也记载了揖礼时，目光仪态应："视瞻必定，勿游以傲，勿佻以轻。"

古人对视线的要求很细致，根据尊卑关系和不同场合，都有相应的规定。

《礼记·曲礼》：天子视不上于袷（jié，谓交领），不下于带（束于衣外的大带）。国君绥（即妥，退，下）视。大夫衡（平）视。士视五步。凡视，上于面则敖（通"傲"），下于带则忧，倾则奸。

《仪记·士相见礼》：凡与大人（公卿大夫）言，始视面，中视抱（怀抱处），卒视面，毋改（不改其态）。众皆若是。若父，则游目，毋上于面，毋下于带。若不言，立则视足，坐则视膝。

进门时，视线也需注意，不要窥探他人隐私——"将入户，视必下。入室奉扃（上门的横杠），视瞻勿回。"（《礼记·曲礼》）

2. 听容

关于"听容"，古籍中也有记载。

《论语·季氏》：听思聪。《说文解字》：聪，察也。

听容的关键是"正尔容，听必恭"。（《礼记·曲礼》）"毋侧听"，头部正直，端正容色，以示心存恭敬之意。

视听两者是密切配合的。《礼记·玉藻》中有"视下而听上"，视线低于尊长者，可示谦恭之态，而耳朵需认真聆听尊长口中之语。如此，方有专一、恭谨之相。

孔子云："非礼勿听。"（《论语·颜渊》）对于不合乎礼仪要求的话语、音乐，皆当有意识地远离。家人有丧服在身，应遵循"不举乐"（《礼记·杂记》）的规矩。先秦婚礼也不举乐，不庆贺，很是纯朴、庄严。（图19-5）

图19-5　阎立本《步辇图》（局部）

3. 口容

《礼记》中也有关于"口容"的要求。

《礼记·玉藻》：口容止。意思是除了吃饭和说话，口部需常处于静止状态，不妄动，如此才显得安静祥和，端庄自然。

口部应保持整洁，擦拭嘴部，保持干净，常漱口。牙齿要保持洁白干净，不可黄黑有污垢，或留有食物残渣。剔牙亦当以手掩口而为之。《礼记·内则》说，子女在父母跟前"不敢哕（yuě）、噫（ài）、嚏（tì）、咳""不敢唾、洟（yí）"，就是不可以呕吐、打嗝、打喷嚏、打哈欠、咳嗽，不可吐痰、擤鼻涕，尤其是不可于师长面前如此，以免失礼。

《礼记·曲礼》："让食不唾。"主人让食时，客人不可唾，免得让人以为有嫌恶之意。

4. 言容

关于"言容"，古籍中也有诸多记载。

《礼记·少仪》中："言语之美，穆穆皇皇。"语言的美，在于恭敬温和而符合正道。

关于言语的仪容，当然跟听容、目容等都有关系。

言语有不少规矩和禁忌。

《礼记·曲礼》中有云："礼不妄说（悦）人，不辞费。"不随便讨好人，不说多余的话。

《礼记·曲礼》中有：毋儳（chàn，突然）言。不要随意插话。"主人不问，客不先举。"主人不发问，客人不先说话。

《礼记·少仪》中：不窥密，不旁狎（狎于不正之人），不道旧故（不翻别人老底），不戏色（嬉皮笑脸）。

还有在不同的场合，对不同的对象应说不同的话。

5. 声容

关于"声容"，古籍记载亦有不少。

《礼记·玉藻》：声容静。

《礼记·曲礼上》：将上堂，声必扬，户外有二屦，言闻则入，言不闻则不入。这句话是说，入户上堂屋，发声预告之，以免触犯他人隐私。由鞋子知其有人客，声音可闻才进入。

《礼记·曲礼》中有"必慎唯诺""父召无诺，先生召无诺，唯而起。""唯"和"诺"都是应答之辞，但"唯"恭于"诺"。对父母师长招呼要答"唯"并站起来。

《礼记·曲礼》中有"尊客之前不叱狗。"这是为了免得客人误以为指桑骂槐。

《礼记·内则》中说：内则父母有过，下气怡色，柔声以谏，谏若不入，起敬起孝，说（悦）则复谏。意思是晚辈对长辈，当"下气怡色"（《童蒙须知》）和"柔声以谏"（《礼记·内则》）。

《童蒙须知》有载："凡开门揭帘，须徐徐轻手，不可令震惊声响。"触碰物体发出的声响，也应予以控制。

6. 头容

关于"头容"，《礼记·玉藻》中有："头容直。"无论行、立、坐，都要保持头容的端直。

《礼记·玉藻》写军中礼仪的立容，提到了保持头容直的方法，就是"头颈必中，山立"。

7. 气容

《礼记·玉藻》中说：气容肃。

人之口气，如食五辛，或有口臭等，口气往往令人不悦，故不得不注重气容。而人们常常忽略这一点。

《礼记·少仪》中有：洗盥、执食饮者，勿气，有问焉，则辟、咡而对。为尊长奉进洗盥的水，以及拿饮食，不可使口气直冲尊长。如果尊长有事问你，要侧转头、面朝尊长口耳之间的地方回答。

人有体味，若多日未沐浴，必有异味，宜清洗洁净。有的人有狐臭，有的人有脚气，有的人有恶疾所致臭味，则宜加以治疗，或避让尊长，或以衣物鞋袜掩盖，或以香囊等物的香气掩饰。

放屁也叫"放矢气"，本是人或动物的一种正常生理现象，但是当众放屁，却很不雅，中外皆为禁忌。如当日要去重要的公众场合，当注意饮食调适，以免尴尬。

8. 色容

古籍中对"色容"的记载颇多。

《礼记·玉藻》："色容庄"，指面色有矜庄之态。

《礼记·曲礼》："坐必安，执尔颜。""正尔容，听必恭"。

《礼记·祭义》："外貌斯须不庄不敬，而慢易之心入之矣。"

《论语·季氏》亦有"色思温"和"貌思恭"。

在色容方面，孔子可谓典范，《论语·述而》有"子温而厉，威而不猛，恭而安。"温而厉的色容是"阴阳合德""中和之气"的表现。

闲处时，温和舒缓。如《礼记·玉藻》中有：燕居告（指使）温温。《论语·述而》中有：子之燕居，申申（整齐貌）如也，夭夭（和舒貌）如也。

《论语·乡党》中记载："君在踧踖如也……私觌愉愉如也。"这段话的意思是说孔子在朝堂之上与国君说话时，神色恭敬而不安，而私下携礼物与出使国国君见面时则神色轻松愉快且自然。孔子的色容已达精妙的地步，具有表演性，随着礼仪流程的进展，色容也随之调整变化。

四、饮食礼仪

在做客过程中，古人亦颇重进食之礼（图19-6）。

1. 饮食之坐，尽量靠前

"虚坐尽后，食坐尽前。"非饮食之坐，那就要尽量靠后坐，以示谦虚。饮食之坐，尽量靠前，以免食物污了席。

2. 保持清洁卫生

"共饭不泽手。"（泽：揉搓）保持洁净很重要。与人共用食器吃饭时不得揉搓手，否则别人嫌脏。还有让食不唾、当食不叹等。

图19-6 宋 赵佶《唐十八学士图卷》（局部）

3. 食相多禁忌

《礼记·曲礼》中有一段集中说食相禁忌：毋抟饭（捏饭成团）。毋放饭（已抓取的饭不放回去）。毋流歠（chuò饮）。毋咤食（口中弹舌作响，疑有嫌弃之意）。毋啮骨。毋反鱼肉。毋投与狗骨（有轻贱饮食之物的嫌疑）。毋固获（郑玄：欲专之谓"固"，争取曰"获"）。毋扬（簸扬）饭。饭黍毋以箸（不用箸，当用匕）。毋嚃（tà，大口吞食）羹。毋絮（chù）羹（自己向羹汤中加调味）。毋刺齿（剔牙）。毋歠醢（肉酱）。客絮羹，主人辞"不能亨（通烹）"。客歠醢，主人辞以"窭"（jù，贫寒）。濡肉齿决（湿肉用牙齿咬开），干肉不齿决（用手撕开吃）。毋嘬（chuài郑玄：谓一举尽脔）炙（吃烤肉时不要一次吃下去）。

五、揖礼和拜礼

揖礼和拜礼即手容和拜容，这是人际交往中常见的重要礼仪。

（一）揖礼

我们主要介绍周、明揖礼。

1. 要点

揖，又称作揖。古人"拱""揖"常连用，实则作揖的起始型为拱。

作揖的身法手法要点：双手交叠。《说文解字》："拱，敛手也。"段注："谓沓其手。"沓，就是两手相交、重叠。行吉礼时，男子左手压右手（尚左），女子右手压左手（尚右）；在行凶礼时则反之。

作揖之前，身体应先"磬折"（弯腰表示恭敬），以表恭谨之意。或由经立而成恭立（上身微磬），或由经立而成肃立（上身磬折）。《韩诗外传》中的"立则磬折，拱则抱鼓"，是说身体动作具有张力。《贾子·容经》："固颐正视，平肩正背，臂如抱鼓。足闲二寸，端面摄缨。"

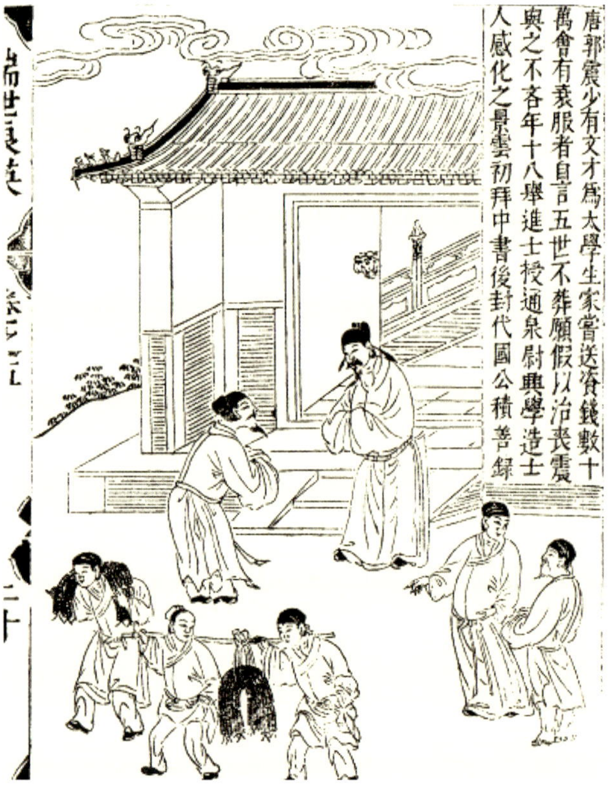

图19-7　唐代揖礼（郭震积善）

2. 周揖礼

揖礼盛行于周代至汉代。根据《周礼·夏官》记载，因双方地位、关系，作揖有土揖、时揖、天揖、特揖、旅揖、旁三揖之分。《周礼·秋官》中记载："土揖庶姓。时揖异姓。天揖同姓。"朱大韶注："土揖，推手小下之也。时揖，平推手也。天揖，推手小举之也……颜师古注：长揖者，手自上而极下。"长揖，尊重度介于揖礼和拜礼之间，流行于汉唐时期（图19-7）。《史记·高祖本记》中有："郦生不拜，长揖。"郦食其因沛公不以礼遇之，于是长揖沛公而不行拜礼。

3. 明代肃揖（圆揖）礼

明代的揖礼承袭于宋代祗揖礼（王虚中《训蒙法》），称之为肃揖（又名圆揖）。肃揖礼动作要求严格，重视身份等级的差异性要求（参见《明史·礼志》中所载《庶民相见礼》）。

明屠羲时《童子礼》中记载："肃揖。凡揖时，稍阔其足，则立稳。须直其膝，曲其身，低其首，眼看自己鞋头，两手圆拱而下。凡与尊者揖，举手至眼而下；与长者揖，举手至口而下。皆令过膝。与平交者揖，举手当心，下不必过膝，然皆手随身起，又于当胸。"

肃揖要求"两手圆拱而下"，是谓"揖深圆"。如果双手圆拱而下不到位则会被认为无礼的表现。

（二）拜礼

周礼"九拜"，是后世跪拜礼的基础，指稽首、顿首、空首、振动、吉拜、凶拜、奇拜、褒拜、肃拜。九拜中，稽首、顿首、空首、振动、肃拜五种为拜的正式名称。孙诒让（晚清经学大师，《周礼正义》作者）认为前四种是"拜仪之正"。肃拜是"妇人之拜"。

1. 空首（拜手）

亦称拜手，是拜中最常用的，通用于尊卑之间。《周礼·春官·大祝》中郑玄注："空首，拜头至手，所谓拜手也。"头至于手，与心相平。先秦经典里"单言拜者，皆言空首。"（孙诒让《周礼正义·春官·大祝》）

2. 稽首

是吉事拜中最恭敬的礼节。臣对君均行稽首之礼。稽首需头伏地停留一段时间。凡稽首必先拜手，故《尚书》每言"拜手稽首"。

3. 顿首

又称叩头，是凶事拜的重礼。用于同等地位与同等辈分人之间。顿首则头下较急，并以颡（sǎng，额）叩地。

拜的次数一般是两拜或四拜。

六、女子礼仪

古代女子礼仪也有一个历史演变过程。重点介绍肃拜和万福礼。

（一）肃拜

女子行礼，在先秦两汉时期是行九拜的"肃拜"。

妇人肃拜需下跪，穿盔甲的军士（"介者"）因不便屈身下跪，其行礼也称"肃"。

根据王应麟《困学纪闻》卷四对《周礼》"肃拜"条的原注，唐以前妇人行肃拜皆跪。唐武后时，妇人始拜而不跪。根据《礼记·少仪》，肃拜比起拜手礼（空首礼）要轻一些，就是跪坐地上，俯头而两手下垂。

（二）万福礼

有人认为，万福礼是由唐时的"女人拜"和祝贺语"万福"合并而成的。

唐代武则天称帝后，改定礼仪，将女子的跪拜姿势改为拜而不跪的"女人拜"。有专家认为，元明时期，"万福"为女子专称，特别是多见于明清白话小说中。

万福礼的动作要领是：正身下立，两手握于小腹前，微俯首，微动手，微屈膝。口称"万福"。不口称"万福"的为敛衽礼。

第二十章
古代社会交际礼仪

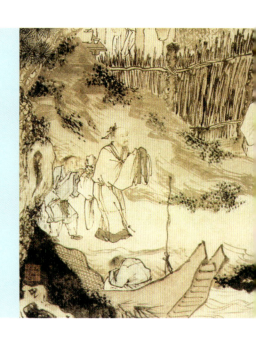

《礼记·昏义》说"夫礼，始于冠，本于昏，重于丧祭，尊于朝聘，和于乡射。"《礼记·王制》言六礼：冠、昏（婚）、丧、祭、乡、相见。这些都是属于"经礼"，贯穿人们的一生。

这些礼仪中，冠礼、婚礼、丧葬礼属于家族礼仪，朝聘礼和乡射礼属于乡党、邦国礼仪。无论是家族礼仪，还是朝廷礼仪，大都涉及社会交际，包含有宾主之礼，尤其以乡饮酒礼、士相见礼是为典型。

第一节　古代社会交际礼仪的形成和主要原则

人在社会交往过程，有一套礼仪产生，是谓社会交际礼仪，在中国古代相当于宾礼，尤其是春秋战国时期"通行之礼"形成后。社会交际礼仪由宾礼演化而成。

一、古代社会交际礼仪的形成

中国的宾礼文化很早就是成熟而发达。宾礼作为五礼之一，首先是具有"以宾礼亲（使亲附）邦国"的作用。通过行宾礼让诸侯卿大夫明悉君臣大义，巩固君臣之位。

从西周到春秋战国，随着礼崩乐坏，开始了王朝之礼向通用之礼的演变。宾礼同官制、宗族、法律开始脱节，并逐渐走向分裂。平民百姓亦行宾客之礼，以为日常礼仪。而这种通用之礼，也成为后世社会交际礼仪的基础。

如果说《周礼》侧重的是天子与诸侯及诸侯之间的"王朝之礼"，到了《仪礼》，宾礼侧重于士礼，成为"通行之礼"。《礼记》则对这些"通行之礼"的内容和意义予以解释。宾礼的适用范围正在扩大，"礼不下庶人"的状况随之悄然发生着变化。

春秋时期，宾礼进入了一般人的日常生活中。《周礼·秋官》：中记载"庶子壹视其大夫之礼。"庶子即庶人，庶人可以比照大夫之礼。庶人"假士礼行之"（孔颖达《礼记正义》张逸注），但"有所降杀"（降等），这是庶人之礼存在的基础。

在先秦时期，《仪礼》《礼记》以周代宾礼为原型，奠定了中国宾礼文化基础。

二、古代社会交际礼仪的主要原则

社会交往需注意的重要交际礼仪原则为以下几点。

1. 礼尚往来

《礼记·曲礼》中说：礼尚往来，往而不来，非礼也；来而不往，亦非礼也。

2. 尊贤原则

《礼记·曲礼》中说：大夫、士相见，虽贵贱不敌，主人敬客则先拜客，客敬主人则先拜主人。郑玄注："尊贤。"唐代孔颖达《礼记正义》说："唯贤是敬，不计宾主贵贱。"

3. 自卑尊人

《礼记·曲礼》中说：毋不敬。郑玄释曰："礼主于敬。"

《礼记·曲礼》中说：夫礼者，自卑而尊人，虽负贩者，必有尊者，而况富贵乎?每个人都有他的尊严，即使"负贩者"（担货贩卖的小贩）也一定有值得尊敬的地方，所以应谦卑自牧，尊重他人。

4. 对等原则

宾主之间身份相当，即可分庭抗礼。如果宾主地位有差异，卑者应主动调整相应的礼仪。在行礼过程中，又贯穿礼让原则。

迎宾礼是比较典型的体现对等原则的礼仪，通过三揖三让、升阶入座体现出来（图20-1）。

图20-1　大夫师事（《孔子圣迹图》画册）

根据宾主尊卑，"凡迎宾，主人敌者，于大门外；主人尊者，于大门内。"（凌廷堪《礼经释例·通例》）

5. 礼让原则

《礼记·曲礼》中说：君子恭敬、撙节（节制），退让以明礼。

《礼记·聘义》中说：敬让之道，君子之所以相接也。

《左传·襄公十三年》载：君子曰："让，礼之主也。"

前面迎宾仪式中"三揖""三让"，礼节既体现了对等原则，又体现了礼让原则。"三揖""三让"，是指主人迎宾入门，互相三次揖礼才到阶前，再彼此谦让三次后升阶入座。

6. 礼有等差

"仁者人也，亲亲为大。义者宜也，尊贤为大。亲亲之杀，尊贤之等，礼所生也。"（《中庸》）"名位不同，礼亦异数"（《左传·庄公十八年》），说的都是"礼有等差"。古礼规定，地位、辈分不同者，所行的礼数、所受的礼遇都有区别，不得僭越与减杀，否则为失礼。

7. 仪尚适宜

宾礼同样遵循"时为大，顺次之，体次之，宜次之，称次之"（首先要适应时代，其次要顺乎伦常，再次要适合对象，其后要合于事宜，最后要合于身份）的原则。

在乡射礼等礼仪中，因为周人贵肩，所以要把牲礼中的肩献给宾，而主人则用臂，以表尊敬。

8. 无挚（贽）不相见

《礼记·表记》中有子曰：无辞不相接也，无礼不相见也，欲民之毋相亵也。

《通典》卷七十五：挚者，至也，信也。君子于其所尊，必执挚以相见，明其厚心之至，以表忠信，不敢相亵（轻慢）也。

先秦之人互相拜访，都要携带礼物，即"挚"（贽）。执挚相见之礼又叫"贽见礼"，即见面礼。《礼记·曲礼下》：凡挚，天子鬯（chàng，一种香酒）。诸侯圭。卿羔，大夫雁，士雉（野鸡），庶人之挚匹（鸭）。童子委挚（将挚放地上）而退。野外军中无挚，以缨、拾（护臂）、矢可也。妇人之挚，椇（jǔ，即枳椇）、榛、脯、脩、枣、栗。

礼毕需行还挚之礼。凌廷堪《宾客之例》记载："凡宾、主人礼毕，皆还其挚。"

第二节　古代社会交际礼仪的主要内容

古代社会交际礼仪内容丰富，凡相见礼、成人礼、乡饮酒礼等，都有一套成规，属于"经礼"的范畴。

一、基本规矩和要求

古代社会交际礼仪有一些基本规矩和特征。如果不懂的话，会被人看作不合礼仪，甚至闹出矛盾和纠纷。

1. 方向、方位

关于古人尊左还是尚右的问题，康甦梳理得较清晰："大凡有关社会礼俗而用左右席位以区分尊卑、长幼、主客之身份时，则是尊左的，而当把某些抽象事物诸如：社会地位、家族姓氏、权势威望等对比来分别其高下时，则是尚右的。"

周人尚左。《礼记·曲礼上》郑玄注："坐在阳则尚左，坐在阴则尚右。"坐在阳即向南，坐在阴即向北。

先秦尚左，汉后尚右，其实皆尚阳之文化。

2. 授受礼仪

传递物品的礼仪，有三种授受，并授受、讶授受、奠授受。尊卑对等的，行之以并授受、讶授受。男女之间，或尊卑上下之间，行之以奠授受。

凡授者与受者面向同一方向，谓之并授受。

凡授者与受者相对，谓之讶授受，亦称梧受。

凡卑者以挚授尊者，皆奠而不亲授。若尊者辞，乃亲授。是谓奠授受。

"童子委挚而退"（《礼记·曲礼》），放下礼物即退。

男授女，"其相授，则女受以篚，其无篚，则皆坐奠之，而后取之。"（《礼记·曲礼》）

凡双方尊卑相同者，授受于堂中之楹间；尊卑不同者，不于楹间。

授受既要体现对对方的尊重，还要讲方便。《礼记·曲礼》："授立不跪，授坐不立。"对方站

立，自己不跪下了。对方坐着，自己就不要站
立着。

3. 盥洗以保持洁净

洗手谓之盥。用匜盛水（图20-2），沃于
手，下用槃承弃水。须有人侍奉行之。此为尊
者盥之方式。

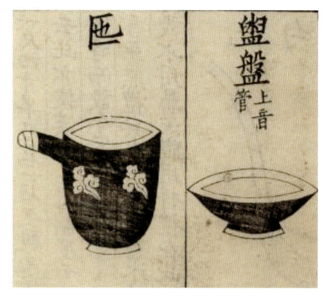

图20-2　匜和盥盘

洗爵谓之洗。凡洗爵必先盥手，故"盥
洗"连文。有只言"洗"而省言"盥"者。

《礼记·少仪》中要求：凡洗必盥。古人
洗手洗爵皆用沃盥之法，不在器中洗涤，合乎
卫生要求。

在行宾主礼仪过程中，凡降阶洗、盥，宾
主皆一揖、一让升。

4. 饮食礼仪

在乡射礼、燕饮礼中，饮酒之仪是最重要礼仪。主人进宾之酒，谓之献。宾还敬主人之酒，谓之
酢。主人先自饮，劝宾饮之酒，谓之酬。

冠礼及昏礼，如尊者将酌卑者，则酌而无酢、酬。用醴则谓之醴，用酒则谓之醮。常由宾或赞（古
代男子举行冠礼时，为之赞唱的司仪）代主人行之。

献、酢、酬，谓之一献。正献后，众宾长幼以次相酬，曰旅酬。

旅酬后，饮酒不计数，曰无算爵。同时奏乐，曰无算乐。

5. 屦之仪

做宾客时，脱鞋和穿鞋的基本礼仪，体现的是对主人和尊长的尊敬。《礼记》中提出屦之仪如：

《礼记·曲礼》中有：侍坐于长者，屦不上于堂，解屦不敢当阶。就（穿）屦，跪而举之。屏于
侧。乡（向）长者而屦（帮其穿鞋），跪而迁（取）屦，俯而纳屦。

《礼记·玉藻》中有：退则坐，取屦，隐辟（避）而后屦。坐左纳右，坐右纳左。

《礼记·曲礼》中有：毋践屦。不要踩着别人的鞋。

《礼记·少仪》中有：排阖说（脱）屦于户内者，一人而已矣。有尊长在则否。

6. 三辞

《礼经释例·通例》中有：凡一辞而许曰礼辞，再辞而许曰固辞，三辞不许曰终辞。

二、相见礼

人和人相见是宾礼的重要内容。在《仪礼》里有一篇《仪礼·士相见礼》，较详细地介绍了入仕者
初次见职位相近的士的礼仪，具体讲述了两者初次相见的介绍、礼物、应对、复见等。在此基础上，还
讲述了士见大夫、大夫相见、士大夫见君的礼仪。整个礼仪过程很是烦琐，贯穿着"礼者，自卑而尊
人"（《礼记·曲礼》）的总原则。

相见礼其注意事项是：

① 手中必拿着礼物相见。

② 必由介绍人（将命者）居中传话，还多是固辞而许。

③ 迎客入门揖让。主人入门而右，客入门而左。主客互相揖让。

④ 客随主便，客察主人之动静神态，知机告退。客与主人谈，要看主人的动静，不可久妨主人之时（图20-3）。

图20-3 明 周臣《柴门送客图》

《仪礼·士相见礼》中有：凡侍坐于君子，君子欠伸，问日之早晏，以食具（饮食已具备）告，改居（坐姿），则请退可也。夜侍坐，问夜，膳（进食）荤，请退可也。

《礼记·曲礼》中有：侍坐于君子，君子欠伸，撰杖屦，视日蚤莫，侍坐者请出矣。

⑤ 礼尚往来。

《礼记·曲礼》中有：礼尚往来。往而不来，非礼也；来而不往，亦非礼也。人与人之间的交往礼仪遵循敌等（对等）原则。

宾走后，主人回拜，奉还挚曰："曩者吾子辱使某见，请还挚于将命者。"几辞几让，挚至终还归原主。

⑥ 不同身份的人相见，当在《仪礼·士相见礼》敌等相见基础上调整。

礼物方面的要求，需要相应的礼物，还要加以装饰。"下大夫相见以雁，饰之以布，维之以索，如执雉。上大夫相见以羔，饰之以布，四维之，结于面；左头，如麛执之。如士相见之礼。"（图20-4）

⑦ 根据对象不同，用不同的称呼和自称，讲不同的话。

图20-4 《说文解字注》雁字

三、成年礼

《礼记》说，"冠者礼之始也"。冠笄之礼就是华夏礼仪的起点。

男子二十岁行冠礼，女子十五岁行笄礼。

（一）男子冠礼

《仪礼》中的《士冠礼》主要记述了男子举行冠礼的过程、陈设、仪式及行礼时的致辞。

冠礼主要条目有：筮日，告宾，筮宾，约宾，定时刻，陈设衣具，迎宾，行始加礼，再加，三加，以酒祝冠者，见母，命字，宾出至更衣处，见兄弟姑姊（不言妹），见乡大夫乡先生，以酒祝宾。

宾在成人礼中具有重要作用，他既是礼仪的主持者，也是见证者，而"醴冠者"的仪式，更是令冠者获得成人后第一次做宾客的体验。三加冠后，主人赞者先布席于客位，宾赞者斟上一觯（zhì）醴。正宾揖请冠者就席。冠者来到席西端，面朝南而立。正宾在室门东边从赞者手中接过觯，到冠者席前，面朝北向冠者授觯。冠者在席西端行拜礼，而后从宾手中接过觯。正宾回到西序南端面朝东回礼答拜。

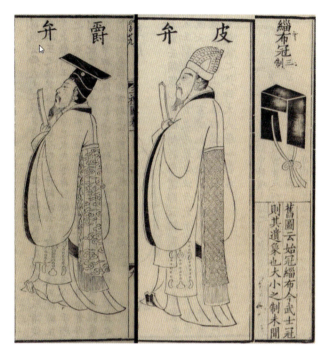

图20-5 三加冠：缁布冠、皮弁、爵弁

而冠者的字，也是由正宾宣布的。可见成人礼，必须有宾主之礼配合，才能最终完成。

冠礼意义也很深远。"嫡子冠于阼，以著代也。醮于客位，加有成也。三加弥尊，谕其志也。冠而字之，敬其名也。"三次加冠，从布冠到皮冠再到爵冠（图20-5），一次比一次加的冠尊贵，这是为了教谕冠者砥砺道德，积极进取。加冠后给冠者取字，用字来称呼他而不再称名，这是为了表示敬重他的父母给他取的名。

宋代冠礼有较大的变化。朱熹将冠年规定为男子年十五至二十。《朱子家礼·冠礼》三加之冠是：初加巾，次加帽，三加幞头。

（二）女子的笄礼

女子的笄礼，颇少记载，《礼记·杂记》："女子十有五年许嫁，笄而字。"又说二十而笄的时候，妇人执其礼，燕则鬈（quán）首。宋代司马光、朱熹仿冠礼而制士庶女子笄礼，遂为后世法。

四、其他经礼

其他经礼，除了其自身的仪典流程，也贯穿着宾主礼仪的内容。

1. 乡饮酒礼、乡射礼、投壶礼

娱乐与游戏的方法，在民间有乡饮酒，继之乡射；在朝廷有燕礼，继之以大射仪。此外，则投壶、蜡祭、打猎，都有这种作用。乡饮酒首谋宾介（贤者为宾，一人；其次为介，一人；再其次为众宾，数

人），体现了"尊贤之等"原则。

2. 婚礼

《礼记·昏义》，昏原作"昏"，得名于先民的亲迎礼在黄昏时进行，女子属阴，黄昏是"阳往而阴来"。后来，"昏礼"写成婚礼，不再限于黄昏。

昏礼属于嘉礼之一。周制婚礼是后世婚礼的范本，整套仪式合为"六礼"：纳采，问名，纳吉，纳征，请期，亲迎。（《礼记·昏义》）后世婚礼百变不离其宗。先秦"昏礼不贺"（《礼记·郊特牲》）"不举乐"。

3. 吊丧礼

吊丧礼是先秦丧礼的重要内容。遣使吊唁为春秋邦交中吊丧礼的主要形式。

丧礼为哀悼、埋葬死者，安慰生者的礼仪。然而，丧葬之礼并非由主丧之家单独完成，还需吊丧者、助丧者、会葬者等的参与。春秋时期的吊丧礼不只是构成丧礼的组成部分，亦是诸侯国交往的纽带。

春秋邦交中吊丧礼以赴告制度为肇始。吊丧的程序包括"吊礼""含礼""襚礼""赗（fèng）礼"四个方面（《礼记·杂记》）。吊礼是对死者致哀，对生者安慰的仪节，其余三礼均为赠送助丧之物的礼仪，只是所赠物品不同。

还有个人之间的吊丧礼，大体也通于邦交之间的吊丧礼。他人有丧，知生者则吊，知死者则伤（哭）。"知生而不知死，吊而不伤，知死而不知生，伤而不吊。"（《礼记·曲礼》）

4. 丧礼、祭礼

《礼记·曲礼下》云："居丧未葬，读丧礼；既葬，读祭礼；丧复常，读乐章。"自古及今，中国丧葬礼的传承没有中断过，是最有特色的文化传统。

就祭礼而言，周代祭祖设"尸"，即安排一位代死者受祭之人。秦汉以后，不再立尸。人们逐渐用"神主"代替尸。

《仪礼》中"特牲馈食礼"和"少牢馈食礼"所述程序，构成了后世祭祖礼仪的基本模式。

服务篇

第二十一章
茶艺师的岗位职责与要求

随着人们生活水平的提高，茶客对茶艺馆、茶艺师的服务提出更高、更新、更多的诉求。明确茶艺师的岗位职责与要求，满足茶客的需求，也有利于茶艺馆的发展。

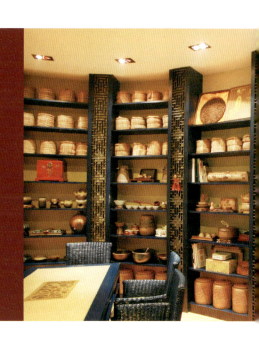

第一节　茶艺师的职业基础知识

茶艺师的职业基础知识包含职业道德、职业性质、职业内容等。

一、职业道德

茶艺馆行业属于服务行业，茶艺馆从业人员对职业道德的认知决定了茶艺师将来的职业操守。茶艺师职业不仅专业技能要求精、服务意识要求较高，而且服务人群覆盖面广、流动性大，必须具有职业道德。

1. 职业道德的含义

职业道德是人们在职业活动中遵循的行为准则，涵盖了从业人员与服务对象、职业与职工、职业与职业之间的关系，是社会主义思想道德体系的重要内容之一。

2. 茶艺师职业道德的形成与发展

茶艺师的职业道德形成与发展是社会发展的产物之一，它是以社会生产力的发展及社会行业的分工、人类社群生活的需求为基础并随着社会经济发展和服务分工细化而不断发展与逐步完善起来的。

3. 茶艺师的职业道德守则

各个行业的职业道德都与本行业的职业职能、职业特点有密切关系。茶艺馆行业是一个特殊的行业，行业历史悠久，文化底蕴深厚，茶艺师应具备的职业守则包含以下主要内容：

① 热爱专业，忠于职守；

② 遵纪守法，文明经营；

③ 礼貌待客，热情服务；

④ 真诚守信，一丝不苟；

⑤ 钻研业务，精益求精。

二、职业性质

茶艺师的职业社会属性是服务性质，服务的人群与对象不同，服务的内容不可预测，因此，茶艺师的职业特质具有服务性、不可预测性、技能综合性。

1. 服务性

茶艺师的工作不外乎迎来送往，端茶递水，清洁收纳。茶艺师的工作具有日常服务的特性。

2. 不可预测性

茶艺师的服务属性又具不可预测性。每日迎来送往的客人是何种身份，何种喜好，何种审美，来消费的诉求是什么，都不可预测。因此，茶艺师的观察能力要强，心要细，学会察言观色、灵活机动。当发现顾客对茶艺馆的茶、器等产品感兴趣时，抓住机会，主动地进行宣传讲解，促成销售，以满足客户的需求。

3. 技能综合性

茶艺师是以一杯茶汤服务客人。茶汤质量的优劣会直接影响到茶艺馆的品牌声誉。因此，茶艺师专业知识的储备与运用是"硬通货"。一杯好茶汤缘起于茶园环境、栽培管理、采摘加工、择水选器、冲泡技能等，这些专业知识和冲泡技能不是一朝一夕就能掌握的，需日常加强学习与积累。

三、职业内容

茶艺师的职业内容很宽泛，主要包括清洁整理收纳，服务接待，产品营销，经营管理，茶文化传播等。茶艺馆的岗位需求为复合型服务人员，茶艺师专业素质的提升离不开对职业内容的学习，茶艺馆的日常服务又是践行学习成果的最好方式，学以致用，用而后悟，如是循环往复，假以时日，茶艺师也不断成长。

1. 清洁整理收纳

茶艺馆的空间有别于其他休闲场馆，除了喝好茶，客户对看到的、听到的、闻到的、尝到的、身体感受到的都有各自细微的消费诉求。所以，茶艺馆的清洁、整理、收纳工作特别重要。空间清洁有序、食品安全卫生、空气清洁流通、音乐安静舒缓、气氛松弛体贴，均是茶艺师的本职工作。

2. 服务接待

茶艺馆的服务有别于其他休闲场馆服务的目标明确性，来茶艺馆喝茶的客人有纯粹休闲的，也有公务洽谈的，有谈生意往来的，也有谈情说爱的，选择来茶艺馆空间互动的人与事有较大的不确定性因素，这为茶艺师的服务接待工作带来许多变数。茶艺师的服务工作既要遵循茶艺馆的经营规范，又需要变通。因此茶艺师在服务工作中要善于觉察，在接待交流时，发现客户的消费诉求后，应及时进行细微的调整，如茶点的配置、不同价位茶品的推荐、中场是否需要服务、新老客户不同的称谓、是否需要进行现场营销活动、要否赠送伴手礼等，这些均来自茶艺师服务经验的有心积累，对不同人群的服务要灵活机动。

3. 营销推广

茶艺馆的茶品营销有别于其他专业商业机构。在其他场合的购物，客户会比较清晰自己需要什么。而在茶艺馆购物，消费者大多是建立在对茶艺师专业、德行的信任之上。茶艺师产品营销首先考量自己推荐介绍的产品与客户的需求是否匹配。因此，在茶艺馆的产品营销推广工作中，"度"的掌握尤为重要。

4. 经营管理

在茶艺馆的经营中要有追根溯源的态度，把好进出物料关，茶、点、水、器及相关日常经营所需各类耗材保证卫生安全。在人员管理中应更关注茶艺工作人员的道德品质。在品牌推广中，又需要跳出茶与茶艺馆，与社会各界互动合作。因此"和"字是茶艺馆经营、管理、拓展的核心目标。

5. 茶文化传播

茶文化传播在整个经营活动中需要一定的投入。应通过不同形式的培训、公益讲座、茶会等茶事活动将茶文化传播给更多的人。

第二节　茶艺师的岗位职责

由于茶艺馆行业的休闲特性、服务人群的广泛特性以及服务产品兼具物质与精神属性，茶艺师的工作岗位需要学习的知识范围很广，需要践行的事务很杂，需要思考的问题更多。

一、岗位职责的制定原则与构建方法

茶艺馆以精准服务为目标，以服务人员能力提升为根本，来构建和制定茶艺师的岗位职责。

（一）制定原则

茶艺师的工作属于服务性质，客户消费是整体服务，服务内容无法清晰分割，岗位与岗位之间是丝丝相扣、不分彼此的，必须有很好的衔接。因此，茶艺馆茶艺师的定岗原则为：定岗不定人、一岗多人、一人多岗。

1. 定岗不定人

茶艺馆开展经营活动，岗位布局必须清晰。从岗位职责出发，因需设岗，但考虑专职人员的用工成本及服务人员的专业服务能力，有些岗位可以实行定岗不定人的做法。比如，茶艺馆的迎宾，产品促销等岗位，都可以请能力强、经验丰富的茶艺师上岗，或由业务主管、领班店长来兼任。

2. 一岗多人

茶艺馆的服务对象广，每次服务的人数、内容不同，需要茶艺师根据需求，随时随地地调整服务内容，一岗多人。比如，茶艺馆在承办大型的接待活动，客人集中来时，茶艺师要分头迎宾、奉茶递果，客人离场后，及时与保洁员清理，收纳。

3. 一人多岗的原则

一人多岗，是茶艺师能力的体现。茶艺师具备一人多岗的能力，是对茶艺馆经营活动全面了解、服务熟练掌握、对客户消费心理理解后做出的应对。具备一人多岗能力的茶艺师，有可能经培养成为管理型茶艺师。

（二）构建方法

岗位职责的构建方法一般有"下行法"和"上行法"两种，两种方法各有优劣，茶艺馆根据自身规模及实际情况进行综合运用。

1. 下行法

下行法是一种基于组织战略，以工作流程为依托进行工作职责分解的系统构建方法，就是通过战略分解得到职责的具体内容，然后通过流程分析来界定在这些职责中，该职位应该扮演什么样的角色，应该拥有什么样的权限。

2. 上行法

上行法是一种自下而上的"归纳法"，就是从工作要素出发，通过对基础性的工作活动进行逻辑上的归类，形成工作任务，并进一步根据工作任务的归类，得到职责描述。上行法和下行法比较，虽然不够系统，但在实际工作中更为实用和更具备可操作性。

二、岗位名称及职责范围

茶艺馆的岗位名称由茶艺馆负责人根据服务需要来进行岗位设置，虽然不同规模不同经营模式的茶艺馆侧重点有所不同，但有其共同的基本的岗位。

（一）岗位名称

通常按照茶艺馆的服务所需会设置以下基础岗位：前台主管（执行店长）、外场迎宾员、外场茶艺师、内场茶艺师、茶点区茶艺员、吧台收银员、外场保洁及后厨、采购、财务人员等。这些岗位设置保障了茶艺馆的日常经营活动如接单预约、茶艺馆整体服务的调度、茶客接待、包厢服务、茶品营销、茶艺展示、结账收银、收纳清理等各项基础服务。客户若有其他茶事服务项目，则需现场主管随机运作，报备上级后再续互动衔接。

（二）职责范围

茶艺师的职务范围需根据服务岗位的内容来确立。管理者对茶艺馆的岗位服务范围越清晰，越容易划分职务范围，茶艺师对岗位服务认知越到位，就越容易理解自己的职务范围。细致精准的设置与描述茶艺师的职务范围，为茶艺师的岗位培训建立了规范依据，也为茶艺师的工作考核评估设定了规范。一套完整的管理制度，对茶艺馆的品牌推广具有深远的意义。

1. 前台主管

前台主管，可以理解为店长或值班经理。是茶艺馆服务的现场总调度，把控茶艺馆日常经营的状态，负责接单及预约服务，在线接听预约电话及回复工作手机、微信、网络订单业务及答复来馆现场咨询客户的各类服务问题。前台主管应熟练掌握茶艺馆的经营服务；对茶艺馆的产品结构、价格体系、服务时间、空间使用有充分全面的了解；熟识茶艺馆的营销政策；具备综合协调能力、推荐能力、口头表达能力、服务亲和力、洞察力，有组织管理能力，礼节有度，不卑不亢。

2. 外场迎宾员

迎宾服务是茶艺馆的门面服务，主要担任门厅接待、茶艺馆企业文化推介、带客领位等服务工作，是宾客对茶艺馆服务最真切的第一体验。迎宾服务体现了茶艺馆服务的专业水准、礼仪形象及企业格调。迎宾服务应选择接待经验丰富、专业能力强、经营定位、文化理念清晰的人员来担任，最宜选用容貌端庄得体，善于语言表达的茶艺师担任。迎宾茶艺员在岗时应精气神饱满、微笑主动、灵活应变、礼节有度、不卑不亢、善于观察。

3. 外场茶艺师

外场茶艺师负责客人进包厢后的点单服务、外场的茶艺接待、产品的介绍、宣传茶艺馆的特色促销活动等。此岗位相当于是茶艺馆的销售，是茶艺馆日常经营中最重要的创收盈利服务环节。外场茶艺师必须熟悉掌握茶水单的全部内容、价格体系及相关茶品的专业知识。并通过观察互动，了解客户消费需求是哪种性质，休闲、商务、交友、接待还是会务等，并快速得体地给客人合理推荐，方便宾客选择，既可显示服务的专业性，又传递出宾主消费关系的亲切。外场茶艺师的服务需做到娴熟、温暖、干脆、不市侩，口齿清晰。此岗茶艺师必须具有换位思考的能力。

4. 内场茶艺师

内场茶艺师主要负责点单后的沏茶等茶艺服务。当顾客点单后，内场茶艺师要根据客人所点的茶品进行备具。每个茶艺馆都有不同的经营模式，有些茶艺馆的茶桌事先就有布具，茶艺师根据宾客所点之茶进行现场沏泡，作为茶艺馆的服务特色，要求茶艺师具备娴熟的冲泡技艺，并对茶品及沏泡法进行专业、恰当的介绍，茶艺师现场介绍时，语言精准、专业，表达清晰。也有些茶艺馆不展示茶艺的冲泡过程，会在吧台或操作台把茶冲泡好后送给客人。

5. 茶点区茶艺员

茶点区茶艺员负责客人用茶时的茶点安排配送。茶点有配送和消费两种形式（消费指南要注明）。以茶点配送制茶艺馆为例，内场茶艺师在进行茶艺展示的同时，茶点的准备也同步进行。茶点的选配需根据宾客的消费习惯安排，对已了解其喜好的老客户，就按客人的喜好来选配，对不熟悉的客人，则根据茶艺馆的特色茶点和节气茶点来准备，同时参考宾客所点茶品的消费档次准备茶点。

若是自助性茶艺馆，适当的送特色茶点，并提醒客人，茶点可自助。

6. 吧台收银员

吧台收银员主要负责日常经营的结账服务，可兼茶艺馆的物料申购员。日常所需的茶品、茶点、水果、茶器及各类辅料耗材都由此岗位管理申购，包括每日的报表票据与财务采购人员的对接。

此岗位还需熟悉茶艺馆的经营营销策略，方便协助前台及销售随机回答客人的各类咨询。服务时应主动、准确、表达清晰、微笑从容。

7. 保洁、后厨、值班、采购、财务

此五部分与茶艺师的岗位不密切，内容省略。

三、岗位之间的关系

岗位与岗位之间有密切的关系。茶艺馆经营服务环环相扣，事事相连。在这张事联网中，人、事、物、空间由事相连，以人互动，借物传递，互联互通，在链接中收获成长。

1. 整体与局部的关系

各岗位茶艺师之间的关系是整体与局部的关系。前台负责整体，统筹服务的全体，其他岗位负责局部，配合完成服务。评判服务的优劣也一定从整体去考量，而非局部的出色。

2. 能力强弱的关系

在一个服务团队中一定有能力的差异。在岗位分配时，重要岗位配置综合服务能力强、专业素养高的人员，一些基础岗位安排相对能力弱的人员。所有岗位人员需多做多练，多看多问，在实践中摸索，在践行中成长。

3. 相互配合的关系

各岗位有分工，但服务的对象可能是同一批人，有一定的时效性，如客人需要消费茶礼品，既需要现场有茶艺师负责营销，沏泡茶品，介绍茶礼特色，供客户体验，又需外场后勤人员准备包装收纳。茶饮服务、茶品销售一气呵成，不生硬，客户才能获得较好的消费体验。

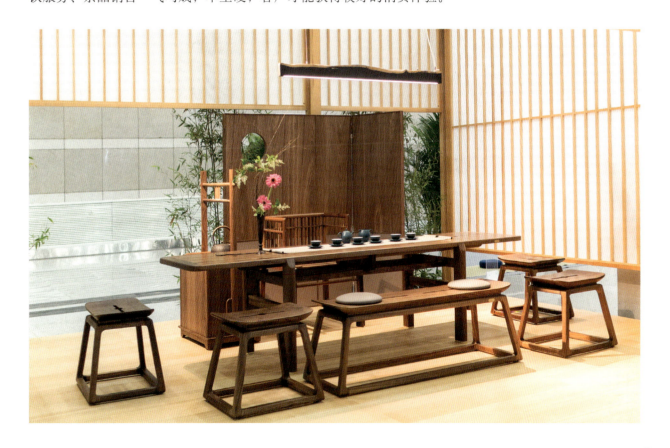

4. 榜样激励的关系

经营有序的茶艺馆有时候就像一个大家庭，年长的、综合能力强的、专业水平高的茶艺师就像兄长，冲在前面重要的岗位上，带领团队完成服务，勇于担当。年轻的茶艺师跟着学习，以先进为榜样，争做先进，激励团队士气。

第三节　茶艺师的服务内容

茶艺师明确理解茶艺馆定位，清晰本职岗位职责及服务内容，对茶艺馆的经营，茶艺馆的发展有着极其重要的意义。

一、前台

前台主管是茶艺馆服务的现场总调度，负责茶艺馆的接单、预约等系列综合茶事服务工作。

1. 工作流程

每日工作流程：更衣签到→前台整理→核对表单→设备检测→预订接单→处理信息→调度服务→接受咨询→宣传促销→汇总信息→登记备忘→整理表单→关闭设备→签退离岗。

2. 岗位细则

① 遵守规章制度，按时打卡上岗，开始前台整理，空间巡视及预约接单服务。前台服务区整洁有序，设备正常，表单清晰，不存放私人物品。

② 核对表单。整理核对前一天的收入报表，核对各收银平台到账数据，核对发票，整理系统上的预约单，收入报抄上级主管。

③ 空间巡检。检查空间整体运营状态、设备系统、货架陈列、背景音像、灯光、空调、绿植花木、空间卫生、茶席陈设、人员状态。例如注意事项，夏季避暑，打扫卫生时，开窗通风；结束时，竹窗帘拉下避光；梅雨天空调开启除湿，并燃些艾香去味除湿。

④ 巡检后根据现场出现的具体情况再分工布置，逐日完成卫生死角的清理收纳工作。工作有计划、有目标、分步骤，巡检→分工→落实→复检。

⑤ 察看工作群、客户社区群的每日动态。有无上级指令、有无预约订单、有无收发货品，及时处理及时安排。

⑥ 掌握茶艺馆营销情况。熟悉茶品、茶水价格，了解促销产品。

⑦ 负责接单预约服务。在线接听预约电话并落实；回复网络订单业务；答复来馆现场咨询客户的各类问题。做好电话预约服务，通话时语音要有亲和力，做到宾客预约有登记、有落实，安排合理。面带真诚的微笑接待每位宾客，耐心并简洁扼要地做好现场咨询服务。建立宾客消费备忘录，熟悉了解宾客消费特点，做好针对性的提醒推荐或促销服务。

⑧ 指导新员工。从迎客引坐、点单沏茶、送茶奉点、巡场客服到买单送客整个服务流程，让新员工做到心中有数。贯彻茶艺馆服务理念，培训指导新到岗员工，主持岗位学习每日例会，负责每日营业日报。根据不同季节推出时令迎客茶，并指导茶艺师对馆内茶品做好推荐与促销工作。

⑨ 负责处理宾客投诉。处理宾客投诉时倾听要耐心，能设身处地，及时有效地作出应对。并适时汇报上级主管，做好有关文字影像资料的整理汇总。

⑩ 有效完成交接班工作。做到事事有交代，账目笔笔有记录，出现问题勇于承担。

⑪ 熟练运用前台设备系统。确保运营设备正常，若有设备故障，及时申报维修，电子资料要有备份处理。

⑫ 和谐团队气氛。前台做好本职工作的同时，与同事之间保持良好的团队协作关系，关注整个茶艺馆的工作气氛，并能向管理层提交合理化建议。

二、迎宾

迎宾，茶艺馆介绍服务是茶艺馆前台主管或专职迎宾茶艺师的岗位职责内容之一。

1. 工作流程

每日工作流程：更衣签到→门厅卫生→灯光管理→绿植养护→迎宾领座→茶艺馆介绍→协助前台→接受咨询→宣传促销→贵宾服务→送客致谢→关闭设备→签退离岗。

2. 岗位细则

① 迎宾应站立于茶艺馆进口处，面带微笑。着装端庄，精神饱满，服务时使用欢迎语、问候语、称呼语、尊敬语、祝福语。

② 领位时保持与宾客合理的距离，简单介绍茶艺馆空间布局，茶艺馆经营特色，耐心得体地解答客人有关茶艺馆文化或产品业务的咨询，及时给出合理化建议。若宾客随身携带物品较多，应征询宾客意见后给予合理安全的帮助。

③ 了解茶艺馆每日预订茶位情况，掌握迎客茶的安排及茶点品种供应情况。宾客入座后，后退半步，离开时告之"稍等片刻，我们将马上为您们配送迎客茶"。转身轻步离开，合门要轻。

④ 若雅座茶位已满，应向客人诚恳解释。可先安排宾客在公共区等候，有空位时立即安排。宾客在公共区逗留时应有陪同服务，或对接好其他服务人员。

⑤ 巧妙地谢绝一些非品茶需求的人员进入茶艺馆。如遇特殊宾客（如外籍宾客、婴孩、残疾人）要提供特殊服务。应尊重他人的习惯，特殊服务时应格外留意、细心觉察。遇雨天，要主动为宾客套上伞套或寄存雨伞。

⑥ 迎领完毕，迅速与前台做好交接，后续服务工作跟进后，及时回到岗位。

⑦ 宾客离开时，应提醒客人不要遗忘随身携带的物品。若是线上引流的客户，需征求客人的意见，以合适的方式让客人给茶艺馆留下中肯的正面评价，为线上营销提供基础。真诚致谢，微笑送别客人，道别时更要用心，站立服务，恭敬目送客人远去。

⑧ 保持仪态。迎客服务的间隙，不在大厅前台攀谈闲聊，嬉笑打闹，始终保持良好的仪态。

三、点茶

点茶服务是区域外场茶艺师或值班主管的岗位职责内容之一。

1. 工作流程

每日工作流程：更衣签到→器具收纳→毛巾洗消→茶单准备→点单准备→迎客茶准备→协助前台茶品物料准备→接待服务→物料收纳→关闭设备→签退离岗。

2. 岗位细则

① 当迎宾引领宾客落座后，点单员应即刻送上迎客茶、点茶单及洗消干净的毛巾（或一次性赠送宣传型小毛巾），正常雅间应配有纸巾。茶艺馆根据不同节气配置不同特色的免费迎宾茶，茶艺师必须了解其功效并会介绍。

② 点单服务。点单的形式可以有书写记录、系统录入、背记。"这是我们的茶单，请点茶。"点单时面带微笑，目光正视客人，口齿清晰，身体微屈，轻声询问。若客人还需等人，暂不点单，可以先离开，但不能离开太远，以方便客人招呼。现在的茶艺馆基本都会安装无线呼叫系统，在客人等人时，可提醒客人选择服务铃呼叫服务。

③ 宾客若不熟悉茶艺馆消费，点单有迟疑不决时，茶艺师要主动介绍，做出适合宾客实际需要的有针对性的推荐。不建议推荐最贵的，也不建议推荐最便宜的，推荐中间价位的茶品。若客人点茶或候人时间较长，要及时给客人添续迎客茶。

④ 点茶服务结束，需要唱单。茶艺师清晰明快地报一遍客人所点之茶，确定无误后，亲切愉快地说："请大家稍候，我这就为您们备茶。"客人若有特殊要求要重点重复。

⑤ 有宾客不点茶的，可开茶位费，要续迎客茶，但需要向客人介绍茶位费的含义及宾客须知。若有中途增加宾客，宾客小坐就走不点茶的情况，告知领班，酌情处理。

⑥ 点茶服务是茶艺馆服务流程中最重要的环节。不得体的服务会让某些宾客在点单时就心生不悦，导致客户流失。茶艺师点茶前，必须熟练掌握茶水单的全部茶品与价格、宾客消费须知等信息。在了解宾客消费需求后，快速得体地给出合理推荐，方便宾客选择，体现服务的精度、温度与专业度。

四、沏茶

沏茶服务是区域内场茶艺师的岗位职责内容之一。

1. 工作流程

每日工作流程：更衣签到→器具整理→茶席布置→空间收纳→茶席插花→协助前台茶品与物料准备→接待服务→清理收纳→关闭设备→签退离岗。

2. 岗位细则

① 当顾客点单后，茶艺师将客人所点的茶，选择合适的器和水，灵活运用冲泡水温、茶水比、浸泡时间三要素，将冲泡好的含叶茶或茶汤（茶水分离）送给宾客。茶汤的浓淡应宾客的要求可随机调整，器具需洁净完好，茶汤质量和温度同样重要。

② 若宾客要求茶艺师现场冲泡，茶艺师备具后，先介绍茶品的质量与文化特色，然后专注地冲泡、奉茶，并引导宾客品茶的香气、汤色、滋味、茶韵等。娴熟的沏泡技法及专业恰当的讲解介绍，将宾客带入品茶的氛围中，领略茶的美好。

③ 奉茶时要注意顺序。以长者为先，主客为先，女士优先。奉茶时行伸右掌礼，告诉客人："这是您点的xx茶，请慢用。"奉茶时注意手指不能碰到茶器的口沿，以免客人有不卫生的感觉。

④ 若客人所点茶品，备具沏泡时间过久，可先续迎客茶，上茶点和水果，以免客人长时间等待。

⑤ 现场沏泡的茶艺师待茶过三巡后，需委婉征求客人的意见，是否还需一直留在包厢服务，征得同意后可离场，离场前将茶汤备好方便客人自饮。

⑥ 要有中场服务的意识，随时随地的观察客人有否需要服务的意向，配合前台调度做好茶艺馆的其他服务工作。客人离场时的告别提醒、清理收纳都是分内工作。

五、奉点

奉点是茶点区茶艺师的岗位工作。

1. 工作流程

每日工作流程：更衣签到→水果申购→茶点区卫生清理→水果清洗摆盘→干果备料→品质抽检→台账登记→茶艺接待→中场服务→器具整理→归位消毒→关闭设备→签退离岗。

2. 岗位细则

① 自助型茶艺馆，一般在茶空间较显眼处设置茶食台。客人可自行选择茶食水果，客人也可按喜好由茶点区人员送上。非自助型消费的茶艺馆，可以根据客人所点之茶配送茶点。也有的茶艺馆茶和茶点是分开消费，则另备独立的特色茶点单。

② 茶点盘清洁完整，水果时令新鲜，茶点品类丰富，富有地方特色。给客人安排茶点原则上是按客人所点茶品的消费标准搭配。熟悉的客人也可参考客人的口味喜好搭配，不熟悉的客人则根据茶艺馆的特色和节气来准备茶点。

③ 茶点干湿搭配，色彩搭配、装盘要有美感。绿茶鲜爽，口感会有苦涩，可以配些甜点；红茶醇厚，可配些酸甜的果脯；乌龙茶是半发酵茶，可搭配咸鲜的干果；普洱消食，可搭配可饱腹的茶食。

④ 茶点区工作人员应佩戴口罩。取拿茶点时应佩戴食品用手套或使用食品夹，忌用手直接拿取。

⑤ 配送茶点时，提醒客人为他们准备好的果壳盘（一或两个）、纸巾、牙签、果叉等，见客人的

杯中茶水不多时，主动为宾客添水，清理水盂等服务工作。服务结束需退出包厢时，应适时提醒客人热水壶放置的位置，以及服务器的使用。

⑥ 茶点配送时要对商务人群和休闲人群有所区分。一般商务人群不需要过多询问，份数也不需要太多，宜少宜精。休闲人群的茶点需要在份数上有所增加。

⑦ 茶点是茶艺馆的特色加分服务。民以食为天，大部分客人对茶的专业度欠缺，但对特色好吃的茶点记忆深刻，茶艺馆的特色服务可在茶点上做文章，制作些下午茶茶点，整点配送茶点，会给茶艺馆加分。

⑧ 茶点原则不回收。因此配送茶点时要用心谨慎，严禁浪费。

六、巡场

中场巡视服务是区域内场茶艺师及茶点区茶艺员的岗位工作。

1. 工作流程

每日工作流程：更衣签到→水果申购→茶点区卫生清理→水果清洗摆盘→干果备料→品质抽检→台账登记→茶艺接待→中场服务→器具整理→归位消毒→关闭设备→签退离岗。

2. 岗位细则

① 中场服务是巡查客人台面需求的服务。进行服务的茶艺师也不可以一直留在雅间服务，茶过三巡后，茶艺师根据实际情况决定进出包厢的服务频率，巡场服务当随机应变。其他不需茶艺服务的包厢当留意客人饮茶的节奏，用水量大、宾客人数多的势必需要的服务也会多些。

② 巡场也需有技巧，冒冒失失地经常去打扰是极不礼貌的，怕打扰不去巡场也是服务不到位的。茶艺师在没有把握确定巡场的节奏时，可顺带些小的特色茶点敲门征询客人的需求，若得到客人的明确告示，再决定去的节奏。

③ 巡场时若看到客人桌上有空的茶点盘，或将满的水盂等，应及时撤走及时更换备用的物件。巡场时应特别注意包厢里热水壶的位置，如有带孩子的客人，要善意提醒，注意用水用电的安全。巡场时间先紧后宽，客人先到时落座一定是先喝茶，再谈事，所以要掌握客人的会客习惯，会务或其他特殊服务除外。要求：及时添加茶水，小吃，及时清理桌面，撤掉空盘、热水壶。

④ 中场服务时要留意倾听宾客的意见建议，要互动及时，并真诚感谢。无论是表扬还是批评，及时感谢并上报上级主管，以便对茶艺馆的服务做出及时合理的调整。

⑤ 茶艺师包厢服务时专注本职服务，不去关心客人所聊话题，不传话，不背后议论宾客事务，做好服务，谨言慎行。

七、买单

结账买单服务是吧台收银员的岗位工作。

1. 工作流程

每日工作流程：更衣签到→工作区卫生→盘存核账→茶品与物料整理→器具规整→收单配茶→结账开票→咨询促销→出库登记→整理报表→关闭设备→签退离岗。

2. 岗位细则

① 上岗时首先核对备用金，核对前台销售物品数目，检查报表，若是电子系统记账，复核上一班次的营业账单及流水，接洽财务人员。前台工作区每日卫生保洁，保证设备正常，无私人物品，非工作区人员不串岗。

② 做好茶品及辅料的管理工作，用多少取多少，以免因茶叶变质而造成不必要的损失。保证产品与物料配备充足，在经营中有序不脱档。

③ 申购茶品与物料时需填申购单，写清楚数量、品种、规格、单价等。做到台账清晰，方便交接及盘点核对，保证账物相符。辅助后勤主管等做好每月的物品盘存并填报"物料盘存清单"。

④ 将后勤清洗干净的器皿擦干归类，放入消毒柜中进行消毒，确保一客一洗一消毒。并做好茶艺馆各类茶器的收纳整理工作，熟悉不同茶与器具的搭配，接单后可以快捷准确地进行冲泡。

⑤ 当客人到前台示意买单或按服务铃告知需要买单时，茶艺师（买单人员）应主动征询结账方式（会员签单、会员刷卡、现金、微信、支付宝、信用卡等），需要开具何种票据，若是会员，有些时令促销活动应询问是否要参与等。若客人刷卡消费，客人在输密码时要有礼貌地回避，刷卡成功后请客人确认金额并签字。

⑥ 结账服务时，要求唱单，口齿清晰，唱单准确，精准快速地报出账单金额，整个结账过程自信从容，面带微笑。可根据茶艺馆的营销策略，赠送相应的伴手礼。

⑦ 如客人提出需要签单消费，需要确定对方单位是否是协议签单单位，该经办人是否有资格签单。在签单过程中，需让客人写清姓名、单位、联系电话。如字迹不清晰，要礼貌地询问客人。

⑧ 如客人选择会员卡消费，需要客人出示会员卡（报出姓名电话亦可），并在系统上予以核实，经验证确定后再刷卡，最后请客人核准并在票据上签名。

⑨ 收银员日班跟晚班交接班时，需点清备用金，核对日班营业单与款，以及留下的茶券及物品，无误后登记签收，办理交接手续。

⑩ 晚班结束后需做总单报表，总单上需写清当日现金、签单、会员卡消费、信用卡消费、微信与支付宝消费，开票金额，香烟、酒水、饮料以及送出茶券跟回收茶券等代金券，准确清晰地填写营业报表，确定无误后上交财务人员。

⑪ 顾客到吧台结账或咨询时，一定要站立服务，面带微笑，礼貌地为顾客服务。不做与工作无关的事。

⑫ 做好交接班的工作，交代清楚，并有记录，出现问题要勇敢承担责任。

⑬ 熟练前台应用设备系统，确保运行正常，若有设备故障，应及时申报维修，以便正常地为客人服务。在做好本职工作的同时，与同事之间保持良好的团队协作精神，关注整个茶艺馆的营业气氛，并能向管理层提交合理化建议。

八、送客

送客礼仪服务也是外场迎宾员和前台主管的岗位工作。岗位细则如下：

① 客人买完单后，应随时注意客人的动向。若客人起身，应及时送客，送客时应提醒客人别忘记随身携带的物品，并诚心邀请客人下次再来，用心道别后，微笑目送客人远去，直至看不见客人为止。迎、送宾客时应主动为客人拉开门。

② 其他同迎宾岗位。

九、收台

收台清理服务，是区域内场茶艺师的岗位工作，若包厢消费人数较多，茶点区茶艺员及其他工作区人员应主动帮助做好收纳清洁工作。岗位细则如下：

① 客人离开后不要马上去收拾，要稍等片刻再进包厢收纳，万一客人马上返回还需要用此茶空间，以免撞车尴尬。

② 收纳时若发现客人有遗漏物品，应及时告知前台，前台需及时电话联系客人，若是非熟识客人已经走远，则应将遗漏物品妥善保管好，不得私自藏匿。

③ 茶点原则上不回收。台面清理干净后，器具、桌椅收纳归位，消耗品补齐。将包厢整理干净，恢复到接待前时的状态，开窗通风。

第二十二章
茶事服务

作为茶事服务主要场所的茶艺馆，形式多样，风格各异，个性鲜明，基本类型有商务型、休闲型、茶艺研习型、主题特色型等。但无论哪一种类型的茶馆，在茶事服务过程中，都必须精心准备，提供精细化、优质化服务。树立茶事服务品牌意识，创造茶事物质与精神的双重价值，推动茶事服务业可持续发展。

第一节　茶室准备

准备是茶事服务工作的第一步，包括思想准备和行为准备两个方面。要求在客人到达之前，茶艺师认真完成茶艺馆空间的准备工作。卫生、安全、美观均达标，处于随时可以为宾客服务的状态。

一、卫生要求

卫生要求准备：分为动态准备、静态准备。动态指茶艺师个人卫生等，静态指空间卫生和茶具卫生等。

（一）茶艺师个人卫生

茶艺师是服务的主体，第一时间接触宾客面对面交流，其整洁的仪容和得体的着装，是衡量茶艺馆服务水准和卫生状况的重要标志。

1. 仪容整洁

容貌端庄大方。妆容淡雅自然，不可浓妆艳抹，不可涂有色指甲油，不可涂抹香水。

头发梳理整洁。头发应梳洗干净整洁，避免头发散落，否则会挡住视线影响操作和卫生。

注意个人卫生。将面部修饰干净，保持清新健康的肤色；不留长指甲并应修剪整齐，保持干净；保持口气清新，忌吃葱、蒜、洋葱等有异味的食品。

2. 着装得体

服装款式、颜色、风格与品茗环境相协调，一般以中式服装为宜，袖口不宜过宽，以免沾到茶具或茶水，影响卫生。

服装应适时换洗，不能有污渍，衣领袖口要保持干净，并熨烫平整。

服装与鞋袜整洁，要求搭配协调得体，洁净美观。

（二）空间卫生

茶艺馆室的空间卫生要求严格达标，文明、整洁、优美的品饮空间，是宾主双方共同享用的工作环境（图22-1）。卫生注重以下细节：

图22-1 整洁的茶艺空间

① 门、窗洁净无尘，无手印，无污渍。

② 灯具照明完好洁净，墙壁无蜘蛛网，无灰尘。

③ 书画和陈设摆放整齐，无破损。

④ 插花或绿色植物鲜亮，无蔫花黄叶，花盆外侧无污泥，底盘无水渍。

⑤ 茶桌、椅子干净无尘，摆放整齐；地面干净，干燥无水渍，地毯无污渍。

⑥ 室内换气通风，保持空气清新，无烟味异味。

（三）茶具清洁

茶具清洁当为首要之道，务须保证茶具表面光洁、内无茶垢，无水渍、无异味、无破损。对于新购置的茶具如紫砂壶，要清洗开壶，除去新壶的火气、泥味、杂味后方可使用。

① 严格按照卫生标准和流程清洗消毒茶具，使用清洁、消毒、保洁的设施设备和环保有效的消毒剂。

② 根据茶具的不同种类和质地，选择不同的消毒方法，分类清洗、分别消毒、保洁存放。

二、安全要求

为加强茶艺馆安全管理，保护来宾、员工和公共财产安全，杜绝安全事故的发生，须严格执行安全管理制度，并按消防安全、食品安全两方面责任到人。

（一）消防安全

① 严禁存放易燃、易爆、有毒的物品。

② 消防通道口、楼梯间等位置保持畅通无阻，疏散标志和安全标志指示灯完好无损，在营业时，各通道口严禁上锁，保持畅通无阻。

③ 正确操作一切电器、设备、设施。煮水炉和香熏、焙茶炉的放置应与宾客保持安全距离，并远离窗帘、地毯等易燃物品。

④ 熟知安全出口和消防器材摆放位置，并能正确使用报警装置和消防器材。牢记火警电话119和救护电话120，救火时一切听从消防人员和现场指挥员的指挥。

⑤ 当发生火警时，首先保持冷静，不可惊慌失措，在最短的时间内向消防部门报告火警，并积极采取正确的灭火措施，迅速组织顾客通过安全出口进行疏散。

⑥ 一旦发现火灾中有有毒气体和有爆炸危险时，首先采取防毒、防爆措施，再进行灭火。

（二）食品安全

食品安全，是指提供的茶食茶点、干鲜果品等必须安全，在营养和卫生方面能否满足和保障宾客的健康需要。涉及食物是否变味变质、制作存放过程是否受到污染、添加剂使用是否违规超标，以及从业人员是否健康卫生等方面。作为茶馆经营管理者应带领全员高度重视食品安全问题，坚决杜绝病从口入，严格落实执行下列各项制度，包括：

① 进货索证索票制度；

② 食品进货查验记录制度；

③ 库房管理制度；

④ 茶食、点心、水果制作卫生制度；

⑤ 从业人员健康检查制度。

三、美观要求

茶艺馆是茶文化传承、传播的重要场所。空间之美，是体现茶艺馆文化品位的重要组成部分，主要体现于境之美、器之美、行茶之美。

（一）境之美

装饰布置、陈列展示都要讲究品位、格调和氛围，力求幽静、雅致、简洁、芬芳，富有浓郁的文化气息。厅堂、雅间或茶席氛围的营造可从挂画、插花、熏香、音乐、光影五方面着手准备。

1. 挂画

挂画，是茶艺馆布置的重要陈设。素净雅致的书法艺术条幅，意象悠远的水墨画卷可帮助茶艺馆营造出一定的文化氛围。

茶艺馆所挂字画可因时节、主题、茶艺馆的风格及宾主具体审美需要选择。挂的字画宜少不宜多，应重点突出（图22-2）。

2. 插花

茶席插花和一般插花不同，要以茶为主角，花为配角。讲究素、雅、简和与茶席的和谐，强调自然美、线条美和意境美的契合。插花的取材立意，主要从反映时令、花语传情、彰显茶艺主题等方面考

图22-2　茶艺馆挂轴

量，选材可不拘一格，但多以古朴自然为主。

3. 熏香

焚香，在宋代时已与挂画、插花、点茶一起被称为"四艺"，常见于日常生活中。熏香使美好的气味弥漫于茶艺馆，使品茶感受变得更加丰富多彩。

香料种类繁多，但无论是选择香材，还是香炉在茶室的摆置，均应把握不夺香、不抢风、不挡眼三个原则。可巧用草木等天然之物，如茶梗、茶叶烘焙，松针、柏子熏烤，以及花蜜借香等来增加境之美。

4. 音乐

音乐的选播至关重要，音乐是生命的律动，茶艺馆应重视用音乐来营造意境。茶艺馆使用的音乐多以慢拍、舒缓、轻柔的乐曲为主。

5. 光影

灯光应营造出与品茗环境相适应的气氛，提升茶艺馆文化品位与格调，注意处理好一般照明、局部照明与混合照明的使用。

光线通常选温馨的暖色调为主，但冷暖色调的巧妙结合，更能体现空间的特色。

（二）器之美

茶具组合及摆放是茶席布置的核心，不同质感的器物会产生不同的视觉、触觉，组合成为沏茶艺术的美（图22-3）。

（三）行茶之美

一间茶艺馆，不仅要有装饰雅致的空间、设计巧妙的茶席、质地精美的良器，更重要的是要有会泡茶的茶艺师。虽然每位茶艺师冲泡的手法都会不同，但需遵循一些共性的要素来构成行茶之美。

1. 宁静放松

心平气和，静若处子。当心里浮躁时，眼观鼻，鼻观心，深呼吸，全身放松，几秒钟就会慢慢静下来。

图22-3　美器

2. 灵思巧动

动作不是一成不变的，要随各种茶艺主题、外界环境因素等机敏巧变；器具也不是固定的，要根据环境、地点、茶类的变化灵活选择。

3. 简约之美

美的行茶，每一个动作都有道理，如常见的转腕动作，一定要把握尺度，简借太极式起承转合法，如手势过大就会流于轻浮，失了行茶人的沉稳之美。所谓行茶如行云流水，即在于动作加一分则多余，少一分则不足，此为上佳。

4. 呈现茶性

沏茶冲泡，让茶更好喝，之后才能谈美。茶艺师首先要学会按茶性泡茶，懂得不同茶类、不同老嫩程度、不同陈放年份的茶，要用不同的水、不同器皿、不同温度冲泡。须戒除华而不实、有损茶汤滋味的做法。

第二节　茶事服务

饮茶已经成为不可或缺的一种生活方式，引导消费者科学健康饮茶，为消费者提供精准周到的服务，这是茶事服务的重要内容。

一、茶饮推荐

茶有不同的特性，就如同人也有不同的状况一样，茶与人都会因季节和环境的变化而变化。顾客进入茶艺馆后，能不能满意地喝好一杯茶，茶事服务人员对茶饮的合理推荐尤为重要。推荐茶饮首要原则，是先利他而后利己。因人而异，合理荐茶，帮助宾客获得身心双重享受，同时为茶馆获得忠实客户及良好信誉。

1. 主动服务

客人入座后，茶艺服务人员应立即送上迎客茶和茶单，点茶一环很重要。点茶服务可分为被动点茶和主动点茶两种方式。被动点茶是指以客人点茶为主，服务人员只要完整地记录客人的茶饮要求即可。这种点茶方式缺乏主动性，不能适时推荐茶饮产品，容易造成茶饮产品特别是新产品的滞销。因此茶馆一般提倡主动点茶方式，即服务人员结合客人的个性需求为其推荐合适的茶饮产品。成功的推荐既让客人满意，又增加了茶饮收入。

2. 合理推荐

应恰到好处地推荐茶饮。推荐茶产品服务是一项专业技巧，茶艺服务人员不仅要有专业知识储备，还要掌握好推荐时机。推荐时机是否合适，直接关系到客人对所推荐的茶饮产品的态度以及最终结果。

一是客人首次光临，可主动推荐介绍。二是客人对所点茶饮产品有疑虑而犹豫不决时，应根据客人具体情况及消费需求适当推荐。三是茶馆正在进行茶饮促销活动时，可有针对性地向客人介绍促销茶饮产品，如质量、价格、服务等具体信息，延伸服务。

根据不同季节、顾客状况推荐茶饮。科学饮茶讲究因时而异、因人而异。如不同节气应饮用不同的茶叶、当季的新品、时令饮品、特殊节日食品等。

运用合适的方法推荐茶饮。通常客人对于没有听过、看过、尝过的产品不容易马上接受，即使通过介绍产生了兴趣，也会犹豫不决。因此需要详细地向客人介绍该茶品具体信息，如茶叶的色、香、味、形及保健功效和价格等，也可请客人先行品尝再作决定。

茶事服务中每个环节，都做到以人为本，宾客至上，才能获得良好的社会赞誉。

二、茶水服务

一般根据来宾选择的不同茶品，由吧台（泡茶台）或准备间人员做好茶叶茶具配置、冲泡用水等准备工作，再由茶艺服务人员端到茶座上，现场演示冲泡技艺。在整个茶水服务的过程中，注重选器、择水、沏泡等各个操作服务细节，以满足宾客的品饮与欣赏要求。

组成茶叶色、香、味等基础物质的化学成分，多数能在冲泡过程中溶解于水，从而形成茶汤的色泽、香气和滋味。泡茶时，应根据宾客所点的不同茶类特征进行精准服务——选择相宜的水、调整好茶水比例、掌握泡茶水温、注意冲泡时间、关注冲泡次数。茶水服务注意要点：

① 上茶时要求茶汤温度适当，不能过凉或过热，加水时要先征询宾客意见。

② 斟茶时按先宾后主、长者优先、女士优先的原则，在顾客右侧服务，茶艺师右手提茶壶，左手端茶杯为宾客斟茶注水。

③ 茶水斟至七、八分满，应端起茶杯拿离桌面斟茶，防止烫伤宾客。

④ 注意观察分茶盅中的茶汤颜色和茶汤量，做到所服务的宾客都能喝到相同泡次的茶汤，感受茶汤逐渐展开的美妙与变化。

⑤ 放于茶桌上的茶盅、茶壶、煮水器的嘴均不可对着宾客。

⑥ 水壶、煮水器（炉）放置在距离宾客稍远的地方，以保证宾客安全。

⑦ 上桌泡茶服务结束离开时，应提示宾客"有需要请按服务铃"，避免让宾客起身或大声呼叫。

三、销售服务

茶饮销售与商品销售服务，两者之间是有机结合，密不可分的。我们在服务过程中，冲泡的茶，使用的茶具，选用的点心、茶食，以及茶的衍生产品，茶事服务的输出，这些服务与茶产品组成了一个多元的商品服务模式。

（一）因优质服务而直接产生的商品服务

直接商品主要指茶叶、茶具、茶点美食，其服务主要是销售服务，包括：

1. 茶叶销售服务

在茶水服务过程中，宾客所点的茶品经茶艺师的沏泡，充分展示出该茶品的优质特性，宾客在体验中产生购买欲望，延伸商品服务。

2. 茶具销售服务

上桌服务过程中，茶室选配的器具精致美观，既符合茶性又利于操作、把玩，爱茶的宾客通常喜爱茶器具而促成购买。

3. 茶点美食销售服务

茶艺馆的特色也体现在应时应景所配备的茶点美食上（图22-4）。别具风味的一份馄饨、现烤的蛋糕、现制的香芋酥、现炖的一盅燕窝，都可以成为宾客购买带回家与家人品尝分享或馈赠亲友的贴心礼物。

图22-4　精致的茶点美食

（二）因陈设美观而吸引产生其他商品服务

茶艺馆的其他商品主要指茶礼盒、与茶文化相关的工艺品、与茶席相关的配饰和茶的衍生产品。

1. 茶礼盒

当季新出的茶品，如春之绿茶，夏之花茶，秋之乌龙等；传统节日茶礼，如元宵、端午、中秋、重阳、腊八、春节茶礼等；茶馆推出的定制款特色茶礼、周年庆典茶礼等等（图22-5）。

2. 相关的工艺品

陈设的工艺品，小巧精致、古朴、玲珑，通常与茶相关或相宜。

3. 相关的茶席配饰

随着茶的品饮艺术生活化，众多爱茶人会在公司或家中设一品茗区域或茶席，相关的茶器具、定制桌旗、特色茶巾、茶则、茶荷、杯托、漆器等茶席配饰，都会有喜欢的宾客要求购买。

4. 茶的衍生产品

茶科技的进步和创新，派生出众多茶的衍生品。一般在茶馆作商品服务的有：茶保健食品如茶黄素片、茶含片；风味含茶食品如抹茶冰激凌、茶酥茶糖、茶月饼、茶蛋糕等；茶化妆品如茶叶面膜、护肤用品等。

图22-5　茶礼盒

设计精巧、陈列美观并具有文化感的商品展示，让宾客感受到茶文化的品质、格调与科技的进步，由欣赏、信任而产生了购买的欲望。

（三）因适时合理推荐而产生的多元文化商品服务

多元文化商品包括茶文化的输出和茶技艺的培训和推广。

1. 茶事服务文化活动的输出

如外事接待、公司庆典策划、主题茶会设计、婚庆茶会、甚至家庭茶礼宴会等。

2. 茶技艺培训课程推广

茶馆利用自身的场地优势，聘请相关的专业资深专家，举办各种类型培训班如茶艺、花艺、香道、古琴、国学等。

以文化经营为核心的特色茶馆，还具有茶事服务输出和多种专题培训的能力，并有完整而明晰的商品服务报价，这就需要茶艺服务人员适时合理推荐。

第三节 茶品销售

现代茶艺馆的经营模式日益呈现多元化发展趋势，具备专业基础并与茶产业界关联密切的茶馆，茶品销售业绩往往在总营收中占有较大比例。因销售工作通常由茶艺服务人员完成，所以掌握茶品的销售要点、包装要求、售后服务等，也属于优秀茶艺师不可缺少的专业技能。

一、销售要点

在商品服务中促成商品销售，既获得销售成果，也是延伸服务的重要内容。不同行业有不同的销售技能，茶馆经营业的茶品销售有以下方面：

（一）积累基础消费对象

这里所指的消费对象，包括在茶馆品饮的顾客、已经认可销售品牌的回头客、临时进店购买的新顾客、看客或过客。增加并积累以上消费对象，是茶馆获得优良茶品销售业绩的重要基础保证。

1. 诚意待客

诚意待客，获取客户的充分信任，是积累销售客户群的基础之一。奉上迎客茶，接待、询问、了解。交流应彬彬有礼，语速适中，声调亲切诚恳，具有感染力。切忌急不可耐、滔滔不绝，更忌爱答不理、答非所问。

2. 择机介绍

介绍茶品时的时机选择，对能否成功实现销售具有重要的作用。顾客对某款茶品产生兴趣并提出要求进一步了解时，应反应迅速，重点、详尽介绍，并作出有效提问，以便了解顾客的真实诉求。

3. 提升沟通能力

熟练和有经验的茶艺师，首先是尊重顾客，学会聆听，找到切入点，根据顾客的关注点，通过针对性的介绍，对顾客产生正面和积极的影响。

（二）茶品销售技巧

茶艺馆内售卖的茶品，通常选择各大茶类的优良等级产品，且与茶饮服务中所用的茶品具有相关性。同时茶馆有自己的定制款和名优款。茶馆销售茶品具有品类多、质量优的特点，茶艺师介绍茶品品质，凸显各自特色，激发顾客购买意向的推销技巧尤为重要。

1. 以分享的姿态推销茶品

茶艺师要将注意力从专注于分享推荐的这款茶品的品饮心得，适时地转向顾客的关注点，诸如顾客关注的"任何时候喝这款茶是否口感都好？""冲泡是否便利？""包装耐看程度、大小是否合适送礼？"等。茶艺师越懂得生活，越懂得分享，就越知道顾客关注的问题所在。保持客观，提升说服力，在达成共识的基础上实现交易。

2. 突出销售焦点和核心点

每款茶都有多个卖点，如武夷老丛水仙的品牌文化、种植环境、品质特征、冲泡方法、包装规格、购买配送等众多卖点，可集中精力讲出关键点上的价值。

3. 突出茶品价值和适当让利

顾客议价是希望物有所值，就需要强调茶品对顾客的生活、保健等多层面价值，如红茶的暖胃功能，白茶的清火功能等。以及作为礼物赠送的珍贵性、与人共享茶品的多种活动等。同时可采取适当让利促成销售，优惠措施可以是赠送小包装的茶叶、茶具、茶券、茶点，或者相关的培训体验课程。

4. 体验式营销增加顾客的感知认识

通过让顾客观看品尝强化感官印象，加深对多款茶品的兴趣和认知程度。经过展示、演示、体验等多个环节来进行比较、选择，从而赢得客户。

（三）以优质服务稳固业务关系

服务是销售工作的灵魂，是茶品与顾客之间的一条联结纽带。其中，茶艺师的高水平服务水准和服务质量是重要催化剂，会将单纯的买卖关系演化成相互信任、共同努力的长期合作关系。

1. 诚实信誉服务

弘扬茶文化"廉美和敬"的茶德精神，以诚信服务形成茶馆和茶艺师共同强大的生命力。在销售过程中，换位思考，说到做到，让诚信成为茶室服务的金字招牌。

2. 情感人性服务

真挚而友善的情感，具有人性的魅力与感染力，顾客在购买茶品过程中产生更多的情感共鸣，让顾客的消费变得更加主动积极。稳定的业务关系将通过真诚守信、倾情温暖的服务得以巩固。

二、包装要求

茶叶具有品饮功能，也是人们生活中提供交互体验的载体，传播品牌文化的媒介。而茶品因用途不同，包装需求也相应不同，茶室应充分重视并提供优质包装服务。

（一）茶叶包装的种类和材质

茶叶包装有别于其他商品的包装，要求在诸如防震动、防挤压、防撞击、防渗漏、防污染等基本功能得到规范和保证以外，在便利性方面需要更为人性化。按照包装容量功能区分，通常分为大包装和小包装两类。

1. 大包装

大包装即运输包装，又称外包装，用于装散茶、小包装茶、各种形状的紧压茶等。通常，茶叶生产企业使用较多的大包装主要有三种形式：箱装、袋装和篓装。

箱装：有木板箱、胶合板箱和纸板箱之分。其中纸板箱有瓦楞纸板箱和牛皮纸箱两种。箱装都需内衬铝箔袋或者塑料袋以防受潮。

袋装：有麻袋内衬塑料袋、牛皮纸复合袋等，同样需具备防潮的性能。

篓装：用竹篾编成篓，内衬竹壳，一般用于装六堡茶、普洱茶、白茶以及其他紧压的饼形和砖形茶。

2. 小包装

小包装即销售包装，也称为便携式包装，趋向多样化和小型化。茶馆销售的茶叶包装主要以小包装为主，主要有3种形式：礼盒装、袋装、单泡装。

礼盒装：常采用金属听罐外加盒子包装。听、罐的材质多用铁、铝合金、陶瓷和玻璃等材料。外盒则多选用纸质、木质或竹制品。听、罐也可以作单独包装使用。

袋装：常用防潮纸袋、镀铝纸袋、铝塑复合袋、铝箔复合袋等。

单泡装：供一次冲泡用量的小包装茶，因茶类不同，有3克、5克、8克装等。制袋材料有防潮纸袋、镀铝纸袋、铝塑复合袋、铝箔复合袋、金属或合金小罐等。单泡装的茶除了作为品饮体验款、赠送使用和直接销售外，大多用于与外盒配套包装销售（图22-6）。

（二）根据顾客购茶的不同用途包装

顾客购茶常有不同的用途，包装亦应关注到不同的需求并作相应的调整。

1. 馈赠之礼，突出品质

包装力求完整和美观。体现在包装的系统性、标准性和完备性3个方面，要求内外包装上所有的标识、标记、品牌、品名、净含量、生产厂家信息、食品安全许可等准确无误，完整一致。仔细检查包装完好程度，并考虑到送达过程可能造成的损坏，宜多一层保护性包装，给受礼者一份品质信任。

2. 顾客自用，彰显个性

不同的顾客具有不同的审美要求，如女性白领更多关注包装具有时尚性、精巧性、趣味性、便携性等，即可选用精致而有特色的定制款茶包、茶袋。一般大众茶客更多关注实用性和功能性，可多选用铁听瓷罐等材质。

图22-6　单泡装茶叶

3. 绿色环保，舒适易用

茶从业者和顾客共同崇尚绿色、环保。对顾客自用的茶，在不影响保存功能的情况下，包装力求简洁和携带方便，反对过度包装与消费。

（三）根据不同配送方式包装

在物流快捷方便的互联网时代，消费场景和模式多元交互。顾客可能是在茶馆体验后购买茶品，也可能是在茶馆网上销售平台购买。通过电子商务形式销售的茶品将通过不同的物流方式送达，因此包装要求有所不同。

1. 远洋运输

中国茶销售已面向全世界，寄往国外的茶品或空运或海运，包装宜扎实密封，尤其是海运茶品历时长，在箱内加强防潮的基础上，务必纸箱外加木架包装，以防破损受潮。

2. 国内航空或陆运快递

为防止搬运破损，礼盒包装外加双瓦棱纸箱包装，装箱时填满空隙以防茶品晃动，以免包装、茶品受震动而破损。

3. 同城闪送

同城闪送快递，专货专送，物品少有挤压，包装注意携带方便、防止雨水淋湿等因素。

在对茶具进行包装时，需考虑产品易碎易破损，要有防震抗压的特别处理和包装方法，以确保商品完好送达。

三、售后服务

茶品的售后服务是质量管理的延续，是实现茶品消费与服务价值的重要保证。顾客最终满意度才是检验茶艺馆销售工作好坏的标准。茶叶的售后服务包括以下几个方面。

（一）信息告知

茶叶品质与保管和冲泡直接相关，对影响品质的原因如保管要求和冲泡方法等，务须详尽告知顾客。告知形式可以是现场口头、电信、附在茶品包装内的文本图示等方法。

1. 告知引起茶叶品质变化的原因

茶叶在存放过程中，如果受到温度、湿度、光照、时间的影响，都会引起茶叶内含物质的变化，从而使茶的色、香、味改变。

2. 告知茶叶保管要求

鉴于茶叶质变与温度、湿度、氧气量、光线关系密切，务须告知顾客保管要求：① 低温冷藏保鲜；② 环境干燥防受潮；③ 无氧密闭防氧化；④ 避光保存防劣变；⑤ 存放场所无异味。

在相同的时间和温度下，冷藏后取出的茶叶比常温存放的茶叶氧化更快。在销售已经冷藏过的茶叶时，应提醒顾客购买后尽快冷藏保管，建议顾客从冷藏柜中取茶时每次取出一周的用茶量为宜。同时也可建议顾客将购回的散装或大包装茶叶先进行分装处理，再根据茶叶特性放入冷冻或冷藏室保存，以便日常取用。

3. 告知茶叶的沏泡方法

泡茶方法是否得当，直接影响茶汤品质。通常讲的泡茶四要素，一般是针对茶艺专业人员或资深茶人，对于大众购买者，直观、具体的沏泡操作图文介绍，更具有指导意义和实用性。

（二）回访顾客

通过回访顾客等售后关怀延伸服务，可为茶品增值，为茶艺馆添美。

通过回访了解顾客对茶品的使用情况、满意程度，解答顾客的疑问，适时建议继续合作。明确顾客的需求才能让服务更好、更精准，提高茶艺师的服务和销售能力。利用客户回访可促进重复销售或交叉销售，借助老客户的口碑来提升新的销售增长。

（三）信守承诺，提高茶艺馆美誉度

及时兑现服务承诺，对于破损茶品应全价赔偿。发生质量纠纷时应友好协商，合理解决。良好的售后服务有利于促进茶品销售的增加，进一步提高茶艺馆的美誉度。

茶艺师国家职业技能标准与中国茶艺水平评价规程对照表

等级	茶艺师国家职业技能标准（五级）						中国茶艺水平评价规程（一级）	
职业功能	1. 接待准备		2. 茶艺服务		3. 茶间服务		相关知识要求	
工作内容	1.1 仪表准备	1.2 茶室准备	2.1 冲泡备器	2.2 冲泡演示	3.1 茶饮推介	3.2 商品销售	1. 人文社会科学知识要求	2. 自然科学知识要求
相关知识要求	1.1.1 茶艺人员服饰、佩饰基础知识 1.1.2 茶艺人员容貌修饰、手部护理常识 1.1.3 茶艺人员发型、头饰常识 1.1.4 茶事服务形体礼仪基本知识 1.1.5 普通话、迎宾敬语基本知识	1.2.1 茶室工作人员岗位职责和服务流程 1.2.2 茶室环境卫生要求知识 1.2.3 茶具用品消毒清洗涤方法	2.1.1 茶叶分类、品种、名称、特征等基础知识 2.1.2 茶单基础知识 2.1.3 泡茶器具的种类和使用方法 2.1.4 安全用电常识和茶室、烧水器设备使用方法 2.1.5 消防灭火设备的操作方法 2.1.6 防毒面面具使用方法	2.2.1 不同茶类投茶量和水量要求及注意事项 2.2.2 不同茶类冲泡水温、浸泡时间要求及注意事项 2.2.3 玻璃杯、盖碗、紫砂壶使用要求与技巧 2.2.4 茶叶品饮基本知识	3.1.1 交谈礼仪规范及沟通艺术 3.1.2 茶叶成分与特性基本知识 3.1.3 不同季节饮茶特点	3.2.1 结账、记账基本程序和知识 3.2.2 茶叶销售基本知识 3.2.3 茶具销售基本知识 3.2.4 茶叶、茶具包装知识 3.2.5 售后服务知识	1.1 茶的古今称谓演变基础知识 1.2 茶的起源简史、中国茶和饮茶方法的演变基础知识 1.3 中国茶的外传及影响基础知识 1.4 中国饮茶风俗基础知识 1.5 茶的历史演变基础知识；常用茶器具的种类、产地及特色知识 1.6 礼仪基础知识	1.1 茶树基础知识 1.2 茶叶分类与品质特征知识 1.3 茶叶的主要成分基础知识 1.4 科学饮茶基础知识 1.5 泡茶用水分类与选择基础知识 1.6 茶叶储藏保管基础知识 1.7 茶叶质量安全基础知识
技能要求	1.1.1 能按照茶事服务礼仪要求进行着装、佩戴饰物 1.1.2 能按照茶事服务礼仪要求修饰面部、手部 1.1.3 能按照茶事修整服务礼仪要求发型、选择头饰 1.1.4 能按照茶事服务礼仪要求规范站姿、坐姿、走姿、蹲姿 1.1.5 能使用普通话与敬语迎送宾客	1.2.1 能清洁茶室环境卫生 1.2.2 能清洗消毒茶具 1.2.3 能配合调控茶室内的灯光、音响等设备 1.2.4 能操作消防灭火器进行灭火扑救 1.2.5 能佩戴防毒面具并指导宾客使用	2.1.1 能根据茶叶基本特征区分六大茶类 2.1.2 能根据茶单选取茶叶 2.1.3 能根据茶叶选用冲泡器具 2.1.4 能选择和使用备水、烧水器具	2.2.1 能根据不同茶类确定投茶量和水量比例 2.2.2 能根据茶叶类型选择适宜的水温泡茶 2.2.3 能使用玻璃杯、盖碗、紫砂壶冲泡茶叶 2.2.4 能介绍所泡茶叶的品饮方法	3.1.1 能运用交谈礼仪与宾客沟通，有效了解宾客需求 3.1.2 能根据茶叶特性推荐茶饮 3.1.3 能根据茶叶不同季节特点推荐茶饮	3.2.1 能办理宾客消费的结账、记账 3.2.2 能向宾客销售茶叶 3.2.3 能向宾客销售普通茶具 3.2.4 能完成茶叶、茶具的包装 3.2.5 能承担售后服务	技能要求：1. 能够掌握茶艺的基本手法 2. 能够掌握玻璃杯、盖碗、紫砂壶的使用要求与技巧 3. 能够掌握某一茶类冲泡的适宜水温、茶水比、浸泡时间，饮用水应符合 GB 5749 的规定 4. 能分辨六大茶类中 15 款以上主要名茶	

附录

茶艺师国家职业技能标准基本要求

1. 职业道德

1.1 职业道德基本知识	1.2 职业守则
	(1) 热爱专业，忠于职守
	(2) 遵纪守法，文明经营
	(3) 礼貌待客，热情服务
	(4) 真诚守信，一丝不苟
	(5) 钻研业务，精益求精

2. 基础知识

2.1 茶文化基本知识	2.2 茶叶知识	2.3 茶具知识
(1) 中国茶的源流	(1) 茶树基本知识	(1) 茶具的历史演变
(2) 饮茶方法的演变	(2) 茶叶种类	(2) 茶具的种类及产地
(3) 中国茶文化精神	(3) 茶叶加工工艺及特点	(3) 瓷器茶具的特色
(4) 中国饮茶风俗	(4) 中国名茶及其产地	(4) 陶器茶具的特色
(5) 茶非物质文化遗产	(5) 茶叶品质鉴别知识	(5) 其他茶具的特色
(6) 茶的外传及影响	(6) 茶叶储存方法	
(7) 外国饮茶风俗	(7) 茶叶产销概况	

2.4 品茗用水知识	2.5 茶艺基本知识	2.6 茶与健康及科学饮茶
(1) 品茗与用水的关系	(1) 品饮要义	(1) 茶叶主要成分
(2) 品茗用水的分类	(2) 冲泡技巧	(2) 茶与健康的关系
(3) 品茗用水的选择方法	(3) 茶点选配	(3) 科学饮茶常识

2.7 食品与茶叶营养卫生	2.8 劳动安全基本知识	2.9 相关法律、法规知识
(1) 食品与茶叶卫生基础知识	(1) 安全生产知识	(1) 《中华人民共和国劳动法》相关知识
(2) 饮食业食品卫生制度	(2) 安全防护知识	(2) 《中华人民共和国劳动合同法》相关知识
	(3) 安全生产事故报告知识	(3) 《中华人民共和国食品安全法》相关知识
		(4) 《中华人民共和国消费者权益保护法》相关知识
		(5) 《公共场所卫生管理条例》相关知识

参考文献

蔡荣章，2007. 茶道入门——泡茶篇[M]. 北京：中华书局.

陈亮，虞富莲，童启庆，2000．关于茶组植物分类与演化的讨论[J]．茶叶科学，(2)：89-94.

陈垣，1997．史讳举例[M]．上海：上海书店出版社.

陈宗懋，2000. 中国茶叶大辞典[M]. 北京：中国轻工业出版社.

陈宗懋，杨亚军，2011. 中国茶经（2011年修订版）[M]. 上海：上海文化出版社.

丁以寿，1997．日本茶道草创与中日禅宗流派关系[J]．农业考古，(02)：290-294.

杜颖颖，林松洲，陆小磊，叶美君，2017．印度红茶概述[J]．中国茶叶加工，(1)：53-59.

费孝通，1998．差序格局[M]．费孝通．乡土中国．北京：北京大学出版社.

冯兵，2016．儒家实践智慧的礼学演绎——论朱子的礼学实践观[J]．哲学研究，(1)：45-51.

龚鹏程，1998．现代社会的礼乐文化重建[J]．浙江社会科学，(1)：86-92.

关剑平，2009．文化传播视野下的茶文化研究[M]．北京：中国农业出版社.

郭沫若，1996．孔墨的批判[M]．郭沫若．十批判书．北京：东方出版社.

郭作飞，2011．"万福"补议——兼谈作品断代与语言证据[J]．兰州大学，(6)：210.

黄剑，涂雨晨，2014．论美国茶史及美国茶文化特色[J]．农业考古，(02)：311-314.

江用文，童启庆，2008．茶艺师培训教材[M]．北京：金盾出版社.

康甓，1995．古代"尊左"与"尚右"问题新探——兼谈以"左右"示"尊卑"的"三分法"[J]．山东师大学报：社会科学版，(1)：105.

乐素娜，2011．中国茶文化在东西交流中的影响—以英国茶文化为例[J]．茶叶，37（02）：121-122，126.

雷伍峰，2019．英国茶文化的发展与特点及其影响[J]．茶叶通讯，46（04）：504-509.

李明，张龙杰，王开荣等，2008．光照敏感型白化茶新品种"黄金芽"白化特性研究[J]．茶叶，(2)：98-101.

李无未，1998．中国历代宾礼[M]．北京：北京图书馆出版社.

凌廷堪，2017．礼经释例[M]．南昌：江西人民出版社.

刘勤晋，2012．中国茶在世界传播的历史[J]．中国茶叶，34（08）：30-33.

刘欣，2011．春秋邦交中的凶礼考述[D]．长春：东北师范大学：7.

刘馨秋，朱世桂，王思明，2015．茶的起源及饮茶习俗的全球化[J]．农业考古(05)：16-21.

吕友仁，吕咏梅，1997．礼记全译[M]．贵阳：贵州人民出版社.

骆耀平，2007．茶树栽培学[M]．北京：中国农业出版社.

闵天禄，1992．山茶属茶组植物的订正[J]．云南植物研究(2)：115-132.

朴秀美，屠幼英，2018．韩国茶道的变迁史[J]．茶叶，44（01）：42-45．

钱玄，1996．三礼通论[M]．南京：南京师范大学出版社．

阮元，1980．十三经注疏[M]．北京：中华书局．

司马迁，1959．史记[M]．北京：中华书局．

孙诒让，1987．周礼正义[M]．北京：中华书局．

陶德臣，2014．中国茶向世界传播的途径与方式[J]．古今农业，（04）：46-56．

陶德臣，2016．茶叶由文化到技贸传播世界的历程[J]．农业考古，（02）：13-22．

童启庆，寿英姿，2008.生活茶艺[M].北京：金盾出版社.

童启庆等，2002.影像中国茶道.杭州：浙江摄影出版社.

屠羲时，2012．童子礼[M]．陈宏谋．养正遗规：补编．北京：北京中国华侨出版社．

屠幼英，2011．茶与健康[M]．北京：世界图书出版公司．

宛晓春，2011．茶叶生物化学[M]．北京：中国农业出版社．

王先谦，1984．后汉书集注[M]．北京：中华书局：891．

王彦坤，1997．历代避讳字汇典[M]．郑州：中州古籍出版社．

王岳飞，徐平，2014．茶文化与茶健康[M]．北京：旅游教育出版社．

谢芳琳，2001.〈三礼〉之谜[M].成都：四川教育出版社.

谢友明，2006．说"万福"[J]．语文知识，（7）：14．

阎振益，钟夏，2000．新书校注[M]．北京：中华书局．

杨凤玲，2009．低产茶园茶树嫁接试验研究[J]．云南农业科技，（2）：6-9.

杨宽，1965．古史新探[M]．北京：中华书局．

杨向奎，1986．礼的起源[J]．孔子研究（创刊号），（1）：30-56．

杨兴荣，包云秀，黄玫，2009．云南稀有茶树品种"紫娟"的植物学特性和品质特征[J]．茶叶，（1）：17-18．

杨志刚，2001．中国礼仪制度研究[M]．上海：华东师范大学出版社．

余悦，2009.中日茶文化交流的历史考察——以茶道思想为中心[J].社会科学战线，（03）：131-141.

张德付，2019．宾主[M]．北京：中华书局．

张宏达，1981．山茶属植物的系统研究[J]．中山大学学报论丛：自然科学版，（1）：1-13．

张载，1978．经学理窟[M]．章锡琛．张载集．北京：中华书局．

赵斌，2014．杨氏太极拳真传[M]．北京：北京体育大学出版社．

周智修，2018．彩图版习茶精要详解 上册 习茶基础教程[M]．北京：中国农业出版社．

周智修，2018．彩图版习茶精要详解 下册 茶艺修习教程[M]．北京：中国农业出版社．

朱熹，1983．四书章句集注[M]．北京：中华书局．

Chen et al，2012．Global Tea Breeding：Achievements Challenges and Perspectives．Springer

Afterword

后记

经过近四年的筹备，由中国茶叶学会、中国农业科学院茶叶研究所联合组织编写的新版"茶艺培训教材"（Ⅰ～Ⅴ册）终于与大家见面了。本书从2018年开始策划、组织编写人员，到确定写作提纲，落实编写任务，历经专家百余次修改完善，终于在2021年顺利出版。

我们十分荣幸能够将诸多专家学者的智慧结晶凝结、汇聚于本套教材中。在越来越快的社会节奏里，完成一套真正"有价值、有分量"的书并非易事，而我们很高兴，这一路上有这么多"大家"的指导、支持与陪伴。在此，特别感谢浙江省政协原主席、中国国际茶文化研究会会长周国富先生，陈宗懋院士、刘仲华院士对本书的指导与帮助，并为本书撰写珍贵的序言；同时，我们郑重感谢台北故宫博物院廖宝秀研究员，远在海峡对岸不辞辛苦地为我们收集资料、撰写稿件、选配图片；感谢浙江农林大学关剑平教授，在疫情影响无法回国的情况下仍然克服重重困难，按时将珍贵的书稿交予我们；感谢知名茶文化学者阮浩耕先生，他的书稿是一字一句手写完成的，在全书初稿完成后，又承担了巨大的编审任务；感谢中国社会科学院古代史研究所沈冬梅首席研究员、西泠印社社员于良子高级实验师，他们为本书查阅了大量的文献古籍，伏案着墨整理出一手的宝贵资料，为本套教材增添了厚重的文化底蕴；感谢俞永明研究员、鲁成银研究员、陈亮研究员、朱家骥编审、周星娣副编审、李溪副教授、梁文彪研究员等老师非常严谨、细致的审稿和统校工作，帮助我们查漏修正，保障了本书的出版质量。

本书从组织策划到出版问世，还要特别感谢中国茶叶学会秘书处、中国农业科学院茶叶研究所培训中心薛晨、潘蓉、陈钰、李菊萍、刘栩、段文华、刘畅、梁超杰、司智敏、袁碧枫、邓林华、马秀芬等同仁的倾力付出与支持。他们先后承担了大量的具体工作，包括丛书的策划与组织、提纲的拟定、作者的联络、材料的收集、书稿的校对、出版社的对接等。同样要感谢中国农业出版社李梅老师对本书的组编给予了热心的指导，帮助解决了众多编辑中的实际问题。此外，还要特别感谢为本书提供图片作品的专家学者，由于图片量大，若有作者姓名疏漏，请与我们联系，将予酬谢。

"一词片语皆细琢，不辞艰辛为精品。"值此"茶艺培训教材"（Ⅰ～Ⅴ册）出版之际，我们向所有参与文字编写、提供翔实图片的单位和个人表示衷心感谢！

中国茶叶学会、中国农业科学院茶叶研究所在过去陆续编写出版了《中国茶叶大辞典》《中国茶经》《中国茶树品种志》《品茶图鉴》《一杯茶中的科学》《大家说茶艺》《习茶精要详解》《茶席美学探索》《中国茶产业发展40年》等书籍，坚持以科学性、权威性、实用性为原则，促进茶叶科学与茶文化的普及和推广。"日夜四年终合页，愿以此记承育人。"我们希望，"茶艺培训教材"（Ⅰ～Ⅴ册）的出版，能够为国内外茶叶从业人员和爱好者学习中国茶和茶文化提供良好的参考，促进茶叶技能人才的成长和提高，更好地引领茶艺事业的科学健康发展。今后，我们还会将本书翻译成英文（简版），进一步推进中国茶文化的国际传播，促进全世界茶文化的交流与互鉴。

茶艺培训教材编委会
2021年6月